U0872724

"十四五"职业教育国家规划教材

"十三五"职业教育国家规划教材

中等职业教育国家规划教材

全国中等职业教育教材审定委员会审定

焊接技能强化训练

HANJIE JINENG QIANGHUA XUNLIAN

主　编　王　博　王　军

副主编　陈　曦

参　编　戴志勇　赵志远

第 4 版

机械工业出版社
CHINA MACHINE PRESS

本书为“十四五”职业教育国家规划教材。本书以中级电焊工国家职业技能标准为依据，主要内容有焊条电弧焊、CO_2气体保护焊、手工钨极氩弧焊、埋弧焊和焊接机器人。本书的特点是注重基本操作技术的传授和动手能力的培养，突出焊工操作技能训练，以培养读者在实践中分析问题和解决问题的能力。本书内容丰富翔实、深入浅出、实用性强。

本书适用于中等职业学校焊接技术应用专业学生，也可作为高等职业院校学生、焊工培训、考工人员的参考教材。

图书在版编目（CIP）数据

焊接技能强化训练/王博，王军主编．—4版．—北京：机械工业出版社，2023.12（2025.8重印）
“十四五”职业教育国家规划教材
ISBN 978-7-111-75133-5

Ⅰ.①焊… Ⅱ.①王… ②王… Ⅲ.①焊接—中等专业学校—教材
Ⅳ.①TG4

中国国家版本馆CIP数据核字（2024）第031966号

机械工业出版社（北京市百万庄大街22号 邮政编码100037）
策划编辑：王海峰 责任编辑：王海峰
责任校对：李可意 张 薇 封面设计：张 静
责任印制：任维东
河北鹏盛贤印刷有限公司印刷
2025年8月第4版第4次印刷
184mm×260mm·16.75印张·284千字
标准书号：ISBN 978-7-111-75133-5
定价：54.50元

电话服务 网络服务
客服电话：010-88361066 机 工 官 网：www.cmpbook.com
010-88379833 机 工 官 博：weibo.com/cmp1952
010-68326294 金 书 网：www.golden-book.com
 机工教育服务网：www.cmpedu.com

关于“十四五”职业教育国家规划教材的出版说明

为贯彻落实《中共中央关于认真学习宣传贯彻党的二十大精神的决定》《习近平新时代中国特色社会主义思想进课程教材指南》《职业院校教材管理办法》等文件精神，机械工业出版社与教材编写团队一道，认真执行思政内容进教材、进课堂、进头脑要求，尊重教育规律，遵循学科特点，对教材内容进行了更新，着力落实以下要求：

1. 提升教材铸魂育人功能，培育、践行社会主义核心价值观，教育引导学生树立共产主义远大理想和中国特色社会主义共同理想，坚定“四个自信”，厚植爱国主义情怀，把爱国情、强国志、报国行自觉融入建设社会主义现代化强国、实现中华民族伟大复兴的奋斗之中。同时，弘扬中华优秀传统文化，深入开展宪法法治教育。

2. 注重科学思维方法训练和科学伦理教育，培养学生探索未知、追求真理、勇攀科学高峰的责任感和使命感；强化学生工程伦理教育，培养学生精益求精的大国工匠精神，激发学生科技报国的家国情怀和使命担当。加快构建中国特色哲学社会科学学科体系、学术体系、话语体系。帮助学生了解相关专业和行业领域的国家战略、法律法规和相关政策，引导学生深入社会实践、关注现实问题，培育学生经世济民、诚信服务、德法兼修的职业素养。

3. 教育引导学生深刻理解并自觉实践各行业的职业精神、职业规范，增强职业责任感，培养遵纪守法、爱岗敬业、无私奉献、诚实守信、公道办事、开拓创新的职业品格和行为习惯。

在此基础上，及时更新教材知识内容，体现产业发展的新技术、新工艺、新规范、新标准。加强教材数字化建设，丰富配套资源，形成可听、可视、可练、可互动的融媒体教材。

教材建设需要各方的共同努力，也欢迎相关教材使用院校的师生及时反馈意见和建议，我们将认真组织力量进行研究，在后续重印及再版时吸纳改进，不断推动高质量教材出版。

机械工业出版社

中等职业教育国家规划教材出版说明

为了贯彻《中共中央国务院关于深化教育改革全国推进素质教育的决定》精神，落实《面向21世纪教育振兴行动计划》中提出的职业教育课程改革和教材建设规划，根据教育部关于《中等职业教育国家规划教材申报、立项及管理意见》（教职成［2001］1号）的精神，我们组织力量对实现中等职业教育培养目标和保证基本教学规格起保障作用的德育课程、文化基础课程、专业技术基础课程和80个重点建设专业主干课程的教材进行了规划和编写，从2001年秋季开学起，国家规划教材将陆续提供给各类中等职业学校选用。

国家规划教材是根据教育部最新颁布的德育课程、文化基础课程、专业技术基础课程和80个重点建设专业主干课程的教学大纲（课程教学基本要求）编写，并经全国中等职业教育教材审定委员会审定。新教材全面贯彻素质教育思想，从社会发展对高素质劳动者和中初级专门人才需要的实际出发，注重对学生的创新精神和实践能力的培养。新教材在理论体系、组织结构和阐述方法等方面均做了一些新的尝试。新教材实行一纲多本，努力为教材选用提供比较和选择，满足不同学制、不同专业和不同办学条件的教学需要。

希望各地、各部门积极推广和选用国家规划教材，并在使用过程中，注意总结经验，及时提出修改意见和建议，使之不断完善和提高。

教育部职业教育与成人教育司

前　言

中等职业教育国家规划教材（焊接技术应用专业）系列丛书自出版以来，深受中等职业教育院校师生的认可，经过多轮的教学实践和不断修订完善，已成为焊接技术应用专业在职业教育领域的精品套系。

根据《中共中央关于认真学习宣传贯彻党的二十大精神的决定》《习近平新时代中国特色社会主义思想进课程教材指南》《职业院校教材管理办法》等文件精神，编者对本书进行了修订。本书立足于基本知识、基本工艺、基本技能的传授与训练。结合中等职业学校学生的培养目标和认知特点，突出实践性、实用性，注重实践教学和操作技能培养；突出焊工操作技能训练，以培养学生在实践中分析问题和解决问题的能力。

参照最新焊工国家职业技能标准，结合部分使用本书师生的意见和建议，我们对本书的部分表格、图片进行了修改和更换；增加了与职业能力相关的新技术和新工艺；采用了现行的国家标准；增加了大量的数字化教学资源，并以二维码链接形式呈现，学生通过扫码即可观看相关内容。修订版教材能够契合现代职业教育焊接专业教学实际，符合职业教育的特色和“1+X 证书制度”教学的需要。

本书由渤海船舶职业学院王博、王军担任主编。编写分工为：王博编写第四章；王军编写第一章；渤海船舶职业学院陈曦编写第二章；渤海船舶职业学院戴志勇编写第三章；渤海船舶职业学院赵志远编写第五章。本书由王博统稿。

本书在编写过程中得到了各院校有关领导和同事的支持和帮助，引用了有关教材、手册等文献中的内容，在此谨对上述人员和有关教材、手册等文献作者一并表示感谢。

由于编者水平有限，书中难免有疏漏和错误之处，恳请有关专家和广大读者批评指正。

编者

二维码索引

（续）

序号	名称	图形	页码	序号	名称	图形	页码
17	插入式铝合金管板水平固定全位置 TIG 焊		P143	24	埋弧焊焊剂回收		P193
18	埋弧焊应用介绍		P157	25	搬运机器人		P207
19	埋弧焊设备组成及连接		P162	26	点焊机器人		P209
20	I 形坡口板对接埋弧焊训练		P168	27	弧焊机器人		P212
21	埋弧焊管道焊接		P180	28	直线示教		P229
22	埋弧焊船形焊		P184	29	圆弧示教		P231
23	埋弧焊横角焊		P185	30	机器人板对接平焊训练		P245

目　录

第一章

焊条电弧焊

焊条电弧焊（Shielded Metal Arc Welding，SMAW）是利用焊条与焊件之间建立起来的稳定燃烧的电弧，使焊条和局部焊件熔化，从而获得牢固焊接接头的工艺方法。焊条电弧焊是手工操纵焊条进行焊接的电弧焊方法。

第一节 概 述

焊条电弧焊是最常用的熔焊方法之一，如图 1-1 所示。在焊条末端和焊件之间稳定燃烧的电弧所产生的高温使药皮、焊芯和焊件熔化，药皮熔化过程中产生的气体和熔渣，不仅使熔池与电弧周围的空气隔绝，而且与熔化了的焊芯、母材发生一系列冶金反应，使熔池金属冷却结晶后形成符合质量要求的焊缝。

一、焊条电弧焊的特点

焊条电弧焊具有以下优点。

（1）设备简单，维护方便 焊条电弧焊可用交流焊机或直流焊机进行焊接，这些设备都比较简单，设备投资少，而且维护方便，这是它应用广泛的原因之一。

（2）操作灵活 在空间任意位置的焊缝，凡焊条能够达到的地方均能进行焊接。

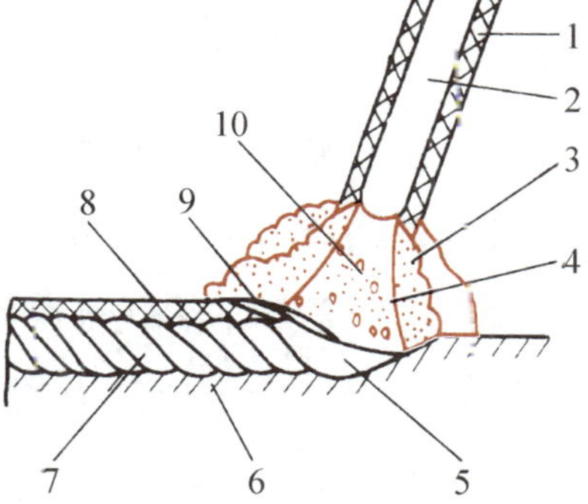

图 1-1 焊条电弧焊示意图

1—药皮 2—焊芯 3—保护气 4—电弧 5—熔池 6—母材 7—焊缝 8—渣壳 9—熔渣 10—熔滴

（3）应用范围广 选用合适的焊条不仅可以焊接低碳钢、低合金钢、高合金钢、非铁金属等同种金属，还可以焊接异种金属，也可以在普通碳素结构钢上堆焊具有耐磨、耐蚀等特殊性能的材料，在造船、锅炉及压力容器、机械制造、矿山机械、化工设备等方面得到广泛应用。

（4）工艺适用性强 对不同种类的焊条及不同厚度的钢材，可以选择不同的焊接工艺进行焊接。

焊条电弧焊具有以下缺点。

（1）对焊工要求高 焊条电弧焊的焊接质量除与选择合适的焊条、焊接参数及焊接设备有关外，主要依靠焊工的操作技术和经验保证。在相同的工艺条件下，操作技术高、经验丰富的焊工能焊出外形美观、质量优良的焊缝；而操作技术低、缺少经验的焊工焊出的焊缝可能不合格。

（2）劳动条件差 焊条电弧焊主要依靠焊工的手工操作控制焊接的全过程，焊工不仅要完成引弧、运条、收弧等动作，而且要随时观察熔池，根据熔池情况不断地调整焊条角度、运条方式和幅度以及电弧长度等，所以在整个焊接过程中，焊工处在手脑并用、精神高度集中状态，作业环境会有一定的弧光辐射、噪声、焊接烟尘等，因此要加强劳动保护。

（3）生产率低 焊条电弧焊与其他电弧焊相比，由于使用的焊接电流小，熔敷速度慢，每焊完一根焊条后必须更换焊条，并残留下一段焊条头不能被充分利用，焊后还需清渣，故生产率低。

二、常用焊条的特点

根据药皮熔化后的熔渣特性，焊条可分为酸性焊条和碱性焊条两类。这两类焊条的工艺性能、操作注意事项、焊缝质量有较大差异，因此必须熟悉它们的特点。

（1）酸性焊条 酸性焊条熔渣的主要成分是酸性氧化物，其在焊接过程中容易放出含氧物质以及药皮里的有机物分解时产生的保护气体，因此烘干温度不能超过250℃。这类焊条氧化性比较强，容易使合金元素氧化，同时电弧中的氢离子容易和氧离子结合生成氢氧根离子，可防止氢气孔，因此这类焊条对铁锈不敏感。酸性焊条不能有效地清除熔池中的硫、磷等杂质，因此焊缝金属产生偏析的可能性较大，出现热裂纹的倾向较高，焊缝金属的冲击韧度较低。酸性焊条突出的优点是价格较低，焊接工艺性较好，容易引弧，电弧稳定，飞溅小，对弧长不敏感，对水、油、铁锈不敏感，对焊前准备要求低，而且焊缝成形好，因此广泛用于一般的焊接结构。这类焊条的典型型号有E4303、E5003。

（2）碱性焊条 碱性焊条熔渣的主要成分是碱性氧化物和铁合金，焊接时大理石分解，产生CO_2气体。这类焊条的氧化性弱，对水、油、铁锈等很敏感。如果焊前焊接区没有清理干净或焊条未完全烘干，则容易产生气孔。但焊缝金属中含合金元素较多，硫、磷等杂质较少，因此焊缝的力学性能好，特别是冲击韧度较好，故这类焊条主要用于焊接重要的焊接结构。碱性焊条突出的缺点是价格稍贵，焊接工艺性能差，引弧困难，电弧稳定性差，飞溅大，因此必须采用短弧焊。它的焊缝外形稍差，鱼鳞纹较粗。这类焊条的典型型号有 E4315、E5015。

为了便于掌握酸性焊条与碱性焊条的特点，将这两类焊条的特性对比列于表 1-1 中。

表 1-1 酸性焊条与碱性焊条的特性对比

酸性焊条	碱性焊条
药皮组分氧化性强	药皮组分还原性强
对水、油、铁锈产生气孔的敏感性不大，焊条在使用前经 150~200℃烘焙 1h	对水、油、铁锈产生气孔的敏感性较大，焊条在使用前经 300~350℃烘焙 1~2h
电弧稳定，可用交流或直流施焊	电弧稳定性差，必须用直流反接施焊
焊接电流较大	焊接电流较同规格的酸性焊条小 10%左右
可长弧操作	需短弧操作，否则易引起气孔
合金元素过渡效果差	合金元素过渡效果好
熔池较浅，焊缝成形较好（氯化铁型除外）	熔池较深，焊缝成形尚好，易堆高
脱渣较方便	脱渣不及酸性焊条好
焊缝的常、低温冲击韧度一般	焊缝的常、低温冲击韧度较高
焊缝的抗裂性能较差	焊缝的抗裂性能好
焊缝的含氢量高、易产生白点，影响塑性	焊缝的含氢量低、塑性好
焊接时烟尘较少	焊接时烟尘较多

三、焊接接头形式及焊接位置

1. 焊接接头形式

在焊件需连接部位，用焊接方法制造而成的接头称为焊接接头。焊接接头包括焊缝区、熔合区和焊接热影响区三部分。焊接接头形式有对接接头、T 形接头、角接接头、搭接接头、端接接头、十字接头、卷边接头等。其中，对接接头、角接接头、搭接接头、T 形接头应用最为广泛，如图 1-2 所示。

（1）对接接头　两焊件表面夹角为 135°~180°的接头称为对接接头。根据板厚的不同，为了保证将焊缝焊透，对接接头可分为不开坡口和开坡口两种形式。

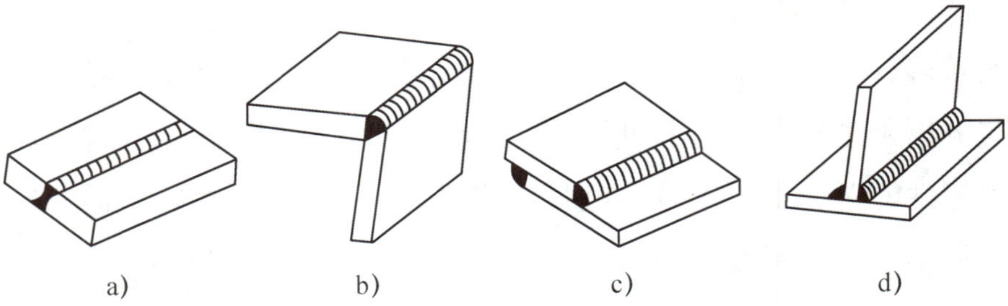

图 1-2 焊接接头形式

a）对接接头 b）角接头 c）搭接接头 d）T形接头

1）不开坡口的对接接头。不开坡口的对接接头常用于厚度小于6mm的金属构件，焊接时为了保证焊透，钢材间常留1～2mm的装配间隙。板厚增加，装配间隙也要相应地增加，如图1-3所示。

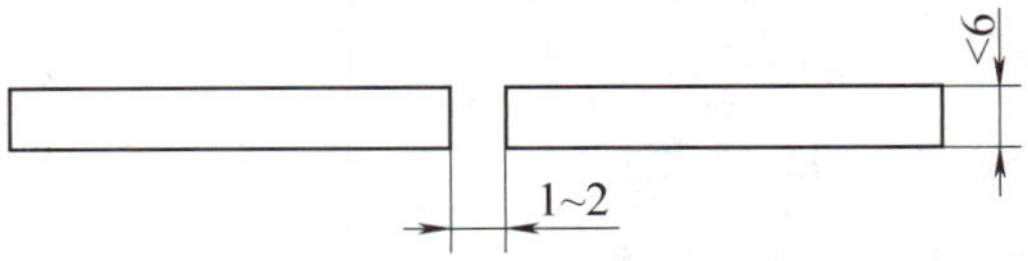

图 1-3 不开坡口的对接接头

2）开坡口的对接接头。随着板厚的增加，要想保证焊件焊透，要增大装配的间隙，这给焊缝成形带来很大的困难。开坡口就是根据设计或工艺的需要，在焊件的待焊部位加工出具有一定几何形状和尺寸的沟槽。各种坡口形式和坡口尺寸如图1-4所示。

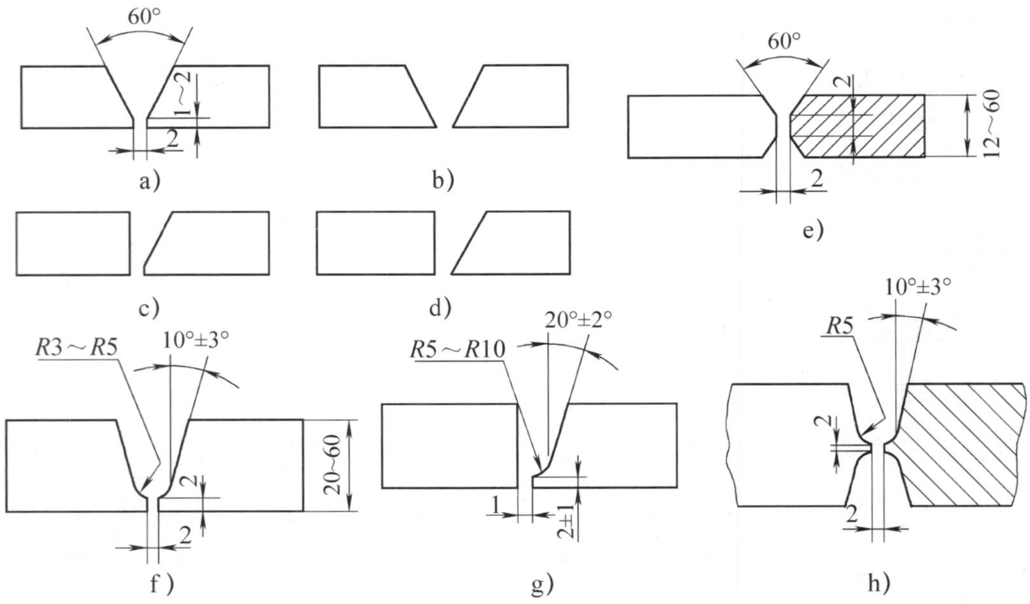

图 1-4 各种坡口形式和坡口尺寸

a）有钝边的V形坡口 b）无钝边的V形坡口 c）有钝边单边的V形坡口
d）无钝边单边的V形坡口 e）X形坡口 f）U形坡口 g）单边U形坡口 h）双面U形坡口

(2) T形接头 T形接头是把互相垂直的焊件用角焊缝连接起来的接头。根据焊件的厚度和坡口形式的不同，T形接头可分为不开坡口、单边V形坡口、K形坡口以及双面U形坡口等几种形式，如图1-5所示。

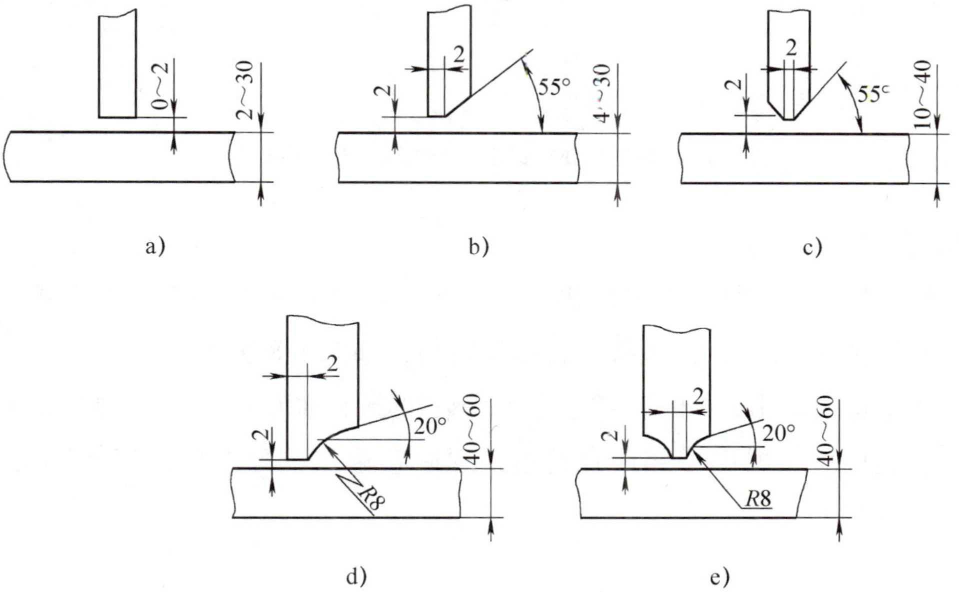

图1-5 T形接头

a）不开坡口 b）单边V形坡口 c）K形坡口 d）单边U形坡口 e）双面U形坡口

(3) 角接接头 角接接头是两焊件端面间构成的大于30°、小于135°夹角的接头，如图1-6所示。

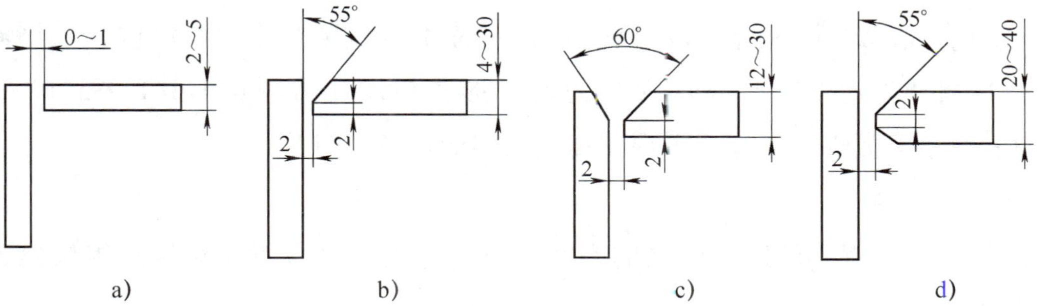

图1-6 角接接头

a）不开坡口 b）单边V形坡口 c）V形坡口 d）K形坡口

(4) 搭接接头 搭接接头是把两焊件部分重叠在一起，以角焊缝连接，或加上塞焊缝、槽焊缝连接起来的接头。这种接头消耗的钢板多，增加了结构的自重，在受外力作用时，因两焊件不在同一平面上，能产生很大的力矩，使焊缝应力复杂，所以搭接接头的承载能力低，在结构设计中应尽量避免采用这种接头形式。

搭接接头如图 1-7 所示。

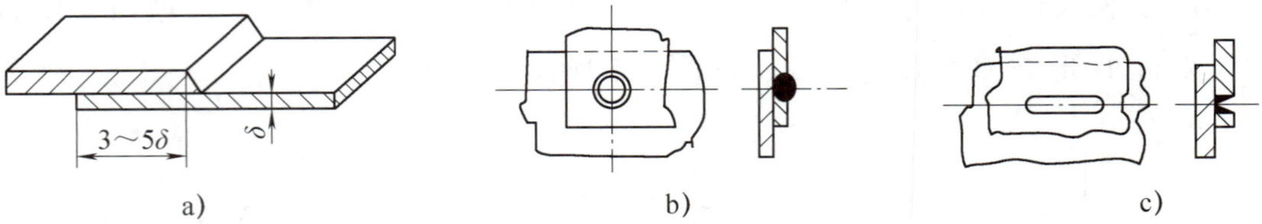

图 1-7 搭接接头

a）不开坡口 b）圆孔内塞焊 c）长孔内塞焊

（5）其他接头形式

1）端接接头。端接接头是两焊件重叠放置或两焊件之间夹角不大于 30°，并在端部进行连接的接头。这种接头常用于密封，如图 1-8 所示。

2）十字接头。由三个焊件装配成十字形状的接头称为十字接头，如图 1-9 所示。

3）卷边接头。焊件端部预先卷边，焊后卷边只部分熔化的接头称为卷边接头，如图 1-10 所示。

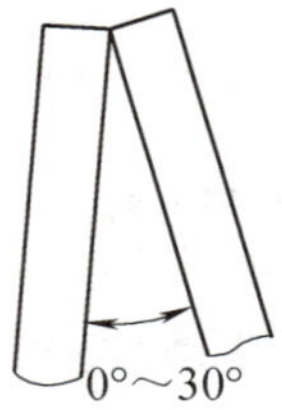

图 1-8 端接接头

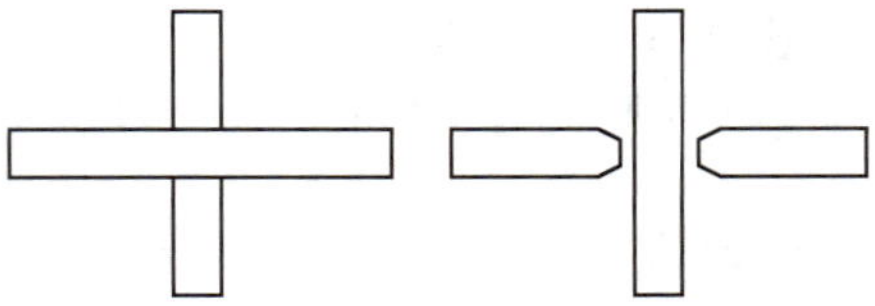

图 1-9 十字接头

图 1-10 卷边接头

坡口形式与尺寸一般随板厚而变化，同时还与焊接方法、焊接位置、热输入量、焊件材质等有关。焊条电弧焊的坡口形式与尺寸适用见 GB/T 985. 1—2008《气焊、焊条电弧焊、气体保护焊和高能束焊的推荐坡口》。

2. 焊接位置

熔焊时，被焊焊件接缝所处的空间位置，称为焊接位置。对接的焊接位置如图 1-11 所示。

（1）平焊位置　焊缝倾角 0°，焊缝转角 90°的焊接位置称为平焊位置，如图 1-11a 所示。在平焊位置上进行的焊接称为平焊。

（2）横焊位置　焊缝倾角 0°、180°，焊缝转角 0°、180°的焊接位置称为横焊位置，如图 1-11b 所示。在横焊位置上进行的焊接称为横焊。

（3）立焊位置　焊缝倾角 90°（立向上）、270°（立向下）的焊接位置称为立焊位置，如图 1-11c 所示。在立焊位置上进行的焊接称为立焊。

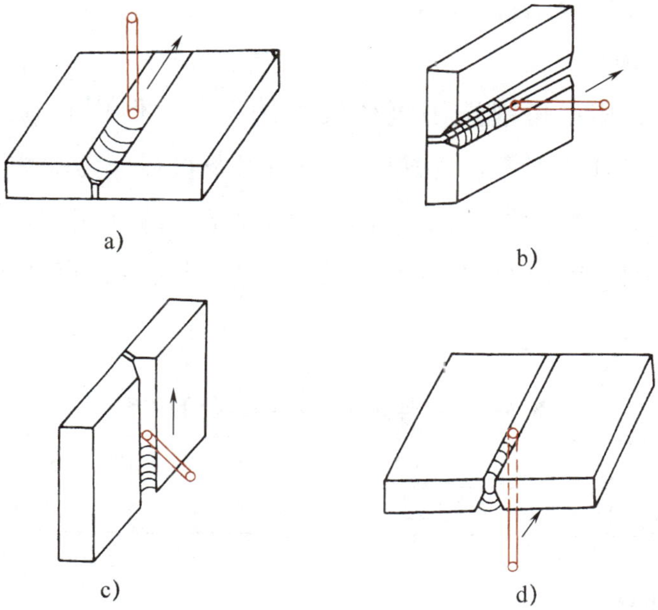

图 1-11　对接的焊接位置

a）平焊位置　b）横焊位置　c）立焊位置　d）仰焊位置

（4）仰焊位置　焊缝倾角 0°、180°，转角 270°的焊接位置称为仰焊位置，如图 1-11d 所示。在仰焊位置上进行的焊接称为仰焊。

此外，T 形接头、十字接头和角接接头焊缝处于平焊位置进行的焊接称为船形焊。在工程上常遇到的水平固定管的焊接，由于管子在 360°的焊接中，有平焊、立焊、仰焊几种焊接位置，所以称为全位置焊。

四、焊接参数的选择

焊条电弧焊焊接参数包括焊条种类、牌号和直径，焊接电流种类、极性和大小，电弧电压，焊道层次等。选择合适的焊接参数，对提高焊接质量和生产率是十分重要的，下面分别讲述选择这些焊接参数的原则及它们对焊缝成形的影响。

1. 焊条种类和牌号的选择

选用焊条的基本原则是在确保焊接结构安全使用的前提下，尽量选用工艺性能好和生产率高的焊条。对于承受静载荷或一般载荷的工件或结构，通常按焊缝与母材等强的原则选用焊条，即要求焊缝与母材抗拉强度相等或相近。

2. 焊接电源种类和极性的选择

通常根据焊条的类型决定焊接电源的种类，除低氢型焊条必须采用直流反接外，所有酸性焊条采用交流或直流电源均可以进行焊接。当选用直流电源时，焊厚板用直流正接，焊薄板用直流反接。

3. 焊条直径的选择

为提高生产率，应尽可能选用直径较大的焊条。但用直径过大的焊条焊接，容易造成未焊透或焊缝成形不良等缺陷。选用焊条直径应考虑焊件的位置及厚度。平焊位置或厚度较大的焊件应选用直径较大的焊条，薄件应选用直径较小的焊条，见表 1-2。另外，焊接同样厚度的 T 形接头时，选用的焊条直径应比对接接头的焊条直径大些。

表 1-2 焊件厚度与焊条直径的关系 （单位：mm）

焊件厚度	2	3	4~5	6~12	≥13
焊条直径	2	3.2	3.2~4	4~5	4~6

4. 焊接电流的选择

焊接电流是焊条电弧焊最重要的焊接参数，也可以说是唯一的独立参数，因为焊工在操作过程中需要调节的只有焊接电流，而焊接速度和电弧电压都是由焊工操作控制的。

焊接电流越大，熔深越大（焊缝宽度和余高变化均不大），焊条熔化速度越快，焊接效率越高。但是焊接电流太大时，飞溅和烟尘大，药皮易发红和脱落，而且容易产生咬边、焊瘤、烧穿等缺陷；若焊接电流太小，则引弧困难，焊条容易粘连在焊件上，电弧不稳，熔池温度低，焊缝窄而高，熔合不好，且易产生夹渣、未焊透等缺陷。

选择焊接电流时，主要考虑的因素有焊条直径、焊接位置、焊道层次。

（1）焊条直径　焊条直径越粗，焊接电流越大，每种直径的焊条都有一个合适的电流范围，表 1-3 列出了各种直径焊条适合的焊接电流参考值。

表 1-3 各种直径焊条适合的焊接电流参考值

焊条直径/mm	1.6	2.0	2.5	3.2	4.0	5.0
焊接电流/A	25~40	40~65	50~80	100~130	160~210	200~270

还可以根据选定的焊条直径用下面的经验公式计算焊接电流，即

$$I=(30\sim50)d$$

式中 I——焊接电流（A）；

d——焊条直径（mm）。

(2) 焊接位置 在相同条件的情况下，平焊位置时的焊接电流可大些。横、立、仰焊位置焊接时，焊接电流应比平焊位置小 10%～20%。

(3) 焊道层次 通常焊接打底焊道时，特别是焊接单面焊双面成形的焊道时，使用较小的焊接电流，才便于操作和保证背面焊道的质量；焊填充焊道时，为提高效率，保证熔合好，通常都使用较大的焊接电流；焊盖面焊道时，为防止咬边和获得较美观的焊道，使用的电流稍小些。

以上所述的只是选择焊接电流的一些原则和方法，实际生产过程中焊工是根据试焊的试验结果，根据自己的实践经验来选择焊接电流的。通常焊工是根据焊条直径推荐的电流范围或根据经验选定一个电流，在试板上试焊，在焊接过程中看熔池的变化、渣和铁液的分离情况、飞溅大小、焊条是否发红、焊缝成形是否美观、脱渣性是否好等，以此来选择焊接电流。当焊接电流合适时，焊接引弧容易、电弧稳定、熔池温度较高，渣比较稀，很容易从铁液中分离出去，能观察到颜色比较暗的液体从熔池中翻出，并向熔池后面集中，熔池较亮，表面稍下凹，且很平稳地向前移动，焊接过程中飞溅较少，能听到很均匀的噼啪声，焊后焊缝两侧圆滑地过渡到母材，鱼鳞纹较细，焊渣也容易敲掉。如果选用的焊接电流太小，则引弧很难，焊条容易黏在焊件上，焊道余高较大，鱼鳞纹粗，两侧熔合不好，甚至形不成焊道。如果选用的焊接电流太大，焊接时飞溅和烟尘很大，焊条药皮成块脱落，焊条发红，电弧吹力大，熔池有一个很深的凹坑，表面很亮，非常容易烧穿、产生咬边，由于焊机负载过重，可听到很明显的哼哼声，焊缝外观很难看，鱼鳞纹很粗。在实际生产操作中，焊工是根据工艺规定的焊接电流进行工作的。

总之，在保证不焊穿和成形良好的条件下，应尽量采用较大的焊接电流，并适当提高焊接速度，以提高生产率。

5. 电弧电压的选择

电弧电压主要影响焊缝的宽窄，电弧电压越高，焊缝越宽，因为采用焊条电弧焊时，焊缝宽度主要靠焊条的横向摆动幅度来控制，因此电弧电压的影响不明显。

当焊接电流调好后，焊机的外特性曲线就确定了。实际上电弧电压是由弧长决定的。电弧越长，电弧电压越高；电弧越短，电弧电压越低。但电弧太长时，电弧燃烧不稳，飞溅大，容易产生咬边、气孔等缺陷；若电弧太短，容易黏焊条。在一般情况下，电弧长度等于焊条直径的 1/2～1 为好，相应的电弧电压为 16～

25V。碱性焊条的电弧长度应为焊条直径的一半为好；酸性焊条的电弧长度应等于焊条直径。

6. 焊接速度的选择

焊接速度就是单位时间内完成的焊缝长度。在焊接过程中，焊接速度应该均匀适当，既要保证焊透又要保证不焊穿，同时还要使焊缝宽度和余高符合设计要求。如果焊接速度过快，电弧对焊件加热不足，会使熔合比减小，还会造成咬边、未焊透、气孔、焊缝粗糙不平等缺陷。如果焊接速度过慢，使高温停留时间过长，热影响区宽度增加，焊接接头晶粒变粗，力学性能下降，变形量增加。

7. 焊接层数的选择

在厚板焊接时，一般采用多层焊。多层焊的前一条焊道对后一条焊道起预热作用，而后一条焊道对前一条焊道起热处理作用（退火和正火），有利于提高焊缝金属的塑性和韧性。每层焊道厚度不能大于4mm。

第二节 焊条电弧焊的基本操作技术

焊条电弧焊时，焊缝能否正确成形、是否产生焊接缺陷在很大程度上取决于焊工的技术水平。焊接的基本操作技术有引弧、运条、焊缝的连接和收尾。

一、引弧

在焊接开始时，将焊条末端轻轻接触焊件，然后迅速离开，保持一定距离（2~4mm）后产生电弧的过程称为引弧。引弧方法一般有以下两种。

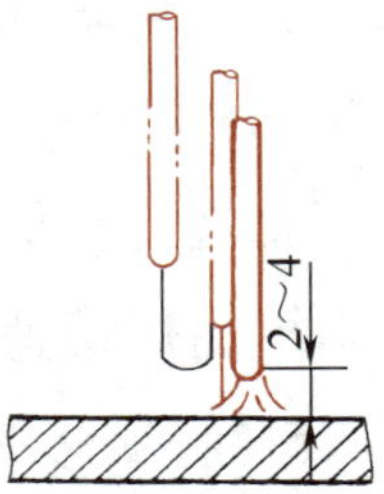

图 1-12 直击法引弧

（1）直击法 它是使焊条与焊件表面垂直地接触，当焊条的末端与焊件表面轻轻一碰，便迅速提起焊条，并保持一定距离（2~4mm），立即引燃了电弧，如图1-12所示。操作时必须掌握好手腕上下动作的时间和距离。

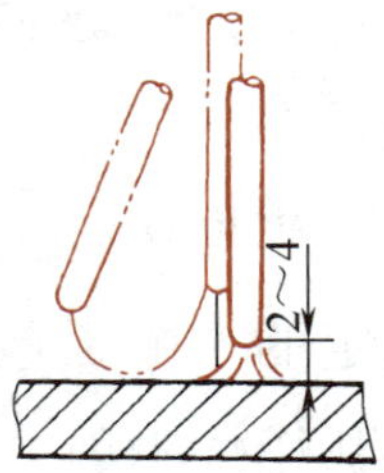

图 1-13 划擦法引弧

（2）划擦法 这种方法与擦火柴有些类似，先将焊条末端对准焊件，然后将焊条在焊件表面划擦一下，当电弧引燃后瞬间立即将焊条末端与焊件表面距离拉开2~4mm，电弧就能稳定地燃烧，如图1-13所示。操作时手腕顺时针方向旋转，使焊条端头与焊件接触后再离开。

以上两种引弧方法相比，划擦法比较容易掌握，但在狭小工作面上或不允许烧伤焊件表面时，应采用直击法。直击法对初学者较难掌握，一般容易发生电弧熄灭或造成电弧短路现象，原因是没有掌握好离开焊件时的速度和保持适当的距离。操作时焊条上拉太快或提得太高，都不能引燃电弧或电弧只燃烧一瞬间就熄灭；相反，动作太慢则可能使焊条与焊件黏在一起，造成焊接回路短路。

引弧时，如果发生焊条和焊件黏在一起，只要将焊条左右摇动几下，就可以脱离焊件。如果这样不能脱离焊件，就应立即松开焊钳，断开焊接回路，待焊件稍冷后再拆下。如果焊条黏在焊件上的时间太长，则可能因过大的短路电流使焊机烧坏，所以引弧时，手腕动作必须灵活和准确，而且要选择好引弧起始点的位置。

二、运条

在焊接过程中，焊条相对焊缝所做的各种动作总称为运条。正确运条是保证焊缝质量的基本要素之一，因此每个操作者都必须掌握好运条这项基本功。运条的基本动作包括沿焊条轴线送进、沿焊缝轴线方向纵向移动和横向摆动三个动作，如图 1-14 所示。

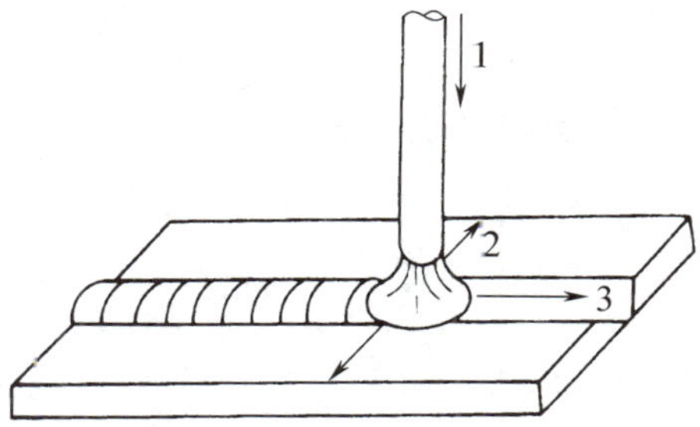

图 1-14 运条的基本动作

1—沿焊条轴线送进
2—沿焊缝轴线方向横向摆动
3—沿焊缝轴线方向纵向移动

1. 运条的基本动作

（1）焊条沿轴线向熔池方向送进　焊条熔化后，要继续保持电弧的长度不变，因此要求焊条向熔池方向送进的速度与焊条熔化的速度相等。如果焊条送进的速度小于焊条熔化的速度，则电弧的长度将逐渐增加，导致断弧；如果焊条送进速度大于焊条熔化速度，则电弧长度迅速缩短，使焊条末端与焊件接触发生短路，同样会使电弧熄灭。

（2）焊条的纵向移动　此动作使焊条熔敷金属与熔化的母材金属形成焊缝。焊条移动速度对焊缝质量、焊接生产率有很大的影响。如果焊条移动速度太快，则电弧来不及熔化足够的焊条与母材金属，产生未焊透或焊缝较窄；如果焊条移动速度太慢，则造成焊缝过高、过宽、外形不整齐，在较薄的焊件上焊接时容易焊穿。移动速度必须适当才能使焊缝均匀。

（3）焊条的横向摆动　横向摆动的作用是为了获得一定宽度的焊缝，并保证焊缝两侧熔合良好。横向摆动的幅度应根据焊缝的宽度与焊条直径来决定。横向摆动力求一致，才能获得宽度整齐的焊缝。正常的焊缝宽度一般不超过焊条直径的2~5倍。

视频 1

焊条电弧焊运条方法

2. 运条方法

运条的方法很多，选用时应根据接头的形式、装配间隙、焊缝的空间位置、焊条直径与性能、焊接电流及焊工技术水平等方面而定。常用运条方法及适用范围见表1-4。

表 1-4 常用运条方法及适用范围

运条方法		运条示意图	适用范围
直线形运条法			(1) 3~5mm 厚度 I 形坡口对接平焊 (2) 多层焊的第一层焊道 (3) 多层多焊道
直线往返形运条法		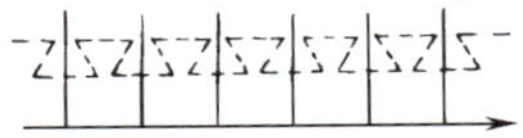	(1) 薄板焊 (2) 对接平焊（间隙较大）
锯齿形运条法			(1) 对接接头（平焊、立焊、仰焊） (2) 角接接头（立焊）
月牙形运条法			同锯齿形运条法
三角形运条法	斜三角形		(1) 角接接头（仰焊） (2) 对接接头（开 V 形坡口横焊）
	正三角形	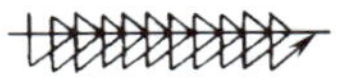	(1) 角接接头（立焊） (2) 对接接头
圆圈形运条法	斜圆圈形		(1) 角接接头（平焊、仰焊） (2) 对接接头（横焊）
	正圆圈形	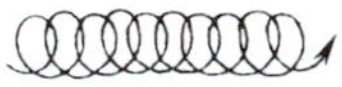	对接接头（厚焊件平焊）
八字形运条法		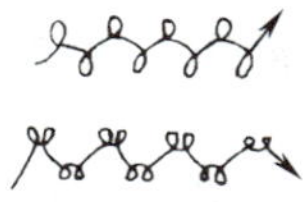	对接接头（厚焊件平焊）

三、焊缝的起头

焊缝的起头是指开始焊接处的焊缝。这部分焊缝很容易增高，这是由于开始焊接时焊件温度低，引弧后不能迅速使这部分焊件金属的温度升高，因此熔深较浅，余高较大。为减少或避免这种情况，可在引燃电弧后先将电弧稍微拉长些，对焊件进行必要的预热，然后适当降低电弧长度转入正常焊接。重要的结构往往增加引弧板。

四、焊缝的收尾

焊缝的收尾是指一条焊缝焊完后收弧的过程。焊接结束时，如果将电弧突然熄灭，则焊缝表面留有凹陷较深的弧坑会降低焊缝收尾处的强度，并容易引起弧坑裂纹。过快拉断电弧，液体金属中的气体来不及逸出，还容易产生气孔等缺陷。为克服弧坑缺陷，采用下述方法收尾。

（1）反复收尾法　焊条移到焊缝终点时，在弧坑处反复熄弧、引弧数次，直到填满弧坑为止。此方法适用于薄板焊接、多层焊的打底焊道或大电流焊接，不适用于碱性焊条。

（2）划圈收尾法　焊条移到焊缝终点时，在弧坑处做圆圈运动，直到填满弧坑再拉断电弧。此方法适用于厚板焊接，酸性、碱性焊条都可以采用这种收尾方法。

（3）回焊收尾法　电弧在焊缝收尾处停住，同时将焊条朝相反方向回焊一小段距离后再熄弧。这种收尾方法适用于低氢型焊条。

五、焊缝的接头

由于受焊条长度的限制，焊缝是逐段连接起来的，因而出现了焊缝前后段的连接问题。为保证焊缝连接处的质量，必须使后焊的焊缝和先焊的焊缝能均匀连接。焊缝的接头有以下四种情况，如图 1-15 所示。

（1）中间接头　后焊焊缝从先焊焊缝尾部开始焊接，如图 1-15a 所示。要求在弧坑前约 10mm 附近引弧，电弧长度比正常焊接时略长些，然后回移到弧坑，压低电弧，稍作摆动，再向前正常焊接。这种接头的方法是使用最多的一种，适用于单层焊及多层焊的表层接头。

（2）相背接头　两焊缝起头处相接，如图 1-15b 所示。要求先焊焊缝起头处略低些，后焊焊缝必须在前条焊缝始端稍前处引弧，然后稍拉长电弧将电弧逐渐引向前条焊缝的始端，并覆盖前条焊缝的端头，待焊平后，再向焊接方向移动。

（3）相向接头　两条焊缝的收尾相接，如图 1-15c 所示。当后焊焊缝焊到先焊焊缝收弧处时，焊接速度应稍慢些，填满先焊焊缝的弧坑处后，以较快的速度再向前焊一段，然后熄弧。

（4）分段退焊接头 先焊焊缝的起头和后焊焊缝的收尾相接，如图1-15d所示。要求后焊焊缝焊至靠近前条焊缝始端时，改变焊条角度，使焊条指向前条焊缝的始端，拉长电弧，待形成熔池后，再压低电弧，往回移动，最后返回原来熔池处收弧。

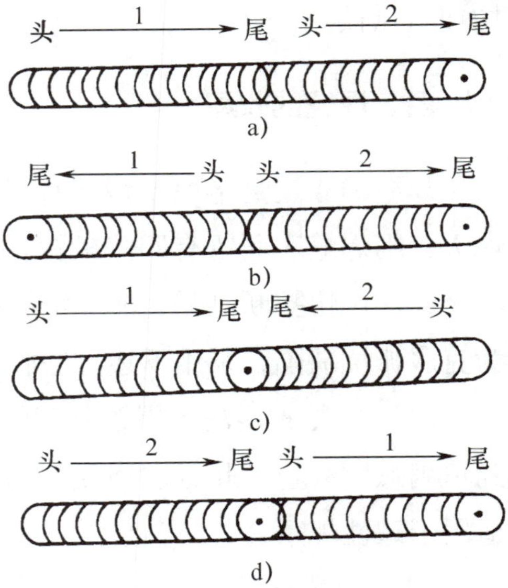

图1-15 焊缝接头的四种情况

a）中间接头 b）相背接头

c）相向接头 d）分段退焊接头

1—先焊焊缝 2—后焊焊缝

接头连接得平整与否，和焊工操作技术有关，同时还和接头处的温度有关。温度越高，接头处越平整。因此中间接头要求电弧中断的时间要短，换焊条动作要快。多层焊时，层间接头处要错开，以提高焊缝的致密性。除中间接头焊接时可不清理焊渣外，其余接头处必须先将接头处的焊渣打掉，否则接不好头，必要时可将接头处先打磨成斜面后再接头。

第三节 焊条电弧焊工艺

一、定位焊

焊前为固定焊件的相对位置而进行的焊接操作称为定位焊。定位焊形成的短小而断续的焊缝称为定位焊缝。通常定位焊缝都比较短小，在焊接过程中不用去掉而成为正式焊缝的一部分，定位焊缝质量的好坏将直接影响正式焊缝的质量及焊件的变形，因此对定位焊必须引起足够的重视。

焊接定位焊缝时必须注意以下几点。

1）必须按照焊接工艺规定的要求焊接定位焊缝，如采用与工艺规定的相同牌号的焊条；工艺规定焊前预热、焊后缓冷，则定位焊缝也必须焊前预热、焊后缓冷。

2）定位焊缝必须保证熔合良好，焊道不能太高，起头和收尾处应圆滑过渡，不能太陡，以防止焊缝接头时两端焊不透。

3）定位焊缝的参考尺寸见表1-5。

表 1-5　定位焊缝的参考尺寸　（单位：mm）

焊件厚度	定位焊缝长度	定位焊缝间距
<4	5～10	50～100
4～12	10～20	100～200
>12	>20	200～300

4）定位焊缝不能焊在焊缝交叉处或焊缝方向发生急剧变化的地方，通常至少应离开这些地方 50mm 才能焊定位焊缝。

5）为防止焊件焊接过程中焊件裂开，应尽量避免强制装配，必要时可增加定位焊缝长度，并减小定位焊缝间距。

6）定位焊后必须尽快焊接，避免中途停顿或存放时间过长。

二、各种位置的焊接

焊接空间位置不同的焊接接头，虽然具有各自不同的特点，但也具有共同的规律，就是选择合适的焊接电流，保持正确的焊条角度，掌握好运条的三个动作，控制熔池表面形状、大小和温度，使熔池金属的冶金反应较完全，气体、杂质排除彻底，并与母材很好地熔合。

1. 平焊

平焊是在水平面上进行任何方向焊接的一种操作方法。由于焊缝处在水平位置，熔滴主要靠自重过渡，操作技术比较容易掌握，可以选用较大直径焊条和较大的焊接电流，生产率高，因此在生产中应用比较普遍。如果焊接参数选择不当和操作不当，打底焊时容易造成根部焊瘤或未焊透，也容易出现熔渣与熔化金属混杂不清或熔渣超前而引起的夹渣。

平焊分为对接平焊、T 形接头平焊和搭接接头平焊。

（1）对接平焊　推荐对接平焊的焊接参数见表 1-6。

1）I 形坡口对接平焊。当板厚小于 6mm 时，一般采用 I 形坡口对接平焊。

采用双面焊，焊条直径 3.2mm。焊接正面焊缝时，采用短弧焊，熔深为焊件厚度的 2/3，焊缝宽度 5～8mm，余高应小于 1.5mm，如图 1-16 所示。焊接反面焊缝时，除重要结构外，不必清根，但要将正面焊缝背部的焊渣清除干净，然后再焊接，焊接电流可大些，以保证焊透。焊接时的运条方法为直线形运条法，焊条角度如图 1-17 所示。

表 1-6 推荐对接平焊的焊接参数

焊缝横截面形式	焊件厚度 /mm	第一层焊缝		其他各层焊缝		盖面焊缝	
		焊条直径 /mm	焊接电流 /A	焊条直径 /mm	焊接电流 /A	焊条直径 /mm	焊接电流 /A
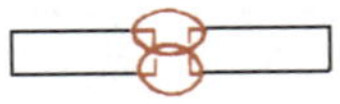	2	2	50~60	—	—	2	55~60
	2.5~3.5	3.2	80~110	—	—	3.2	85~120
	4~5	3.2	90~130	—	—	3.2	100~130
		4	160~200	—	—	4	160~210
		5	200~260	—	—	5	220~260
	5~6	4	160~200	—	—	3.2	100~130
						4	180~210
	>6	4	160~200	4	160~210	4	180~210
				5	220~280	5	220~260
	≥12	4	160~210	4	160~210	—	—
				5	220~280	—	—

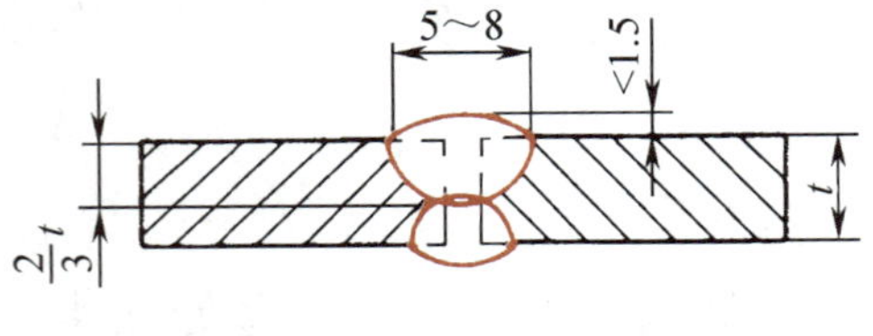

图 1-16 I 形坡口对接接头

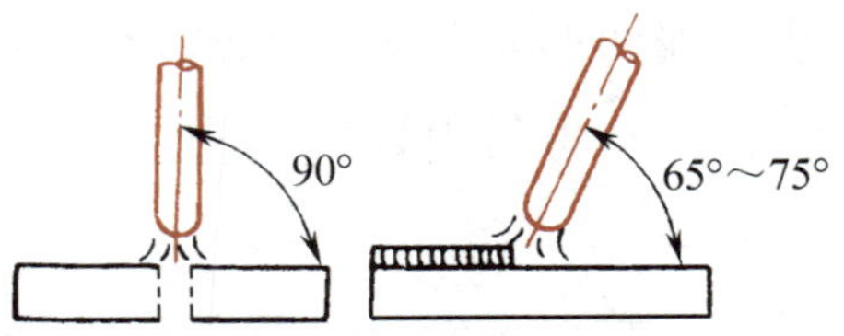

图 1-17 对接平焊的焊条角度

2）V 形坡口对接平焊。当板厚超过 6mm 时，由于电弧的热量较难深入到 I 形坡口根部，必须开单面 V 形坡口或双面 V 形坡口，可采用多层焊或多层多道焊，如图 1-18 和图 1-19 所示。

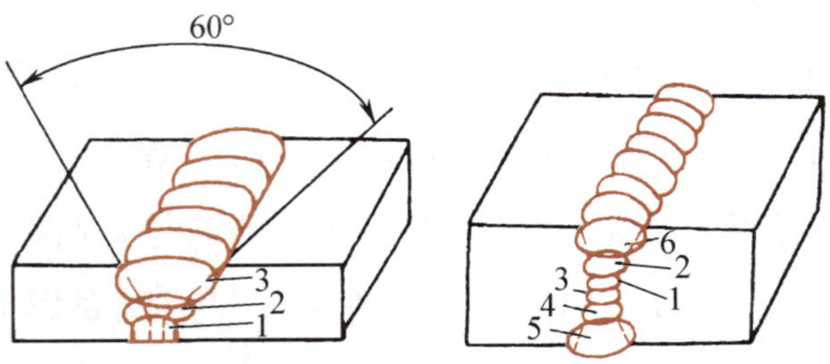

图 1-18 多层焊

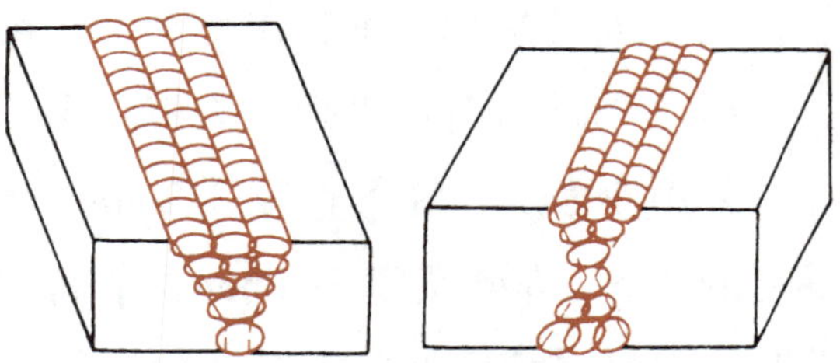
图 1-19 多层多道焊

多层焊时，第一层应选用较小直径的焊条，运条方法应根据焊条直径与坡口间隙而定。可采用直线形运条法或锯齿形运条法，要注意边缘熔合的情况并避免焊件焊穿。以后各层焊接时，应将前一层焊渣清除干净，然后选用直径较大的焊条和较大的焊接电流进行施焊，可采用锯齿形运条法，并应用短弧焊接。但每层不宜过厚，应注意在坡口两边稍停留。为防止产生熔合不良及夹渣等缺陷，每层的焊缝接头须互相错开。

多层多道焊的焊接方法与多层焊相似，焊接时，初学者特别注意清除焊渣，以避免产生夹渣、未熔合等缺陷。

（2）T 形接头平角焊　推荐 T 形接头平角焊的焊接参数见表 1-7。

表 1-7　推荐 T 形接头平角焊的焊接参数

焊缝横截面形式	焊件厚度或焊脚尺寸/mm	第一层焊缝		其他各层焊缝		盖面焊缝	
		焊条直径/mm	焊接电流/A	焊条直径/mm	焊接电流/A	焊条直径/mm	焊接电流/A
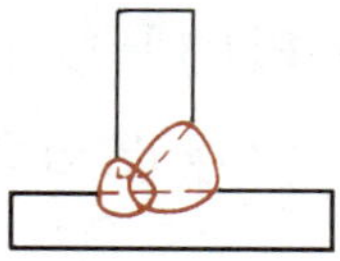	3	3.2	100~120	—	—	—	—
	4	3.2	100~120	—	—	—	—
		4	160~200				
	5~6	4	160~200	—	—	—	—
		5	220~280				
	6~10	4	160~200	5	220~280	—	—
		5	220~280				
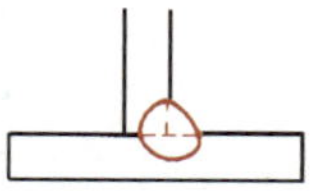	>10	4	160~200	4	160~200	4	160~200
				5	220~280		

T 形接头平角焊时，容易产生未焊透、焊偏、咬边及夹渣等缺陷，特别是立板容易咬边。为防止上述缺陷，焊接时除正确选择焊接参数外，还必须根据两板厚度调整焊条角度，电弧应偏向厚板一边，让两板受热温度均匀一致，如图 1-20 所示。

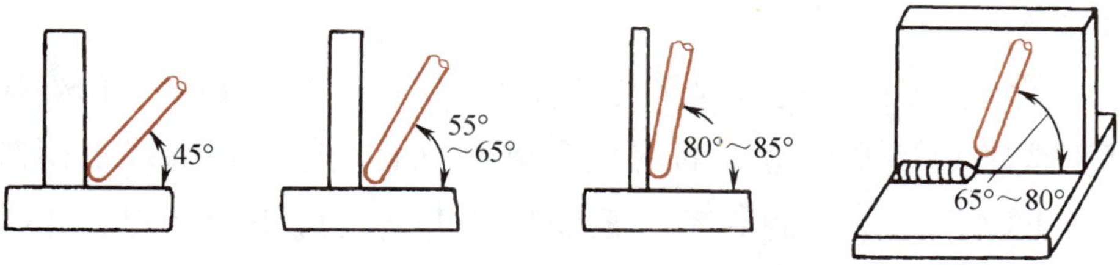

图 1-20　T 形接头平角焊时的焊条角度

当焊脚小于6mm时，可用单层焊，选用直径3.2~4mm焊条，采用直线形或斜圆圈形运条方法，焊接时采用短弧，防止产生焊偏及立板咬边。焊脚在6~10mm之间时，可用两层两道焊，焊第一层时，选用直径4~5mm焊条，采用直线形运条法，必须将顶角焊透，以后各层可选用直径5mm的焊条，采用斜圆圈形运条法，要防止产生焊偏及咬边等现象。当焊脚大于10mm时，采用多层多道焊，可选用直径4~5mm的焊条，这样能提高生产率。在焊接第一道焊缝时，应选用较大的焊接电流，以得到较大的熔深；焊接第二道焊缝时，由于焊件温度升高，可选用较小的焊接电流和较快的焊接速度，以防止立板产生咬边现象。在实际生产中，当焊件能翻动时，尽可能把焊件放成平焊位置进行焊接，此种方法称为船形焊，如图1-21所示。平焊位置焊接既能避免产生咬边等缺陷，焊缝平整美观，又能使用大直径焊条和较大的焊接电流并便于操作，从而提高生产率。

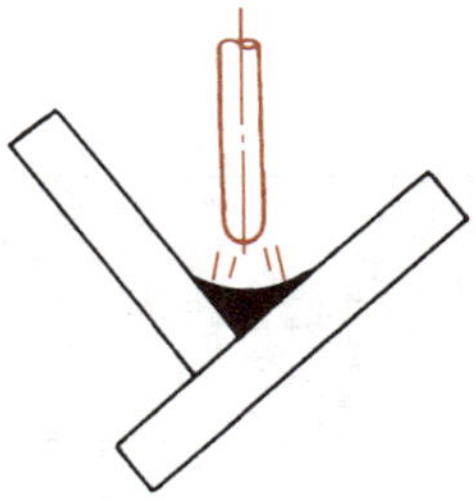
图1-21 船形焊

（3）搭接平角焊　搭接平角焊时，主要的困难是上板边缘易受电弧高温熔化而产生咬边，同时也容易产生焊偏，因此必须掌握好焊条角度和运条方法，焊条与下板表面的角度应随下板的厚度增大而增大，如图1-22所示。搭接平角焊根据厚度不同也分为单层焊、多层焊和多层多道焊。选择方法基本上与T形接头相似。

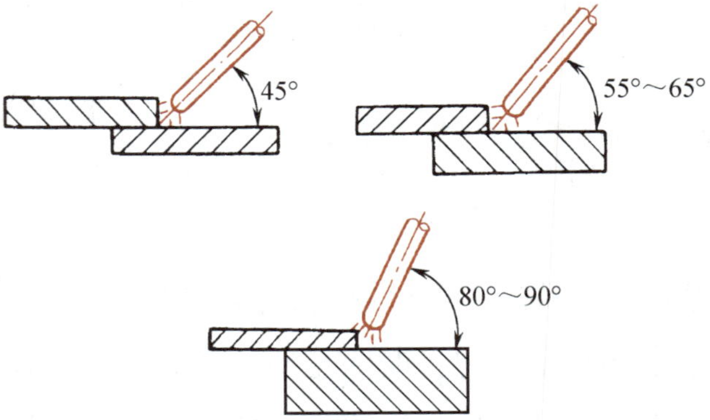

图1-22 搭接平角焊的焊条角度

2. 立焊

立焊是在垂直方向上进行焊接的一种操作方法。由于在重力的作用下，焊条熔化所形成的熔滴及熔池中的熔化金属要下淌，造成焊缝成形困难，质量受影响。因此立焊时选用的焊条直径和焊接电流均应小于平焊，并采用短弧焊接。

立焊有两种操作方法。一种是由下向上施焊，是目前生产中常用的一种方法，称为向上立焊或简称为立焊；另一种是由上向下施焊，这种方法要求采用专用的向下立焊焊条才能保证焊缝质量。由下向上焊接可采用以下措施。

1）在对接时，焊条应与基体金属垂直，同时与焊缝成 60°~80°。在角接立焊时，焊条与两板之间各为 45°，同样与焊缝成 60°~80°，如图 1-23 所示。

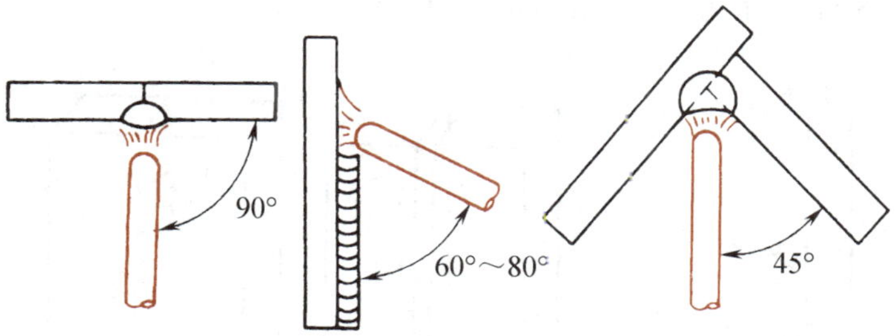

图 1-23　立焊时的焊条角度

2）用较细直径的焊条和较小的焊接电流，焊接电流一般比平焊小 10%~15%。

3）采用短弧焊接，缩短熔滴金属过渡到熔池的距离。

4）根据焊件接头形式的特点，选用合适的运条方法。

（1）对接立焊　推荐对接立焊的焊接参数见表 1-8。

表 1-8　推荐对接立焊的焊接参数

坡口及焊缝横截面形式	焊件厚度或焊脚尺寸/mm	第一层焊缝		其他各层焊缝		盖面焊缝	
		焊条直径/mm	焊接电流/A	焊条直径/mm	焊接电流/A	焊条直径/mm	焊接电流/A
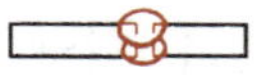	2	2	45~55	—	—	2	50~55
	2.5~4	3.2	75~100	—	—	3.2	80~110
	5~6	3.2	80~120	—	—	3.2	90~120
	7~10	3.2	90~120	4	120~160	3.2	90~120
		4	120~160				
	≥11	3.2	90~120	4	120~160	3.2	90~120
		4	120~160	5	160~200		
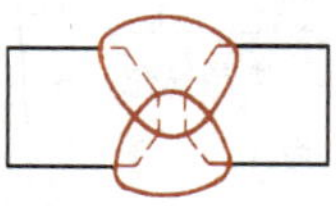	12~18	3.2	90~120	4	120~160	—	—
		4	120~160				
	≥19	3.2	90~120	4	120~160	—	—
		4	120~160	5	160~200		

1）I形坡口的对接立焊。这种接头常用于薄板的焊接。焊接时容易产生焊穿、咬边、金属熔滴流失等缺陷，给焊接带来很大困难。一般选用跳弧法施焊，电弧离开熔池的距离尽可能短些，跳弧的最大弧长应不大于6mm。在保证焊透的情况下，尽可能减少电弧在焊件上加热时间，避免电弧长时间停留在一点上。焊接速度和运条速度要做到快而协调，通过运条速度和弧长来调节熔池的热量。I形坡口的对接立焊时各种运条方法，如图1-24所示。

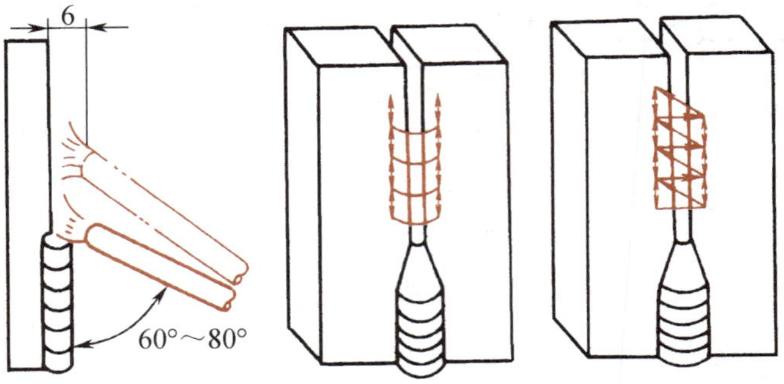

图1-24 I形坡口的对接立焊时各种运条方法
a）直线形跳弧法 b）月牙形跳弧法 c）锯齿形跳弧法

2）V形或U形坡口的对接立焊。对接立焊的坡口有V形和U形等形式。如果采用多层焊时，层数则由焊件厚度来决定，每层焊缝的成形都应注意。打底焊时应选用直径较小的焊条和较小的焊接电流，对厚板采用小三角形运条法，对中厚板或较薄板可采用小月牙形或锯齿形跳弧运条法，各层焊缝都应及时清理焊渣，并检查焊接质量。表层焊缝运条方法按所需焊缝高度的不同来选择，运条的速度必须均匀，在焊缝的两侧稍作停留，这样有利于熔滴的过渡，防止产生咬边等缺陷。V形坡口对接立焊常用的各种运条方法如图1-25所示。

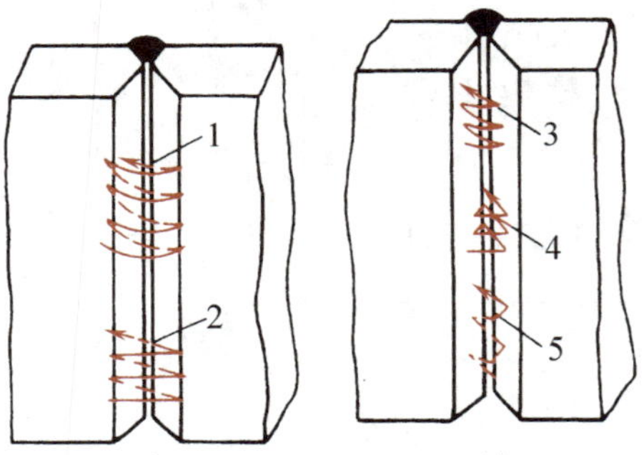

图1-25 V形坡口的对接立焊常用的各种运条方法
a）填充及盖面焊道 b）打底焊道
1—月牙形运条 2—锯齿形运条
3—小月牙形运条 4—三角形运条
5—跳弧运条

（2）T形接头立焊 推荐T形接头立焊的焊接参数见表1-9。

表 1-9　推荐 T 形接头立焊的焊接参数

焊缝横截面形式	焊件厚度或焊脚尺寸/mm	第一层焊缝		其他各层焊缝		盖面焊缝	
		焊条直径/mm	焊接电流/A	焊条直径/mm	焊接电流/A	焊条直径/mm	焊接电流/A
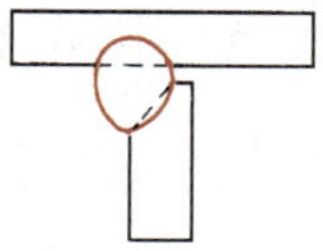	2	2	50~60	—	—	—	—
	3~4	3.2	90~120	—	—	—	—
	5~8	3.2	90~120	—	—	—	—
		4	120~160				
	9~12	3.2	90~120	4	120~160	—	—
		4	120~160				
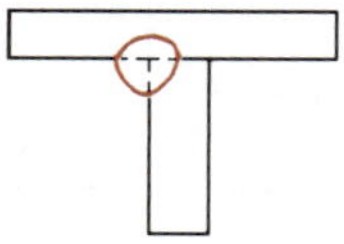	>12	3.2	90~120	4	120~160	3.2	90~120
		4	120~160				

T 形接头立焊容易产生的缺陷是角顶不易焊透，而且焊缝两边容易咬边。为了克服这个缺陷，焊条在焊缝两侧应稍作停留，电弧的长度应尽可能地缩短，焊条摆动幅度应不大于焊缝宽度。为获得质量良好的焊缝，要根据焊缝的具体情况，选择合适的运条方法。常用的运条方法有跳弧法、三角形运条法、锯齿形运条法和月牙形运条法等，如图 1-26 所示。

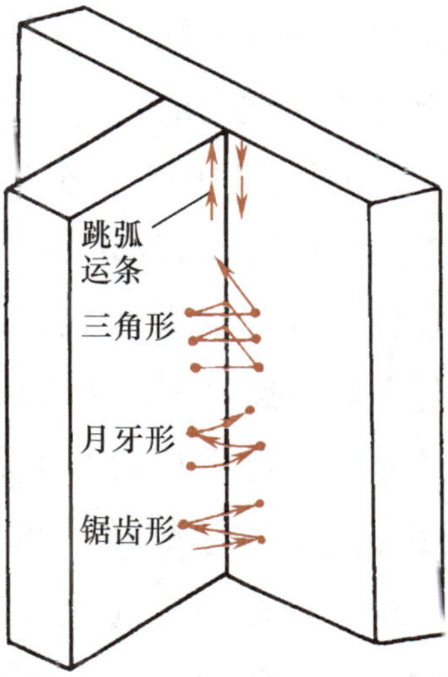

图 1-26　T 形接头立焊的运条方法

3. 横焊

推荐对接横焊的焊接参数见表 1-10。

表 1-10　推荐对接横焊的焊接参数

焊缝横截面形式	焊件厚度或焊脚尺寸/mm	第一层焊缝		其他各层焊缝		盖面焊缝	
		焊条直径/mm	焊接电流/A	焊条直径/mm	焊接电流/A	焊条直径/mm	焊接电流/A
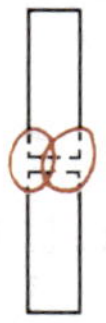	2	2	45~55	—	—	2	50~55
	2.5	3.2	75~110	—	—	3.2	80~110
	3~4	3.2	80~120	—	—	3.2	90~120
		4	120~160	—	—	4	120~160

（续）

焊缝横截面形式	焊件厚度或焊脚尺寸/mm	第一层焊缝		其他各层焊缝		盖面焊缝	
		焊条直径/mm	焊接电流/A	焊条直径/mm	焊接电流/A	焊条直径/mm	焊接电流/A
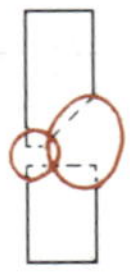	5~6	3.2	80~120	3.2	90~120	3.2	90~120
				4	120~160	4	120~160
	≥7	3.2	90~120	4	140~160	3.2	90~120
		4	140~160			4	120~160
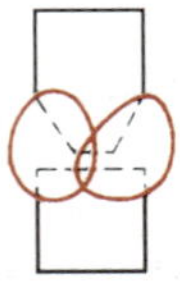	14~18	3.2	90~120	4	140~160	—	—
		4	140~160				
	≥19	4	140~160	4	140~160	—	—

横焊是在垂直面上焊接水平焊缝的一种操作方法。熔化金属受重力作用，容易下淌而产生各种缺陷，因此应采用短弧焊接，并选用较小直径的焊条、较小的焊接电流以及适当的运条方法。

（1）I形坡口的对接横焊　板厚为3~5mm时，可采用I形坡口的对接双面焊。正面焊接时选用ϕ3.2mm或ϕ4.0mm的焊条，焊条角度如图1-27所示。焊件较薄时，可用直线往返形运条焊接，让熔池中的熔化金属快速凝固，可以防止烧穿。焊件较厚时，可采用短弧直线形或小斜圆圈形运条方法焊接，便可得到合适的熔深。焊接速度应稍快些，力求做到均匀，避免焊条的熔化金属过多地聚集在某一点上形成焊瘤和焊缝上部咬边等缺陷。打底焊时，宜选用细焊条，一般选用ϕ3.2mm的焊条，电流稍大些，用直线形运条法焊接。

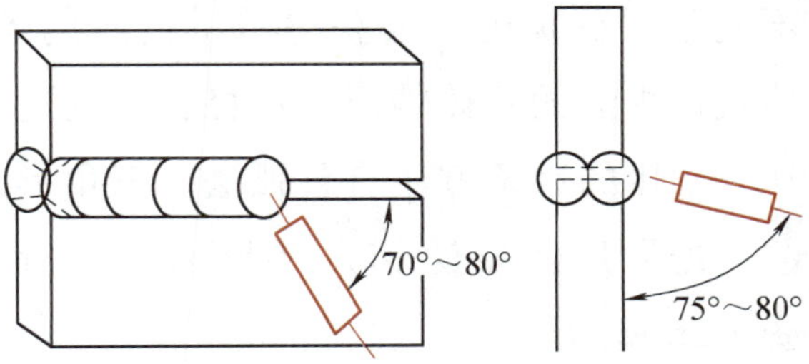

图1-27　I形坡口的对接横焊时焊条角度

（2）V形或K形坡口的对接横焊　横焊的坡口一般为V形或K形，其坡口的特点是下板不开或下板所开坡口角度小于上板，如图1-28所示，这样有利于焊缝成形。

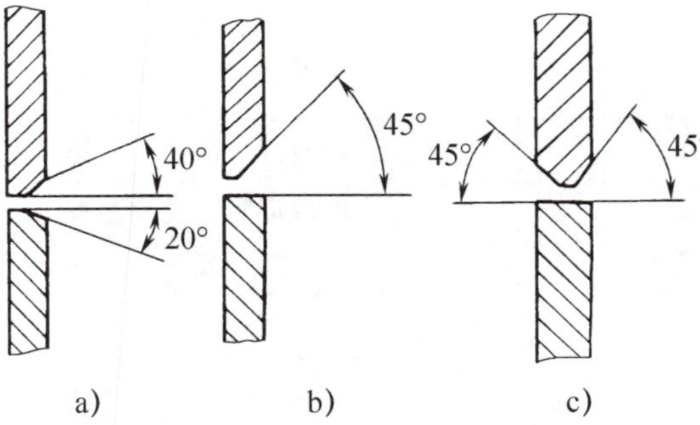

图1-28　横焊时对接接头的坡口形式

a）V形坡口　b）单边V形坡口　c）K形坡口

4. 仰焊

仰焊时焊缝位于焊接电弧的上方。焊工在仰视位置进行焊接，仰焊劳动强度大，是最难的一种焊接。仰焊时熔化金属在重力的作用下较易下淌，熔池形状和大小不易控制，容易出现夹渣、未焊透和凹陷现象，运条困难，表面不易焊得平整。焊接时，必须正确选用焊条直径和适当的焊接电流，以减少熔池的面积，尽量维持最短的电弧，有利于熔滴在很短的时间内过渡到熔池中去，促使焊缝成形。

（1）对接仰焊　推荐对接仰焊的焊接参数见表 1-11。

表 1-11　推荐对接仰焊的焊接参数

<table>
<tr><th rowspan="2">焊缝横截面形式</th><th rowspan="2">焊件厚度或焊脚尺寸/mm</th><th colspan="2">第一层焊缝</th><th colspan="2">其他各层焊缝</th><th colspan="2">盖面焊缝</th></tr>
<tr><th>焊条直径/mm</th><th>焊接电流/A</th><th>焊条直径/mm</th><th>焊接电流/A</th><th>焊条直径/mm</th><th>焊接电流/A</th></tr>
<tr><td rowspan="4">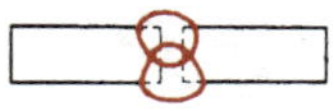</td><td>2</td><td>—</td><td>—</td><td>—</td><td>—</td><td>2</td><td>40~60</td></tr>
<tr><td>2.5</td><td>—</td><td>—</td><td>—</td><td>—</td><td>3.2</td><td>80~110</td></tr>
<tr><td rowspan="2">3~5</td><td rowspan="2">—</td><td rowspan="2">—</td><td rowspan="2">—</td><td rowspan="2">—</td><td>3.2</td><td>85~110</td></tr>
<tr><td>4</td><td>120~160</td></tr>
<tr><td rowspan="4"></td><td rowspan="2">5~8</td><td rowspan="2">3.2</td><td rowspan="2">90~120</td><td>3.2</td><td>90~120</td><td rowspan="2">—</td><td rowspan="2">—</td></tr>
<tr><td>4</td><td>140~160</td></tr>
<tr><td rowspan="2">≥9</td><td>3.2</td><td>90~120</td><td rowspan="2">4</td><td rowspan="2">140~160</td><td rowspan="2">—</td><td rowspan="2">—</td></tr>
<tr><td>4</td><td>140~160</td></tr>
<tr><td rowspan="3">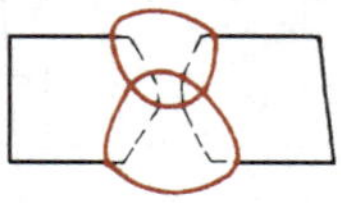</td><td rowspan="2">12~18</td><td>3.2</td><td>90~120</td><td rowspan="2">4</td><td rowspan="2">140~160</td><td rowspan="2">—</td><td rowspan="2">—</td></tr>
<tr><td>4</td><td>140~160</td></tr>
<tr><td>≥19</td><td>4</td><td>140~160</td><td>4</td><td>140~160</td><td>—</td><td>—</td></tr>
</table>

1）I 形坡口的对接仰焊。当焊件的厚度小于 4mm 时，采用 I 形坡口的对接仰焊，可选用 ϕ3.2mm 的焊条，焊条角度如图 1-29 所示。接头间隙小时可用直线形运条法进行焊接，接头间隙稍大时可用直线往返形运条法进行焊接。焊接电流选择应适中，若焊接电流太小，电弧不稳，会影响熔深和成形；若焊接电流太大则会导致熔化金属淌落和焊穿等。

2）V形坡口的对接仰焊。当焊件的厚度大于5mm时，采用V形坡口的对接仰焊，常用多层焊或多层多道焊。焊接第一层焊缝时，可采用直线形、直线往返形、锯齿形运条方法，要求焊缝表面要平直，不能向下凸出。在焊接第二层以后的焊缝，采用锯齿形或月牙形运条方法，如图1-30所示。运条时，电弧在焊缝两侧稍停，中间快，形成较薄的焊道。焊条的角度应根据每一焊道的位置做相应的调整，以有利于熔滴金属的过渡和获得较好的焊缝成形。

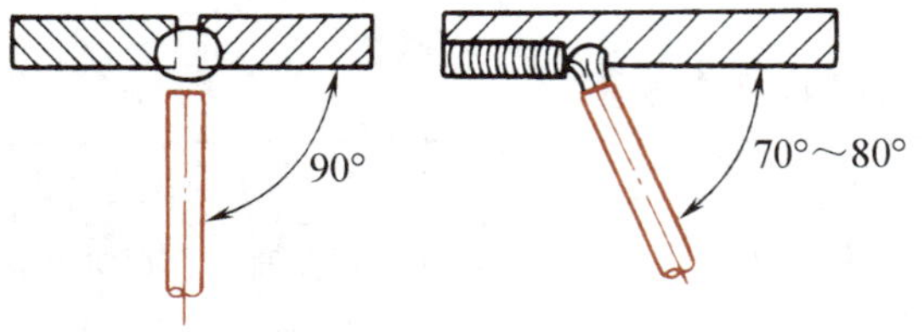

图1-29　I形坡口的对接仰焊时焊条角度

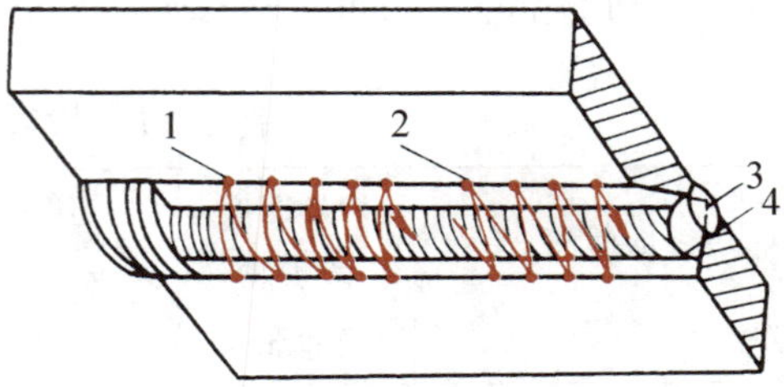

图1-30　V形坡口的对接仰焊的运条方法

1—月牙形运条　2—锯齿形运条
3—第一层焊道　4—第二层焊道

（2）T形接头仰焊　推荐T形接头仰焊的焊接参数见表1-12。

表1-12　推荐T形接头仰焊的焊接参数

焊缝横截面形式	焊件厚度或焊脚尺寸/mm	第一层焊缝		其他各层焊缝		盖面焊缝	
		焊条直径/mm	焊接电流/A	焊条直径/mm	焊接电流/A	焊条直径/mm	焊接电流/A
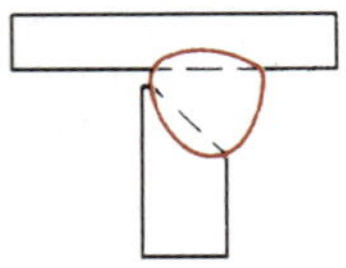	2	2	50～60	—	—	—	—
	3～4	3.2	90～120	—	—	—	—
	5～6	4	120～160	—	—	—	—
	≥7	4	140～160	4	140～160	—	—
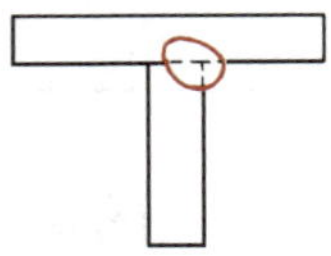	—	3.2	90～120	4	140～160	3.2	90～120
		4	140～160			4	14～160

T形接头的仰焊比对接坡口的仰焊容易操作，通常采用多层焊或多层多道焊。当焊脚尺寸小于8mm时，宜用单层焊；当焊脚尺寸大于8mm时，宜采用多层多道焊。T形接头仰焊的焊条角度和运条方法如图1-31所示。焊接第一层时采用直线

形运条法，以后各层可采用斜圆圈形或斜三角形运条法。若技术熟练，可使用稍大直径的焊条和焊接电流。

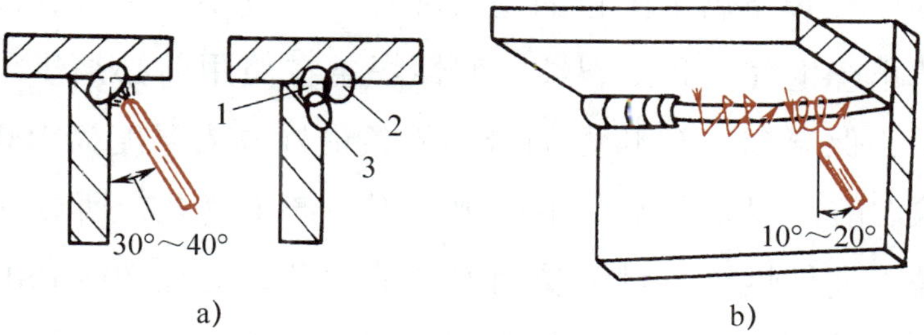

图 1-31 T 形接头仰焊的焊条角度及运条方法

a）焊条角度 b）斜三角形或斜圆圈形运条

焊条电弧焊的焊接参数可根据具体工作条件和操作者技术熟练程度合理选用。

第四节 平板对接技能训练

一、平板对接焊缝质量检验项目及标准（表 1-13）

表 1-13 平板对接焊缝质量检验项目及标准

检验项目			标 准
焊缝外观检查	正面焊缝余高/mm		0～3
	背面焊缝余高/mm		0～2
	正面焊缝余高差/mm		0～2
	焊缝每侧增宽/mm		0.5～2.5
	焊缝宽度差/mm		0～2
	焊接接头脱节/mm		<2
	弧坑		填满
	咬边	深度/mm	≤0.5（平焊）；≤0.5（立焊）；≤0.5（横焊）
		长度/mm	≤10（平焊）；≤15（立焊）；≤10（横焊）
	未焊透、气孔、裂纹、夹渣、焊瘤		无
	焊后角变形/(°)		0～3
焊缝内部质量检查			按 GB/T 3323.1～2—2019《焊缝无损检测 射线检测》规定

二、焊前准备

（1）焊条烘干　焊条烘干的目的是去除焊条药皮中的水分，以便减少熔池及焊缝中的氢，防止产生气孔和冷裂纹。碱性焊条在使用前必须烘干，烘干温度一般为350~400℃，保温2h。经烘干的碱性焊条最好放入温度为100~150℃的保温筒中，随用随取。酸性焊条对水分不敏感，不易产生气孔，所以酸性焊条可根据受潮情况决定是否进行烘干。对于受潮严重的焊条，要在70~150℃下进行烘干，保温1h，使用前不再烘干。对于一般受潮的焊条，焊接前不必烘干。烘干温度过高时，药皮中一些基本成分会分解，降低机械保护的效果；烘干温度过低或烘干时间不够时，则受潮药皮的水分去除不彻底，仍会产生气孔和冷裂纹。

（2）焊前清理　用碱性焊条焊接时，焊件坡口及两侧各20mm范围内的锈、水、油污、油漆等必须清除干净。这对防止气孔和冷裂纹的产生有重要作用。用酸性焊条焊接时，一般也应清理，假如焊件的锈蚀不严重，且对焊缝质量要求不高时，也可以不除锈。

图1-32　获得反变形的方法

（3）装配与定位焊　平板对接装配时，为了保证焊后没有角变形，平板要预置反变形，获得反变形的方法如图1-32所示。反变形角度可用游标万能角度尺或焊缝测量器测量，也可测Δ值，Δ值可根据平板宽度计算出，即

$$\Delta = b\sin\theta$$

式中　Δ——平板表面高度差；

b——对接平板的宽度；

θ——反变形角度（按3°~5°计）。

平板装配定位焊所用焊条与正式焊接时应相同。定位焊缝必须焊牢以保证装配间隙。

（4）预热　对于厚度较小刚性不大的低碳钢和强度级别较低的低合金高强度钢的一般结构，一般不必预热。但对厚度较大，环境温度在0℃以下，刚性较大或焊接性较差的容易裂的结构，焊前需要预热。预热是焊接开始前对焊件的全部或局部进行适当加热的工艺措施。预热可以减少接头焊后冷却速度，避免产生淬硬组织，减小焊接应力及变形。预热是防止产生裂纹的有效措施。预热温度一般与被焊金属的化学成分、板厚和施焊环境温度等条件有关，根据技术标准或已有的资料确定，重要的结构要经过裂纹试验确定不产生裂纹的最低预热温度。预热温度不是越高越好。对有些钢种，预热温度过高时，接头的韧性可能不合格，劳动条件也将会更加恶化。预热分为整体预热和局部预热两种方法。整体预热是在各种炉子中加热；局部预热是采用气体火焰加热或红外线加热等。预热温度用表面温度计测量。Q235 和 16Mn 钢板厚为 30~50mm 时预热温度分别要大于 50℃和 100℃。

视频 2
焊条电弧焊板对接平焊

三、板厚 12mm 的 V 形坡口对接平焊

1. 装配尺寸（表 1-14）

表 1-14　装配尺寸

坡口角度/(°)	装配间隙/mm	钝边/mm	反变形/(°)	错边量/mm
60	始焊端 2.5 终焊端 3.5	0	3~4	≤0.5

2. 焊接参数（表 1-15）

表 1-15　焊接参数

焊接层次	焊条直径/mm	焊接电流/A
打底焊	3.2	80~90
填充焊	4.0	160~175
盖面焊		150~165

3. 焊接要点

平焊时，由于焊件处在俯焊位置，与其他焊接位置相比操作较容易。这是板状焊件各种位置、管状焊件各种位置焊接操作的基础。但平焊打底焊时，熔孔不易观察和控制，在电弧吹力和熔化金属的重力作用下，焊道背面易产生超高或焊瘤等缺陷。因此这种操作仍具有一定的困难。

（1）焊道分布　单面焊四层四道，如图 1-33 所示。

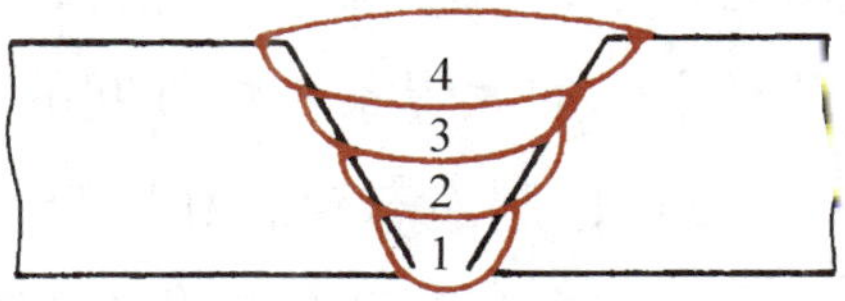

图 1-33　焊道分布

（2）焊接位置　平板放在水平面上，间隙小的一端放在左侧。

（3）打底焊　打底焊时焊条与焊件之间的角度如图1-34所示。采用小幅度锯齿形横向摆动，并在坡口两侧稍停留，连续向前焊接，即采用连弧焊法打底。

打底焊时要注意以下几点。

1）控制引弧位置。打底焊从焊件左端定位焊缝的始焊处开始引弧，电弧引燃后，稍作停顿预热，然后横向摆动向右施焊，待电弧达到定位焊缝右侧前沿时，将焊条下压并稍作停顿，以便形成熔孔。

2）控制熔孔的大小。在电弧的高温和吹力的作用下，焊件坡口根部熔化并击穿形成熔孔，如图1-35所示，此时应立即将焊条提起至离开熔池约1.5mm左右，即可以向右正常施焊。

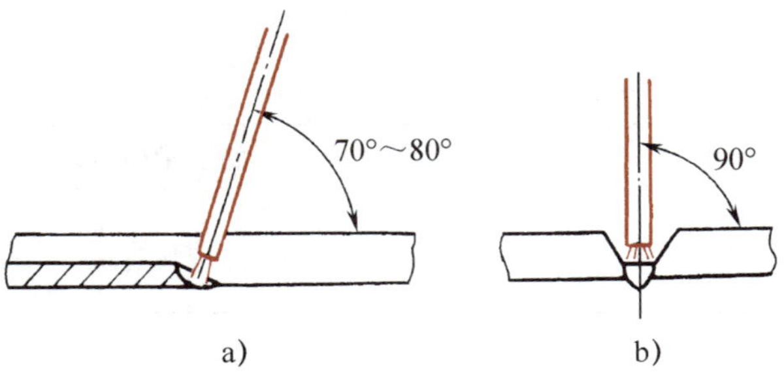

图1-34　平焊打底焊焊条角度

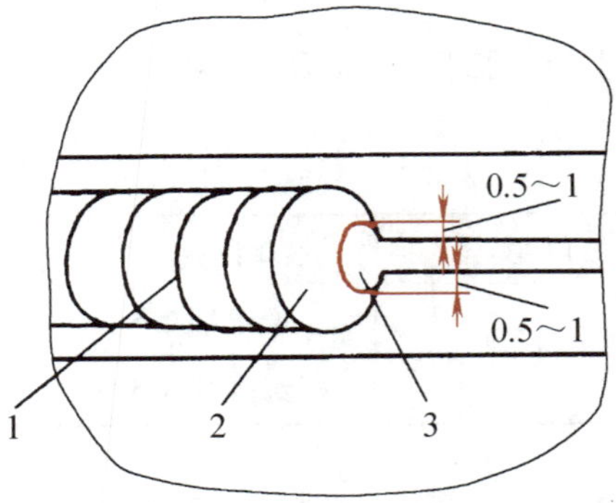

图1-35　平板对接平焊时的熔孔

1—焊缝　2—熔池　3—熔孔

打底焊时为保证得到良好的背面成形和优质焊缝，焊接电弧要控制短些，运条要均匀，前进的速度不宜过快。要注意将焊接电弧的2/3覆盖在熔池上，焊接电弧的1/3保持在熔池前，用来熔化和击穿焊件的坡口根部形成熔孔。施焊过程中要严格控制熔池的形状，尽量保持大小一致，并观察熔池的变化和坡口根部的熔化情况。焊接时若有明显的熔孔出现，则背面可能要烧穿或产生焊瘤。

熔孔的大小决定背面焊缝的宽度和余高，若熔孔太小，焊根熔合不好，背弯时易开裂；若熔孔太大，则背面焊道既高又宽很不好看，而且容易烧穿，通常熔孔直径比间隙大1~2mm为好。焊接过程中若发现熔孔太大，可稍加快焊接速度和摆动频率，减小焊条与焊件间的夹角；若发现熔孔太小，则可减慢焊接速度和摆动频率，加大焊条与焊件间的夹角。

3）控制液态金属和熔渣的流动方向。焊接过程中电弧永远要在液态金属的前面，利用电弧和药皮熔化时产生的气体的定向吹力，将液态金属吹向熔池的后方，这样既能保证熔深，又能保证熔渣与液态金属分离，减少夹渣和气孔产生的可能性。焊接时要注意观察熔池的情况，熔池前方稍下凹，液态金属比较平静，有颜色较深的线条从熔池中浮出，并逐渐向熔池后上部集中，这就是熔渣，如果熔池超前，即电弧在熔池的后方时，很容易产生夹渣。

4）控制坡口两侧的熔合情况。焊接过程中随时要观察坡口面的熔合情况，必须清楚地看见坡口面熔化并与焊条熔敷金属混合形成熔池，熔池边缘要与两侧坡口面熔合在一起才行，最好在熔池前方有一个小坑，但随时能被液态金属填满，否则熔合不好，背弯时易产生裂纹。

5）焊缝接头。打底焊道无法避免焊缝接头，因此必须掌握好接头技术。当焊条即将焊完，更换焊条时，将焊条向焊接反方向拉回 10~15mm，如图 1-36a 所示，并迅速提起焊条，使电弧逐渐拉长且熄弧。这样可把收弧缩孔消除或带到焊道表面，以便在下一根焊条焊接时将其熔化掉。注意回烧时间不能太长，尽量使接头处成为斜面，如图 1-36b 所示。

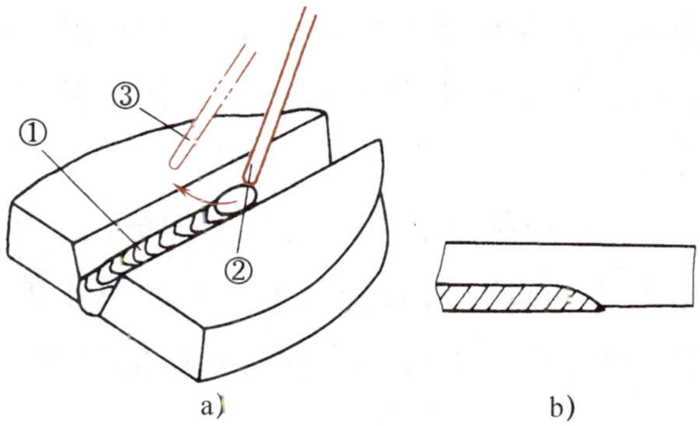

图 1-36 焊缝接头前的焊道

a）换焊条前的收弧位置 b）焊缝接头前的焊道

焊缝接头有两种接法，即热接法和冷接法。

①热接法。前一根焊条的熔池还没有完全冷却就立即接头。这是生产中最常用的一种方法，也是最适用的。此种方法有三个关键因素：更换焊条要快，最好在焊接开始时，手持面罩的左手中握有几根准备更换的焊条，前根焊条焊完后，立即更换焊条，趁熔池还未完全凝固时，在熔池前方 10~20mm 处引弧，并立即将焊条电弧后退到接头处；位置要准，电弧后退到原先的弧坑处，新熔池的后沿与原先的弧坑后沿相切时立即将焊条前移，开始连续焊接，由于原来的弧坑已被熔渣覆盖着，只能凭经验判断弧坑后沿的位置，因此操作难度大，若新熔池的后沿与弧坑后沿不重合，则接头不是太高就是缺肉，因此必须反复练习；掌握好电弧下压时间，当电弧已向前运动，焊至原弧坑的前沿时，必须再下压电弧，重新击穿间隙再生成一个熔孔，待新熔孔形成后，再按前述要领继续施焊。

②冷接法。前一根焊条的熔池已冷却。施焊前，先将收弧处打磨成缓坡形，在离熔池后约 10mm 处引弧。焊条做横向摆动向前施焊，焊至收弧处前沿时，填满弧坑，焊条下压并稍作停顿。当听到“噗”“噗”的电弧击穿声，形成新的熔孔

后，逐渐将焊条抬起，进行正常施焊。

（4）填充焊　填充层施焊前，先将前一道焊缝的焊渣、飞溅等清除干净，将打底焊层焊缝接头的焊瘤打磨平整，然后进行填充焊。填充焊的焊条角度如图1-37所示。

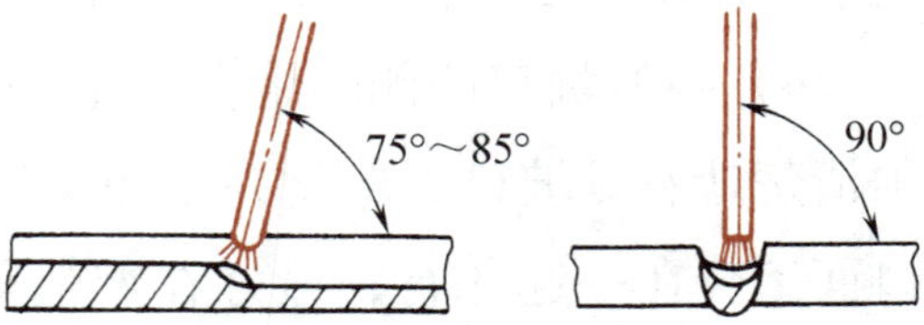

图1-37　填充焊的焊条角度

填充焊时应注意以下三个事项。

1）控制好焊道两侧熔合情况，填充焊时，焊条摆幅加大，在坡口两侧停留时间可比打底焊时稍长些，必须保证坡口两侧有一定的熔深，并使填充焊道稍向下凹。

2）控制好最后一道填充焊缝的高度和位置。填充焊缝的高度应低于母材约0.5~1.5mm，最好呈凹形，要注意不能熔化坡口两侧的棱边，便于盖面层焊接时能够看清坡口，为盖面层焊接打下基础。

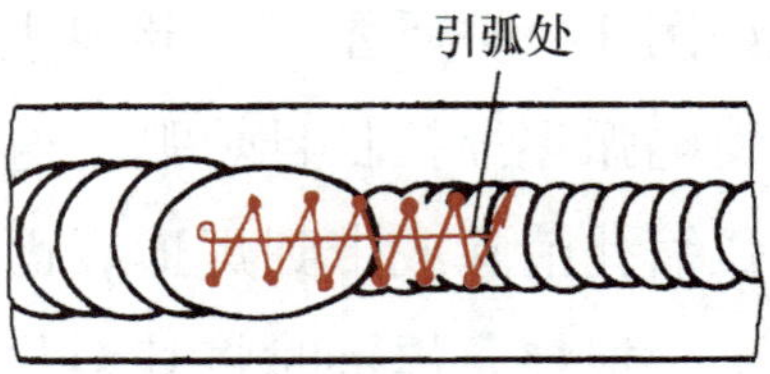

图1-38　接头方法

3）接头方法如图1-38所示，不需向下压电弧，其他要求同打底焊。

（5）盖面焊　盖面层施焊时的焊条角度、运条方法及接头方法与填充层相同，但盖面层施焊时焊条摆动的幅度要比填充层大。摆动时要注意摆动幅度一致，运条速度均匀，同时注意观察坡口两侧的熔化情况。施焊时在坡口两侧稍作停顿，以便使焊缝两侧边缘熔合良好，避免产生咬边，以得到优质的盖面焊缝。

视频3

焊条电弧焊平焊夹渣及解决方法

焊条的摆幅由熔池的边沿确定，焊接时必须注意保证熔池的边沿不得超过焊件表面坡口棱边2mm，否则焊缝超宽。

4. 焊接时容易出现的缺陷及排除方法（表1-16）

表1-16　焊接时容易出现的缺陷及排除方法

缺陷名称	产生原因	排除方法
焊缝接头不良	（1）换焊条时间长 （2）收弧方法不当	（1）换焊条速度要快 （2）将收弧处打磨成缓坡状
背面出现焊瘤和未焊透	（1）运条不当 （2）打底焊时，熔孔尺寸过大产生焊瘤，熔孔尺寸过小产生未焊透	（1）掌握好运条在坡口两侧停留时间 （2）注意熔孔尺寸的变化

（续）

缺陷名称	产生原因	排除方法
咬边	（1）焊接电流太大 （2）运条动作不当 （3）焊条倾斜角度不合适	（1）适当减小焊接电流 （2）运条至坡口两侧时稍作停留 （3）掌握好各层焊接时焊条的倾斜角度

四、板厚 12mm 的 V 形坡口对接立焊

1. 装配尺寸（表 1-17）

表 1-17 装配尺寸

坡口角度/(°)	装配间隙/mm	钝边/mm	反变形量/(°)	错边量/mm
60	始焊端 2.5 终焊端 3.5	0	2~3	≤0.5

2. 焊接参数（表 1-18）

表 1-18 焊接参数

焊接层次	焊条直径/mm	焊接电流/A
打底焊 填充焊 盖面焊	3.2	70~80 110~130 110~120

3. 焊接要点

立焊时液态金属在重力作用下坠，容易产生焊瘤，焊缝成形困难。打底层焊接时，熔渣的熔点低、流动性强，熔池金属和熔渣易分离，会造成熔池部分脱离熔渣的保护。操作或运条角度不当，容易产生气孔。因此立焊时，要控制焊条角度和进行短弧焊接。

视频 4
焊条电弧焊板对接立焊

（1）焊道分布　单面焊、三层三道焊或四层四道焊。

（2）焊接位置　将焊件垂直固定在离地面一定距离的工装上，焊缝在竖直位置。间隙小的一端在下面。

（3）打底焊　打底焊时焊条与焊件间的角度如图 1-39 所示。

焊接时注意以下事项。

1）控制引弧位置。开始焊接时，在焊件下端定位焊缝上面 10~20mm 处引弧，

并迅速向下拉到定位焊缝上，预热1~2s后，开始摆动并向上运动，到定位焊缝上端时，稍加大焊条角度，并向前送焊条压低电弧，当听到击穿声形成熔孔后，做锯齿形横向摆动，连续向上焊接。焊接时，电弧要在两侧的坡口面上稍作停留，以保证焊缝与母材熔合良好。

打底焊时为得到良好的背面成形和优质焊缝，焊接电弧应控制短些，运条速度要均匀，向上运条时的间距不易过大，过大时背面焊缝易产生咬边，应使焊接电弧的1/3对着坡口间隙、焊接电弧的2/3要覆盖在熔池上，形成熔孔。

2）控制熔孔大小和形状。合适的熔孔大小如图1-40所示。

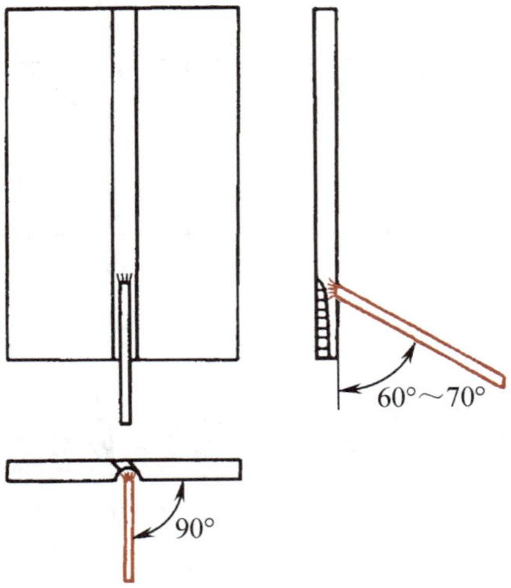

图1-39 打底焊时焊条与焊件间的角度

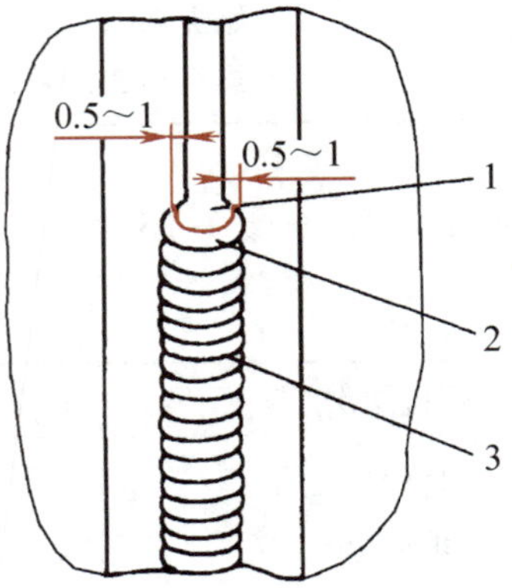

图1-40 合适的熔孔大小

1—熔孔 2—熔池 3—焊缝

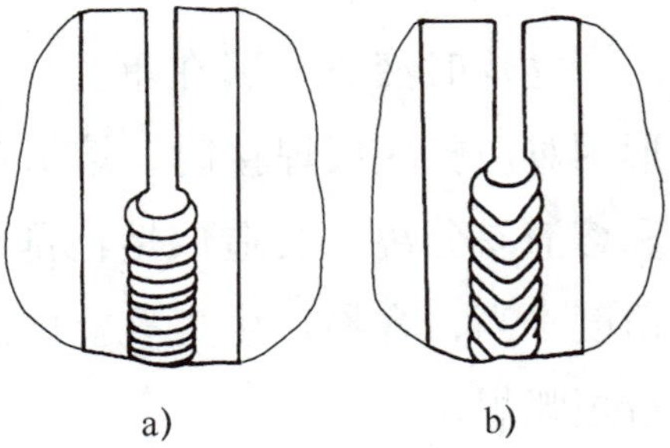

图1-41 熔池形状

a）温度正常时熔池为水平椭圆形
b）温度高时熔池向下凸出

立焊熔孔可比平焊时稍大些，熔池表面呈水平椭圆形较好，如图1-41所示。此时焊条末端离焊件底平面1.5~2mm，大约有一半电弧在焊件间隙后面燃烧。

焊接过程中电弧尽可能地短些，使焊条药皮熔化时产生的气体和熔渣能可靠地保护熔池，防止产生气孔。每当焊完一根焊条收弧时，应将电弧向左或向右下方拉回10~15mm，并将电弧迅速拉长直到熄灭，这样可避免弧坑处出现缩孔，并使冷却后的熔池形成一个缓坡，以利于接头。

3）控制好接头质量。打底焊道上的焊缝质量好坏，对背面焊道影响较大，接不好头可能会出现凹坑，局部凸起太高，甚至产生焊瘤，对此要特别注意。

采用热接法时，更换焊条要迅速，在前一根焊条的熔池还没有完全冷却呈红热状态时，焊条角度比正常焊接时约大 10°，在熔池上方约 10mm 的一侧坡口面上引弧。电弧引燃后立即拉到原来的弧坑上进行预热，然后稍作横向摆动向上施焊并逐渐压低电弧，待填满弧坑，电弧移至熔孔处时，将焊条向焊件背面压送，并稍停留。当听到击穿声形成新的熔孔时，再进行横向摆动向上正常施焊，同时将焊条恢复到正常焊接时的角度。采用热接法的接头焊缝较平整，可避免接头脱节和未接上等缺陷，但技术难度大。

采用冷接法施焊前，先将收弧处焊缝打磨成缓坡状，然后按热接法的引弧位置、操作方法进行焊接。

打底层焊接时除应避免产生各种缺陷外，正面焊缝表面还应平整，避免凸形。否则在焊接填充层时，易产生夹渣、焊瘤等缺陷。

（4）填充焊　焊填充层的关键是保证熔合好，焊道表面要平整。

填充层施焊前，应将打底层的焊渣和飞溅清理干净，将焊缝接头处的焊瘤等打磨平整。施焊时的焊条与焊缝角度比打底层应下倾 10°~15°，以防止熔化金属在重力的作用下淌，造成焊缝成形困难和形成焊瘤。运条方法同打底层相同，采用锯齿形横向摆动，但由于焊缝的增宽，焊条摆动的幅度应较打底层大。焊条从坡口一侧摆至另一侧时应稍快些，防止焊缝形成凸形，焊条摆动到坡口两侧时要稍作停顿，电弧控制短些，以保证焊缝与母材熔合良好和避免夹渣。焊接时必须注意不能损坏坡口的棱边。

填充层焊完后的焊缝应比坡口边缘低 1~1.5mm，使焊缝平整或凹形，避免凸形，如图 1-42 所示，便于盖面层时看清坡口边缘，为盖面层的施焊打好基础。

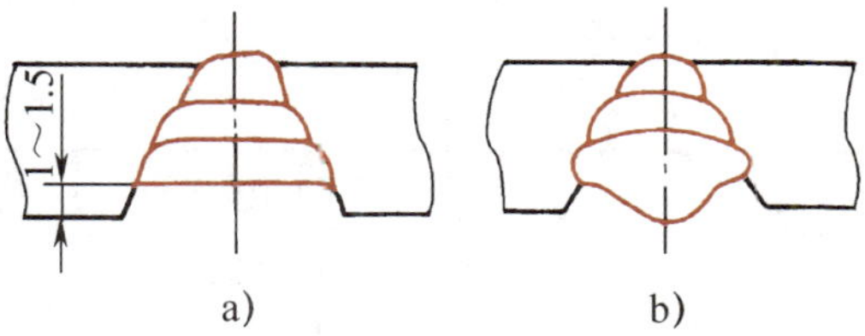

图 1-42　焊缝的外观

a）合格的焊缝表面平整　b）焊缝凸出太高

焊缝接头时，应先在弧坑上方 10mm 处引弧，再将电弧拉至弧坑处，将弧坑填满，然后转入正常焊接。

在焊道中间接头时，不可以直接在接头处引弧进行焊接，这样易使焊条端部的裸露焊芯在引弧时，因无药皮的保护而产生的密集气孔留在焊缝中，从而影响焊缝的质量。

（5）盖面焊　焊盖面层的关键是焊道表面成形尺寸和熔合情况，防止咬边和接头不光顺。

盖面层施焊前应将前一层的焊渣和飞溅清除干净，施焊时的焊条角度、运条方法均同填充层，但焊条摆动幅度比填充层更大。

焊接时，电弧在坡口边缘稍微压低和停顿，稍微加快摆动速度，避免咬边和焊瘤的产生。运条时，焊条的摆动幅度和间距应保持均匀、一致，使每个熔池覆盖前一个熔池的2/3~3/4，始终控制电弧熔化母材棱边1mm左右的金属，以保证获得宽度一致的平直焊缝。

焊缝接头时，在弧坑上方10mm左右的填充层焊道上引弧，将电弧拉至原弧坑处稍加预热。当弧坑出现熔化状态时，逐渐将电弧压向弧坑，使新形成的熔池边缘与弧坑边缘吻合，并转入正常的锯齿形运条，直至完成盖面层的焊接。

4. 焊接时容易出现的缺陷及排除方法（表1-19）

表1-19 焊接时容易出现的缺陷及排除方法

缺陷名称	产生原因	排除方法
焊缝成形不好	（1）熔化金属受重力作用容易下淌 （2）运条时焊条角度不当	（1）采用小直径焊条，短弧焊接 （2）焊条角度应有利于托住熔池，保持熔滴过渡
焊瘤	（1）熔化金属受重力作用下淌 （2）熔池温度过高	（1）铲除焊瘤 （2）注意熔池温度的变化，若熔池温度过高应立即灭弧或向上挑弧

五、板厚12mm的V形坡口对接横焊

1. 装配尺寸（表1-20）

表1-20 装配尺寸

坡口角度/(°)	装配间隙/mm	钝边/mm	反变形量/(°)	错边量/mm
60	始焊端2.5 终焊端3.5	0	6~8	≤0.5

2. 焊接参数（表1-21）

表1-21 焊接参数

焊接层次	焊条直径/mm	焊接电流/A
打底焊	2.5	70~80
填充焊	3.2	120~140
盖面焊		120~130

3. 焊接要点

横焊时熔化金属在自重的作用下易下淌，在焊缝上侧易产生咬边，下侧易产生下坠或焊瘤等缺陷。因此要选用较小直径的焊条，小电流焊接，多层多道焊，短弧操作。

视频 5
焊条电弧焊板对接横焊

（1）焊道分布　单面焊，四层七道，如图 1-43 所示。

（2）焊接位置　将焊件垂直固定在离地面一定距离的工装上，焊缝在水平位置。间隙小的一端放在左侧。

（3）打底焊　打底层横焊时的焊条角度，如图 1-44 所示。

焊接时在始焊端的定位焊缝处引弧，稍作停顿以预热，然后上下摆动向右施焊，待电弧达到定位焊缝的前沿时，将电弧向焊件背面压，同时稍作停顿，这时可以看到焊件坡口根部被熔化并击穿，形成了熔孔，此时焊条可上下做锯齿形摆动，如图 1-45 所示。

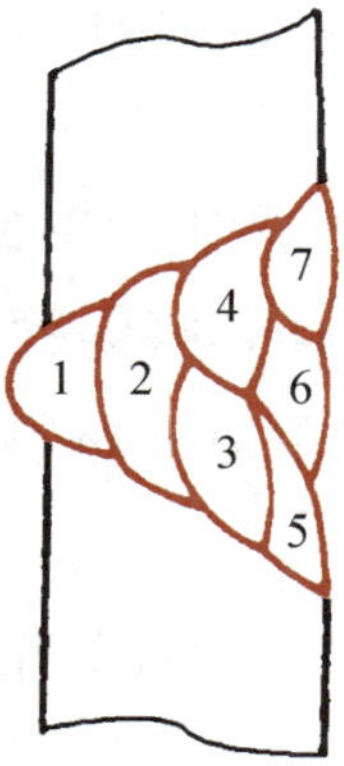

图 1-43　横焊焊道分布

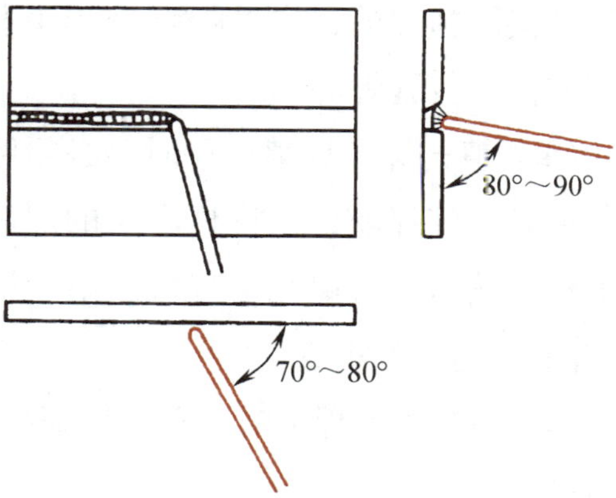

图 1-44　打底层横焊时的焊条角度

为保证打底焊道获得良好的背面焊缝成形，电弧要控制短些，焊条摆动向前移动的距离不宜过大，焊条在坡口两侧停留时要注意，上坡口停留的时间要稍长，电弧的 1/3 保持在熔池前，用来熔化和击穿坡口的根部，电弧 2/3 覆盖在熔池上并保持熔池的形状和大小基本一致，还要控制熔孔的大小，使上坡口面熔化 1～1.5mm，下坡口面熔化约 0.5mm，以保证坡口根部熔合好，如图 1-46 所示。施焊时若下坡口面熔化太多，焊件背面焊道易出现下坠或产生焊瘤。

当焊条即将焊完，需要更换焊条收弧时，将焊条向焊接的反方向拉回 10～15mm，并逐渐抬起焊条，使电弧迅速拉长直到熄灭。这样可以把收弧时的缩孔消除或带到焊道表面，以便在下一根焊条焊接时将其熔化掉。

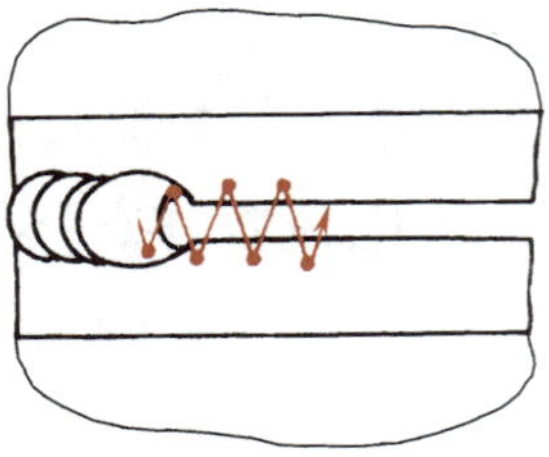

图 1-45　打底层横焊时的运条方法

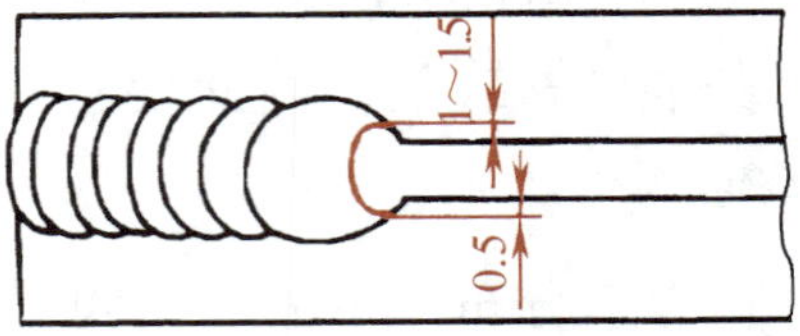

图 1-46　打底层横焊时的熔孔

打底层焊接的接头接法分为两种，即热接法和冷接法。

热接法时，更换焊条的速度要快，在前一根焊条的熔池还没有完全冷却，呈红热状态时，立即在离熔池前方约 10mm 的坡口面上将电弧引燃，焊条迅速退至原熔池处，待新熔池的后沿和原熔池的后沿重合时，焊条开始摆动并向右移动，当电弧移至原弧坑前沿时，将焊条向焊件背面压，并稍停顿，待听到电弧击穿声，形成新熔孔后，将焊条抬起到正常焊接位置继续向前施焊。

冷接法施焊前，先将收弧处焊道打磨成缓坡状，然后按热接法的引弧位置、操作方法进行施焊。

（4）填充焊　焊填充层时，必须保证熔合良好，防止产生未熔合及夹渣。

填充层施焊前，先将打底层的焊渣、飞溅等清除干净，将焊缝过高的部分打磨平整，然后进行填充层焊接。第一层填充焊道为单层单道，焊条的角度与打底层相同，但摆幅稍大。

焊第一层填充焊道时，必须保证打底焊道表面及上下坡口面处熔合良好，焊道表面平整。

第二层填充焊道有两条焊道，焊条角度如图 1-47 所示。

焊第二层下面的填充焊道时，电弧对准第一层填充焊道的下沿，并稍微摆动，使熔池能压住第一层填充焊道的 1/2~2/3。

焊第二层上面的填充焊道时，电弧对准第一层填充焊道的上沿，并稍微摆动，使熔池正好填满空余位置，使表面平整。

填充层焊缝焊完后，其表面应距下坡口表面约 2mm，距上坡口约 0.5mm，不要破坏坡口两侧的棱边，为盖面层施焊打好基础。

（5）盖面焊　盖面层施焊时焊条与焊件的角度如图 1-48 所示。焊条与焊接方向的角度与打底焊时相同，盖面焊缝共三道，依次从下往上焊接。

焊盖面层时，焊条摆幅和焊接速度要均匀，采用较短的电弧。每条盖面焊道要压住前一条填充焊道的 2/3。

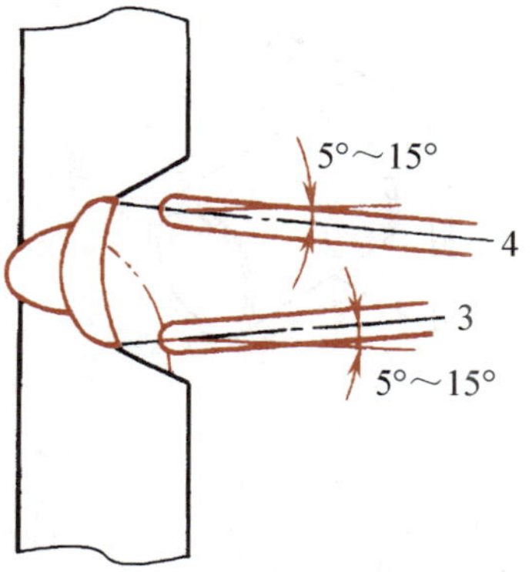

图 1-47　焊第二层填充焊道时焊条角度

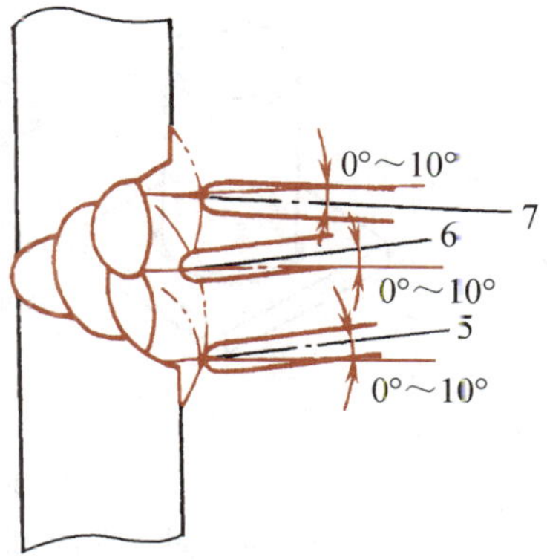

图 1-48　盖面层施焊时焊条与焊件的角度

焊接最下面的焊道时，要注意观察焊件坡口下边的熔化情况，保持坡口边缘均匀熔化，并避免产生咬边、未熔合等情况。

焊中间的盖面焊道时，要注意控制电弧位置，使熔池的下沿在上一条盖面焊道的1/2~2/3处。

焊上面的盖面焊道时，操作不当容易产生咬边、铁液下淌。施焊时应适当增大焊接速度或减小焊接电流，将铁液均匀地熔合在坡口的上边缘，适当调整运条速度和焊条角度，避免液态金属下淌、产生咬边，可获得整齐、美观的焊缝。

4. 焊接时容易出现的缺陷及排除方法（表1-22）

表 1-22　焊接时容易出现的缺陷及排除方法

缺陷名称	产生原因	排除方法
焊缝上侧咬边、下侧焊瘤	熔化金属受重力作用下淌	采用斜圆圈形运条，且每个斜圆圈形与焊缝中心的斜度不得大于45°
背面焊缝下垂	熔化金属受重力作用下淌	运条时，电弧在上坡口停留时间比下坡口停留时间稍长

第五节　管板焊接技能训练

管板接头是锅炉压力容器结构的基本形式之一。根据接头的形式不同，管板可分为插入式和骑座式两类。根据空间位置的不同，每类管板又可分为垂直固定俯焊、垂直固定仰焊和水平固定全位置焊三种，如图1-49所示。

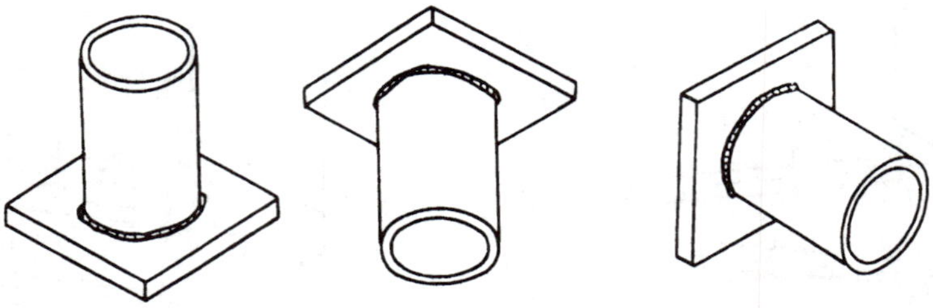

图 1-49 管板的焊接位置

a）垂直固定俯焊 b）垂直固定仰焊 c）水平固定全位置焊

插入式管板只需保证根部焊透，外表焊脚对称，无缺陷，因此比较容易焊接，通常是单层单道。骑座式管板除保证焊缝外观外，还要保证焊缝背面成形，通常采用多层多道焊，用打底焊保证焊缝背面成形和焊透，其余焊道保证焊脚尺寸和焊缝外观。两类管板的焊接要领和焊接参数基本是相同的，因此本节着重讲述骑座式管板的焊接技术。

一、管板焊接的焊缝质量检验项目及标准（表 1-23）

表 1-23 管板焊接的焊缝质量检验项目及标准

检验项目			标　　准
焊缝外观检查	焊脚尺寸/mm		6~8
	咬边	深度/mm	≤0.5
		长度/mm（累计计算）	≤15
	未焊透、气孔、裂纹、夹渣、焊瘤		无
	通球（管内径 85%）		通过
焊缝金相宏观检查			3 个面无缺陷

二、焊前准备

除装配与定位焊外，其余的与平板对接的焊前准备相同。

使用正式焊接用的焊条及焊接参数焊定位焊缝，定位焊缝的位置如图 1-50 所示。

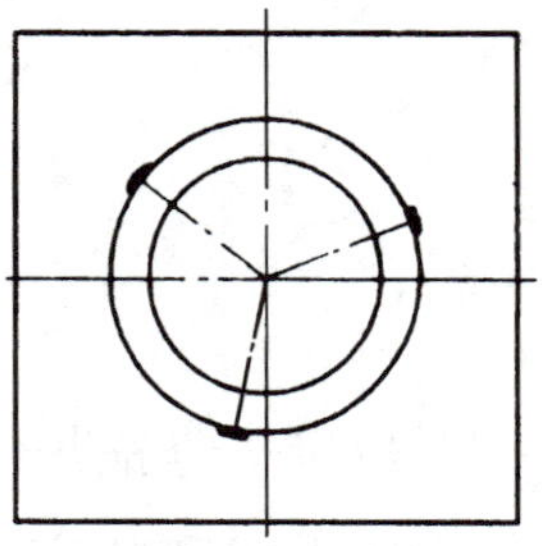

图 1-50 定位焊缝的位置

通常定位焊缝都是 3 处，按圆周方向均匀分布，但要注意以下几点。

1）定位焊缝最好按图 1-50 所示位置焊。

2）定位焊缝可以只焊 2 处，第 3 处作为引弧开始焊接的位置。

3）焊骑座式管板的定位焊缝时必须焊透，且不能有缺陷。

4）必须按正式焊接的要求焊定位焊缝，定位焊缝不能太高，每段定位焊缝的长度在 10mm 左右，要保证管子轴线与孔板垂直。

三、骑座式管板焊接

（一）垂直固定俯焊

1. 装配与定位焊

焊件装配定位焊所用焊条与正式焊时的焊条相同。定位焊缝可采用点固一点或二点两种方法。每一点的定位焊缝长度为 10~15mm。装配定位焊缝时，应保证管子内壁与板孔同心、无错边。焊件装配的定位焊缝可选用正式定位焊缝、非正式定位焊缝和连接板三种形式，如图 1-51 所示。采用正式定位焊缝，要求背面成形无缺陷，作为打底焊缝的一部分。焊前将定位焊缝处的两端打磨成缓坡形。采用非正式定位焊缝，点固时不得损坏管子坡口和板孔的棱边，当焊缝焊到定位焊缝处时，将其打磨掉后再继续施焊。采用连接板在坡口处进行装配定位，当焊缝焊到连接板处，将其打掉后再继续施焊。垂直固定俯焊骑座式管板装配尺寸见表 1-24。

图 1-51　定位焊缝三种形式示意图

a）正式定位焊缝　b）非正式定位焊缝　c）连接板

表 1-24　垂直固定俯焊骑座式管板装配尺寸

坡口角度/(°)	装配间隙/mm	钝边/mm	错边量/mm
45~50	2.5~3.5	0	≤0.5

2. 焊件位置

管子朝上，孔板放在水平位置。

3. 焊接要点

（1）焊道分布　三层四道，如图 1-52 所示。

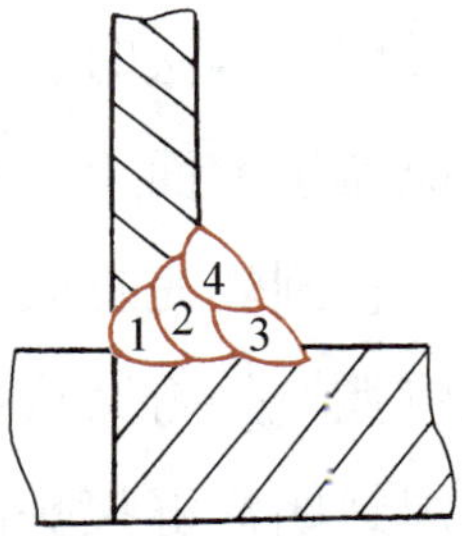

图 1-52　垂直固定俯焊焊道分布

（2）焊接参数（表 1-25）

（3）打底焊　保证根部焊透，防止烧穿和产生焊瘤，俯焊打底焊的焊条角度如图1-53所示。

表1-25　焊接参数

焊接层次	焊条直径/mm	焊接电流/A
打底焊	2.5	60~80
填充焊	3.2	110~130
盖面焊		100~120

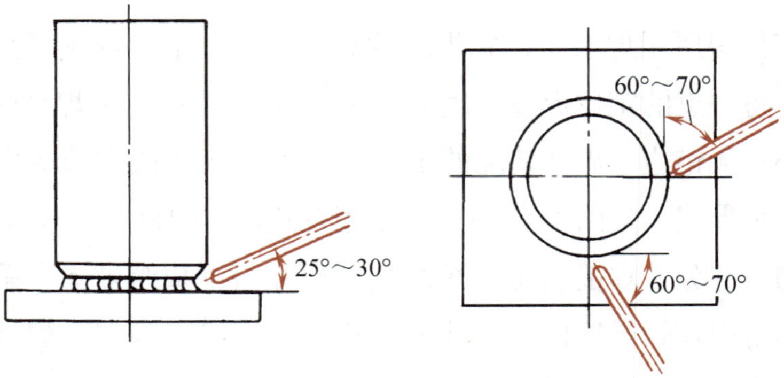

图1-53　俯焊打底焊的焊条角度

在左侧定位焊缝上引弧，稍预热后向右移动焊条，当电弧到达定位焊缝前端时，往前送焊条，待形成熔孔后，稍向后退焊条，保持短弧，并开始小幅度地做锯齿形摆动，电弧在坡口两侧稍停留，然后进行正常焊接。

焊接时电弧要短，焊接速度不宜过大，电弧在坡口根部稍停留，电弧的1/3保持在熔孔处，2/3覆盖在熔池上，同时要保持熔孔的大小基本一致，避免焊根处产生未熔合、未焊透、背面焊道太高或产生烧穿、焊瘤。焊接过程中应根据实际位置，不断地转动手臂和手腕，使熔池与管子坡口面和孔板上表面连在一起，并保持均匀速度运动。待焊条快焊完时，电弧迅速向后拉直至电弧熄灭，使弧坑处呈斜面。

焊缝接头有两种接法，即热接法和冷接法。

采用热接法时，前根焊条刚焊完，立即更换焊条，趁熔池还未完全冷却，立即在原弧坑前面10~15mm处引弧，然后退到原弧坑上，重新形成熔孔后，再继续施焊，直到焊完打底焊道。采用冷接法时，先敲掉原熔池处的熔渣，使用角向磨光机将弧坑处打磨成斜面，再按热接法进行施焊。

焊封闭焊缝接头时，先将接缝端部打磨成缓坡形，待焊到缓坡前沿时，焊条伸向弧坑内，稍作停顿，然后向前施焊并超过缓坡，与焊缝重约10mm，填满弧坑后熄弧。

（4）填充焊 填充焊时必须保证坡口两边熔合好，其焊条角度如图 1-54 所示。

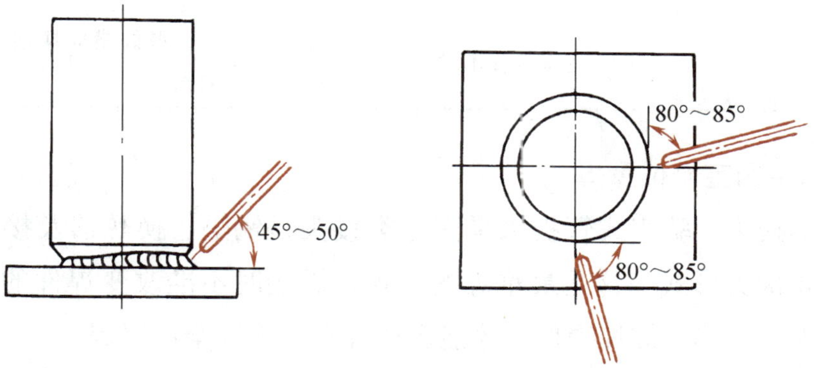

图 1-54 填充焊时的焊条角度

焊填充层前，先敲净打底焊道上的焊渣，并将焊道局部凸起处磨平，然后按打底焊相同的步骤焊接。

填充层施焊时采用短弧焊，可一层填满，注意上、下两侧的熔化情况，保证温度均衡，使管板坡口处熔合良好，填充层焊接要平整，不能凸出过高，焊缝不能过宽，为盖面层的施焊打下基础。

（5）盖面焊 盖面焊必须保证管子不咬边和焊脚对称，其焊条角度如图 1-55 所示。

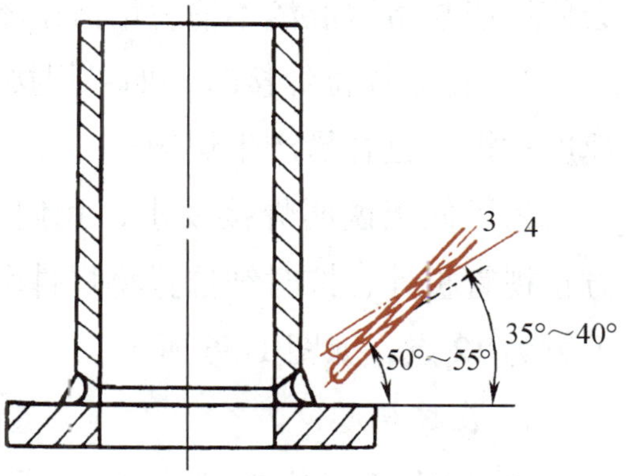

图 1-55 盖面焊时的焊条角度

盖面焊前先除净填充层焊道上的焊渣，并将局部凸起处打磨平。

焊接时要保证熔合良好，掌握好两道焊道的位置，避免形成凹槽或凸起。第四条焊道应覆盖在第三条焊道上面的 1/2 或 2/3。必要时还可以在上面用 ϕ2. 5mm 焊条再盖一圈，以免出现咬边缺陷。

4. 焊接时容易出现的缺陷及排除方法（表 1-26）

表 1-26 焊接时容易出现的缺陷及排除方法

缺陷名称	产生原因	排除方法
打底层易夹渣及熔合不好	管、板厚度差异，散热不均匀	运条速度和前进速度均匀一致，并控制熔孔尺寸大小一致

（续）

缺陷名称	产生原因	排除方法
盖面层咬边	焊接电流太大	适当减小焊接电流
	运条动作不对	掌握好横向摆动到两边的停留时间

（二）水平固定全位置焊

在工程实践中，骑座式管板水平固定类接头是锅炉、换热器及接管对焊法兰等产品的主要接头形式。这是最难焊的位置，焊接时不准改变焊件的位置，因此必须掌握平焊、立焊、仰焊操作，才能操作好水平固定全位置焊。

骑座式管板水平固定全位置焊易出现的问题如下。

1）运条时，如果电弧过长、焊条角度不正确或焊接电流过大，会导致焊缝在管侧出现凸度过大、孔板侧出现咬边等缺陷。

2）在仰焊位焊接时，如果运条速度过快、焊条角度不正确或焊接电流过小，会使熔渣与熔池混淆不清，熔渣来不及浮出，容易产生夹渣和未熔合等缺陷。

3）在立焊位焊接时，如果焊接电流过大或运条速度过慢，也容易产生焊瘤。

为了便于说明焊接要求，我们规定从管子正前方正视管板处，按时钟位置将焊件分为12等分，最上方为12点，如图1-56所示。

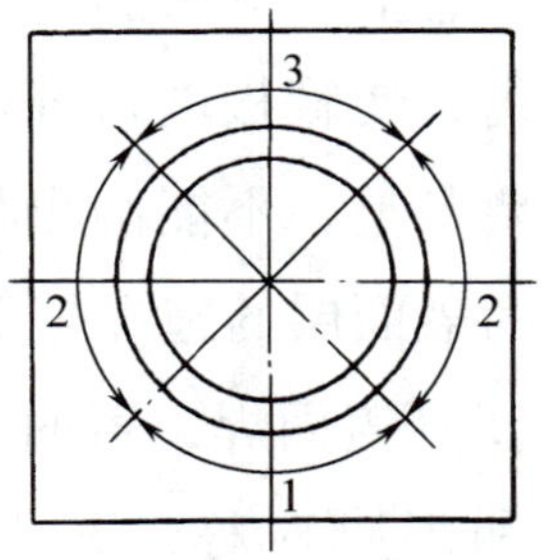

图1-56 管板的分区

1—仰焊区 2—立焊区 3—平焊区

1. 装配与定位焊

水平固定全位置焊骑座式管板装配尺寸见表1-27。

表1-27 水平固定全位置焊骑座式管板装配尺寸

坡口角度/(°)	装配间隙/mm	钝边/mm	错边量/mm
45~50	时钟6点处2.5 时钟12点处3.2	0	≤0.5

2. 焊件位置

将焊件固定好，使管子轴线在水平面内，12点处在最上方。

3. 焊接要点

管板水平固定焊接，包括仰焊、立焊、平焊几种焊接位置。焊接时焊条角度要随着各种位置的变化而不断地变化，如图 1-57 所示。每条焊道焊接前，必须把前一层焊道的焊渣及飞溅清理干净，焊道接头处打磨平整，避免产生咬边等缺陷。

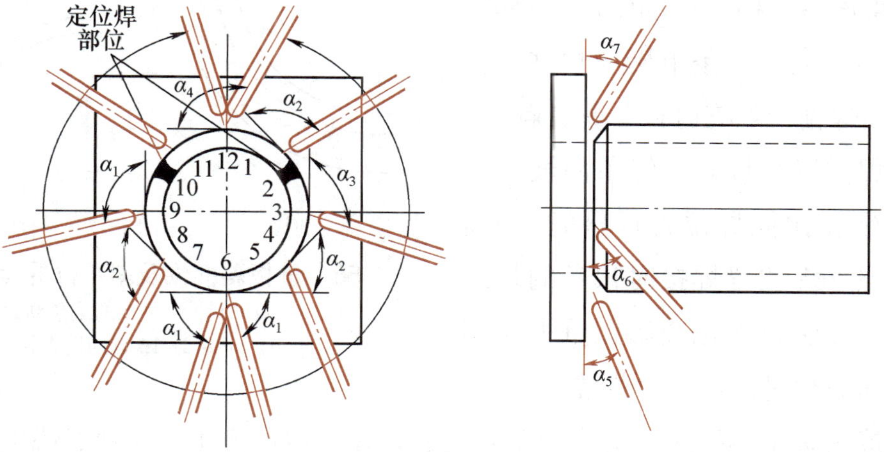

图 1-57　水平固定全位置焊时的焊条角度

$\alpha_1 = 80° \sim 85°$　$\alpha_2 = 100° \sim 105°$　$\alpha_3 = 100° \sim 110°$

$\alpha_4 = 120°$　$\alpha_5 = 30°$　$\alpha_6 = 45°$　$\alpha_7 = 30°$

（1）焊道分布　三层三道。

（2）焊接参数（表 1-28）

表 1-28　焊接参数

焊接层次	焊条直径/mm	焊接电流/A
打底焊	2.5	60~80
填充焊		70~90
盖面焊		70~80

（3）打底焊　焊接打底层时，按时钟定位法确定焊条角度，如图 1-57 所示。采用断弧焊法分前、后两半部进行焊接。前半部的焊接方法为：从时钟 7 点处引弧，长弧预热后，在过管板垂直中心 5~10mm 的位置向坡口根部顶送焊条，待坡口根部熔化形成熔孔后熄弧，待熔池颜色稍变暗时立即燃弧，由孔板侧移到管子侧，形成熔孔后熄弧，如此反复地复燃、熄弧，直至焊至管顶部超过时钟 12 点 5~10mm 处熄弧。

由于管子与孔板的厚度不同，所需热量也不一样，运条时应使电弧的热量偏向孔板，焊条在孔板侧多停留一会儿，以保证孔板的边缘熔化良好，防止孔板侧产生未熔合缺陷。同时要适时地调整熔池形状，在时钟6~4点及2~12点区段，要保持熔池液面趋于水平，不使熔池金属下淌，其运条轨迹，如图1-58所示。

在仰焊位置焊接时，焊条应向坡口根部顶送得深些，横向摆动幅度要小些，在形成熔池之后，运条节奏应快些，否则易使背面焊缝产生咬边和下垂缺陷。

在立焊位置焊接时，焊条向坡口根部顶送的量要比仰焊位置焊接时小些。平焊位置比立焊位置焊接时顶送的量还要更小些，要防止熔化金属在重力作用下造成背面焊缝过高或产生焊瘤。

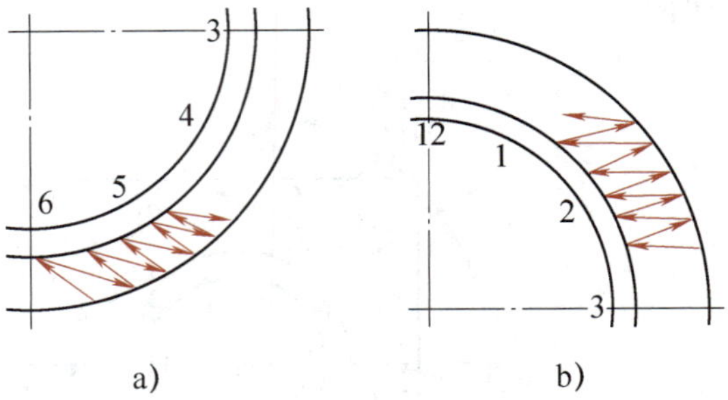

图1-58 管板斜仰位及斜平位的运条轨迹

a）时钟6~4点的运条轨迹

b）时钟2~12点的运条轨迹

焊缝接头采用热接法，更换焊条要迅速，在熔池前方10mm处引燃电弧，焊条稍加摆动，填满弧坑焊至熔孔处，焊条向内压弧并稍加停顿，待听到击穿声形成新熔孔后，继续向上施焊。

后半部的焊接与前半部的焊接操作基本相同，只是要进行仰位及平位焊焊缝接头的焊接。焊接仰位接头时，应首先清理焊缝接头处的熔渣并打磨成斜坡形，在焊缝接头前10mm处引弧，电弧引燃后运条至焊缝接头处向下压弧片刻，然后转入正常焊接。焊接平位接头前也要修整接头处，其操作方法与焊接定位焊缝时相同。

（4）填充焊　填充层的焊接顺序、焊条角度、运条方法与打底层基本相同，但锯齿形运条的摆动幅度比焊打底层时大些。因焊道的外侧圆周较长，在保持熔池液面趋于水平的前提下，应加大孔板侧向前移动的间距，并相应增加焊接停留时间。

填充层的焊道要薄些，管子一侧的坡口要填满，孔板一侧要超出管壁面约2mm，使焊道形成一个斜坡，以保证盖面焊后焊脚对称。

（5）盖面焊　盖面层的焊接与填充层的焊接相似，运条过程中既要考虑焊脚尺寸的对称性，又要使焊缝波纹均匀、无表面缺陷。为防止出现焊缝的仰位超高、平位偏低及孔板侧咬边等缺陷，盖面层的焊接要采取一定的措施。盖面层的断面形状如图1-59所示。

前半部起焊处（时钟7~6点）的焊接，以直线形运条法施焊，焊道应尽可能细且薄，为后半部能获得平整的接头做好准备，如图1-60所示。

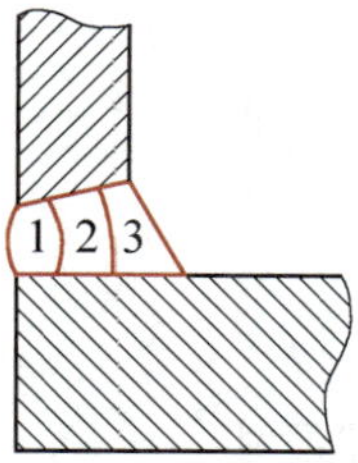

图 1-59　盖面层的断面形状

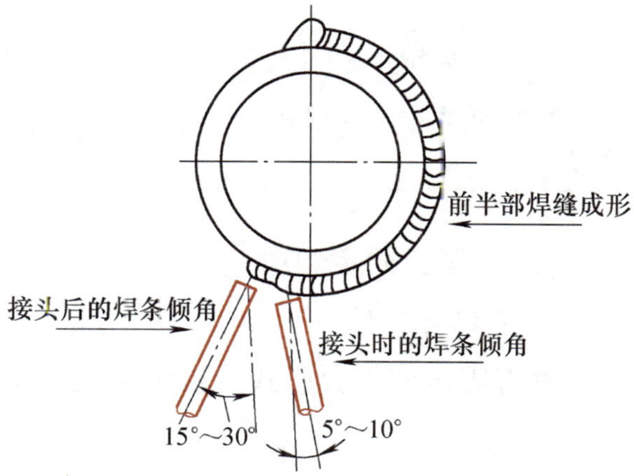

图 1-60　盖面焊前半部的焊接情况

后半部始焊端仰位接头时，在时钟 8 点处引弧，将电弧拉到接头处（时钟 6 点附近），长弧预热。当出现熔化状态时，将焊条缓缓送到较细焊道的接头点，借助电弧的喷射，熔滴将均匀落在始焊端。然后采用直线形运条与前半部留出的接头平整熔合，再转入锯齿形运条。

盖面层斜平位处（时钟 2～12 点）的焊接，熔敷金属易向管壁侧堆聚而使孔板侧形成咬边缺陷。所以，在焊接过程中，由立位采用锯齿形运条过渡到斜平位时钟 2 点处采用斜锯齿形运条，要控制熔池温度，保持熔池成水平状。在孔板侧停留的时间应稍长些，以短弧控制熔池，必要时可以间断熄弧，使孔板侧焊缝饱满，管壁侧不堆积。当焊至时钟 12 点处时，将焊条端部靠在填充焊的管壁夹角处，以直线形运条至时钟 12 点与 11 点之间收弧，为后半部末端头的焊接打好基础。

进行后半部末端平位接头时，在时钟 10～12 点之间采用斜锯齿形运条法，施焊到时钟 12 点处以锯齿形运条法与前半部留出的斜坡接头融合，做几次挑弧动作将熔池填满即可收弧。如果接头处存在过高的焊瘤或焊道，应将其处理平整。其他部位的焊接操作与前半周的操作方法相同。

4. 焊接时容易出现的缺陷及排除方法（表 1-29）

表 1-29　焊接时容易出现的缺陷及排除方法

缺陷名称	产生原因	排除方法
打底层仰焊部位产生内凹	焊条送进坡口内深度不够	焊条送进坡口内一定深度，使整个电弧在坡口内燃烧，短弧焊接

（续）

缺陷名称	产生原因	排除方法
立焊部位熔池下坠，焊缝成形不好	电弧在两侧停留时间不够	增加电弧在两侧停留时间

（三）垂直固定仰焊

1. 装配与定位焊

垂直固定仰焊骑座式管板装配尺寸见表1-30。

表1-30 垂直固定仰焊骑座式管板装配尺寸

坡口角度/(°)	装配间隙/mm	钝边/mm	错边量/mm
45~50	2.5~3.2	0	≤0.5

2. 焊件位置

将焊件固定好，管子垂直朝下，孔板在水平面位置。

3. 焊接要点

垂直固定仰焊难度并不太大，因为打底层熔池被管子坡口面托着，实际上与横焊类似，焊接过程中要尽量压低电弧，利用电弧吹力将熔敷金属吹入熔池。

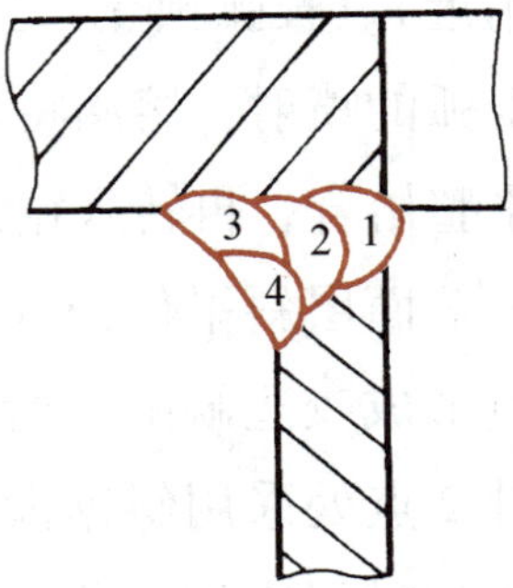

图1-61 仰焊焊道分布

（1）焊道分布 三层四道，如图1-61所示。

（2）焊接参数（表1-31）

表1-31 焊接参数

焊接层次	焊条直径/mm	焊接电流/A
打底焊	2.5	60~80
填充焊		70~90
盖面焊		70~80

（3）打底焊 必须保证焊根熔合好，背面焊道美观。

在左侧定位焊缝上引弧，稍预热后，将焊条向背部下压，形成熔孔后，开始小幅度锯齿形横向摆动，转入正常焊接。仰焊打底焊时的焊条角度如图1-62所示。

焊接时，电弧尽可能地短，电弧在两侧稍停留，必须看到孔板与管子坡口根部熔合在一起后才能继续施焊。电弧应稍偏向孔板，以免烧穿小管。

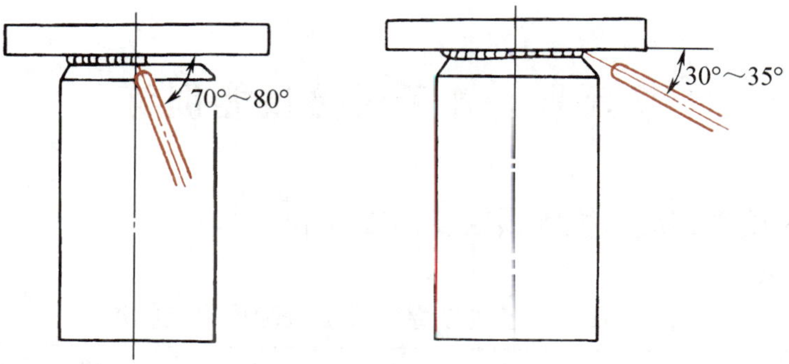

图 1-62　仰焊打底焊时的焊条角度

焊缝接头和收弧要点同前，必须注意在熔池前面引弧，回烧一段后再转入正常焊接，这样操作可将引弧时在焊缝表面留下的小气孔熔化掉，提高焊件的合格率。焊最后一段封闭焊缝前，最好将已焊好的焊缝两端磨成斜面，以便接头。

（4）填充焊　填充焊的焊条角度、操作要领与打底焊相同，但焊条摆幅和焊接速度都稍大些，必须保证焊道两侧熔合好，表面平整。

开始填充前，先除净打底焊道上的飞溅和焊渣，并将局部凸出的焊道磨平。

（5）盖面焊　盖面焊有两条焊道，先焊上面的焊道，后焊下面的焊道。仰焊盖面焊时的焊条角度如图 1-63 所示。

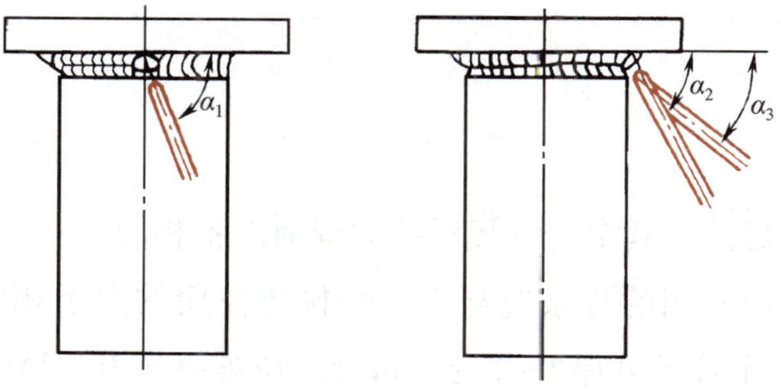

图 1-63　仰焊盖面焊时的焊条角度

$\alpha_1=70°\sim85°$　$\alpha_2=60°\sim70°$　$\alpha_3=50°\sim60°$

焊上面的盖面焊道时，摆动幅度和间距都较大，保证孔板处焊脚达到 9～10mm。焊道的下沿能压住填充焊道的 1/2～2/3。焊下面的盖面焊道时，要保证管子上焊脚达到 9～10mm，焊道上沿与上面的焊道熔合好，并将斜面补平，防止表面出现环形凹槽或凸起。

盖面焊道的焊接顺序、摆动方法、收弧和焊缝接头的方法与打底焊相同。

第六节 管子对接技能训练

一、管子对接焊缝质量检验项目及标准（表1-32）

表1-32 管子对接焊缝质量检验项目及标准

检验项目			标准
焊缝外观检查	焊缝余高/mm		0~2
	焊缝余高差/mm		0~1
	焊缝每侧增宽/mm		0.5~2.5
	焊缝宽度差/mm		0~1
	咬边	深度/mm	≤0.5
		长度/mm（累计计算）	≤10
	气孔、裂纹、夹渣、焊瘤		无
	通球（管内径85%）		通过
冲击试验			按GB/T 2650—2022《金属材料焊缝破坏性试验 冲击试验》规定
弯曲试验			按GB/T 2653—2008《焊接接头弯曲试验方法》规定

二、焊前准备

除装配与定位焊外，其余与平板对接的焊前准备相同。

焊件装配定位焊所用的焊条应与正式焊接所使用的焊条相同，按圆周方向大管子可焊2~3处，小管子可焊1~2处。每处定位焊缝长10~15mm。装焊好的管子应预留间隙，并保证同心。

定位焊除在管子坡口内直接进行外，也可用连接板在坡口外进行装配定位焊。焊件装配定位可采用下述三种方式中的任意一种，如图1-64所示。

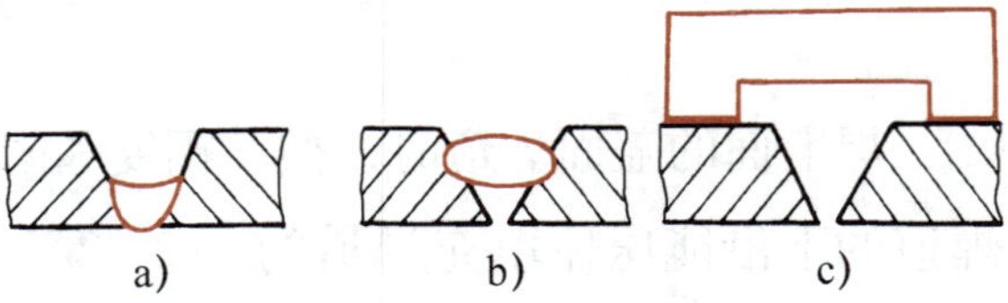

图1-64 定位焊缝的三种方式

a）正式定位焊缝 b）非正式定位焊缝 c）连接板定位焊缝

直接在管子坡口内进行定位焊，定位焊缝为正式焊缝的一部分，因此定位焊缝应保证焊透、无缺陷。焊件固定好后，将定位焊缝的两端打磨成缓坡形。待正式焊接时，焊至定位焊缝处，只需将焊条稍向坡口内送给，以较快速度通过定位焊缝，过渡到前面的坡口处，继续向前施焊。

非正式定位焊，焊接时应保持焊件坡口根部的棱边不被破坏，待正式焊至非正式定位焊缝处，将非正式定位焊缝打磨掉，继续向前施焊。

采用连接板进行焊件的装配固定，这种方法不破坏焊件的坡口，待焊至连接板处将连接板打掉，继续向前施焊。

无论采用哪种定位焊，都不允许在仰焊位置进行定位焊。

三、小径管对接

（一）垂直固定小径管对接

1. 装配尺寸（表 1-33）

表 1-33　装配尺寸

坡口角度/(°)	装配间隙/mm	钝边/mm	错边量/mm
60	前 2.5 后 3.2	0~1	≤0.5

2. 焊件位置

小管子垂直固定，接口在水平位置（横焊位置），间隙小的正对焊工，一个定位焊缝在左侧。

3. 焊接要点

由于管径小，管壁薄，焊接过程中温度上升较快，熔池温度容易过高，因此打底焊采用断弧焊法进行施焊。断弧焊打底，要求熔滴的送给要均匀，位置要准确，熄弧和再引弧要灵活和果断。

（1）焊道分布　两层三道，如图 1-65 所示。

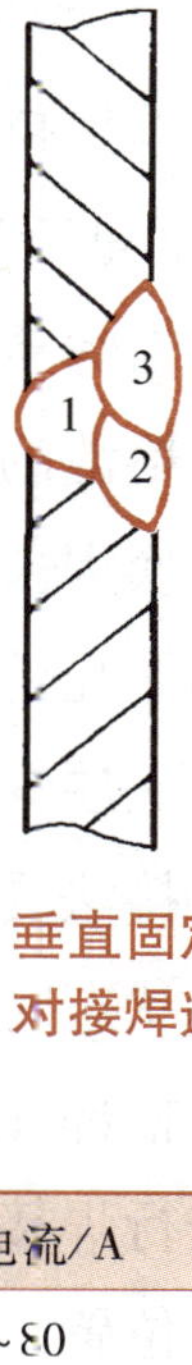

图 1-65　垂直固定小径管对接焊道分布

（2）焊接参数（表 1-34）

表 1-34　焊接参数

焊接层次	焊条直径/mm	焊接电流/A
打底焊	2.5	60~80
盖面焊		70~80

(3) 打底焊 打底焊的关键是保证焊透，焊件不能烧穿焊漏。

打底层施焊时，焊条与焊件之间的角度如图1-66所示。引弧时采用划擦法将电弧在坡口内引燃，待看到坡口两侧金属局部熔化时，焊条向坡口根部压送，熔化并击穿坡口根部，将熔滴送至坡口背面，此时可听见背面电弧的穿透声，这时便形成了第一个熔池。第一个熔池形成后，即将焊条向焊接的反方向做划跳动作迅速灭弧，使熔池降温，待熔池变暗时，在距离熔池前沿约5mm左右的位置重新将电弧引燃，压低电弧向前施焊至熔池前沿，焊条继续向背面压，并稍作停顿，同时即听见电弧的穿透声，这时便形成了第二个熔池。熔池形成后，立即灭弧。如此反复，均匀地采用这种一点击穿法向前施焊。

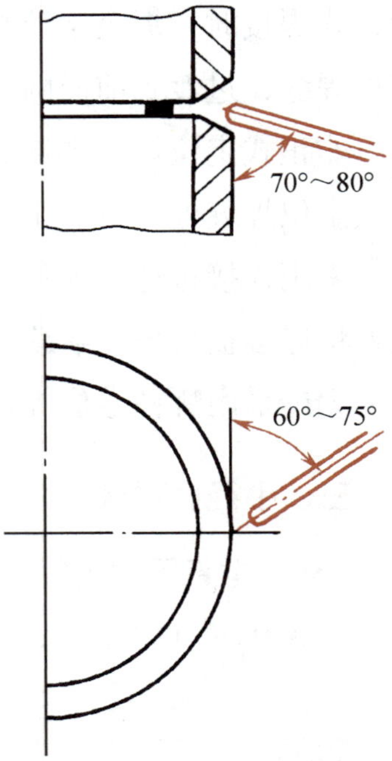

图1-66 焊条与焊件之间的角度

熔池形成后，熔池的前沿应能看到熔孔，使上坡口面熔化掉1~1.5mm，下坡口面略小，施焊时要注意把握住三个要领，即一“看”、二“听”、三“准”。“看”就是要观察熔池的形状和熔孔的大小，使熔池形状基本保持一致，熔孔大小均匀，并要保持熔池清晰、明亮、熔渣和铁液分清。“听”就是听清电弧击穿焊件坡口根部“噗”“噗”声。“准”就是要求每次引弧的位置与焊至熔池前沿的位置准确，既不能超前，又不能拖后，后一个熔池搭接前一个熔池的2/3左右。

更换焊条收弧时，将焊条断续地向熔池后方点2~3下，缓降熔池的温度，将收弧的缩孔消除或带到焊缝表面，以便在下一根焊条进行焊接时将其熔化掉。

打底层焊缝的接头方法有两种，即热接法和冷接法。

热接法要求更换焊条的速度快，在前一根焊条焊完收弧，熔池尚未冷下来，呈红热状态时，立即在熔池前面5~10mm的地方引弧，退至收弧处的后沿，焊条向坡口根部压送，并稍作停顿，当听见电弧击穿焊件根部的声音时，即可熄弧，然后进行焊接。冷接法在施焊前，先将收弧处焊道打磨成缓坡状，然后按热接法的引弧位置、操作方法进行焊接。

焊接封闭接头前，先将焊缝端部打磨成缓坡形，然后再焊，焊到缓坡前沿时，电弧向坡口根部压送并稍作停顿，然后焊过缓坡，直至超过正式焊缝约5~10mm，填满弧坑后熄弧。

（4）盖面焊　保证表面平整、尺寸合格。

焊前，将上一层焊缝的焊渣及飞溅清理干净，将焊缝接头处打磨平整，然后进行焊接。盖面层分上、下两道进行焊接，焊接时由下至上进行施焊，盖面焊时的焊条角度如图 1-67 所示。

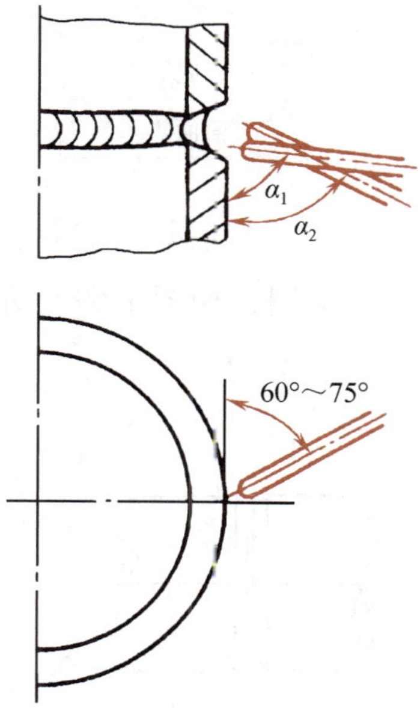

图 1-67　盖面焊时的焊条角度

$\alpha_1=70°\sim80°$　$\alpha_2=60°\sim70°$

盖面层焊接时，运条要均匀，采用较短电弧。焊下面的焊道时，电弧应对准打底焊道的下沿，稍做横向摆动，使熔池下沿稍超出坡口下棱边（≤2mm），应使熔化金属覆盖住打底焊道的 1/2～2/3。为焊上面的盖面焊道时防止咬边和铁液下淌现象，要适当增大焊接速度或减小焊接电流，调整焊条角度，以保证整个焊缝外观均匀、整齐及平整。

（二）水平固定小径管对接

水平固定小管子是小径管全位置焊，也是所有操作中最难掌握的项目之一。

1. 装配尺寸（表 1-35）

表 1-35　装配尺寸

坡口角度/(°)	装配间隙/mm	钝边/mm	错边量/mm
60	时钟 12 点处 3.2 时钟 6 点处 2.5	0～1	≤0.5

2. 焊件位置

小管子水平固定，接口在垂直面内，间隙小的处于时钟 6 点处，间隙大的处于时钟 12 点处。

3. 焊接要点

如 ϕ60mm×5mm 管的对接焊，由于管径小、管壁薄，焊接过程中温度上升较快，焊道容易过高。打底焊必须采用断弧焊法。在焊接过程中需经平焊、立焊和仰焊三种位置的焊接。焊接位置的变化，改变了熔池所处的空间位置，操作比较困难，焊接时焊条角度应随着焊接位置的不断变化而随时调整，如图 1-68 所示。

（1）焊道分布 二层二道。

（2）焊接参数（表1-36）

表1-36 焊接参数

焊接层次	焊条直径/mm	焊接电流/A
打底焊	2.5	75~85
盖面焊		70~80

（3）打底焊 打底层焊接时为叙述方便，假定沿垂直中心线将管子分成前、后两半周，如图1-69所示。

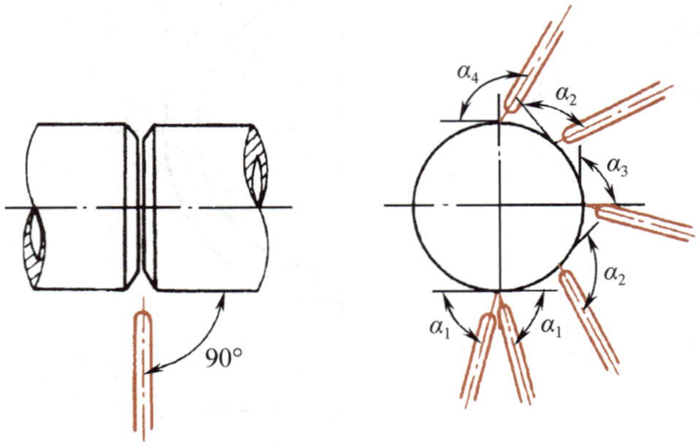

图1-68 小径管打底层焊条角度

$\alpha_1=80°\sim85°$ $\alpha_2=100°\sim105°$

$\alpha_3=100°\sim110°$ $\alpha_4=110°\sim120°$

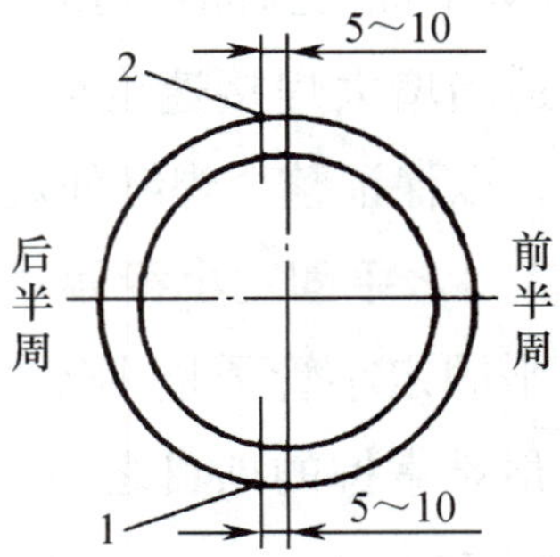

图1-69 前半周焊缝引弧与收弧位置

1—引弧处 2—收弧处

先焊前半周，引弧和收弧部位要超过中心线5~10mm。

焊接从仰焊位置开始，引弧时采用划擦法在坡口内引弧，待形成局部焊缝并看到坡口两侧金属即将熔化时，焊条向坡口根部压送，使电弧透过内壁1/2，熔化并击穿坡口的根部，此时可听到背面电弧的击穿声，并形成了第一个熔池，第一个熔池形成后，立即将焊条抬起熄弧，使熔池降温，待熔池变暗时，重新引弧并压低电弧向上送给，形成第二个熔池，使熔滴均匀过渡，向前施焊，如此反复。

在焊接仰焊位置时，焊条应向上顶送得深些，电弧尽量压短，防止产生内凹、未熔合、夹渣等缺陷；焊接平焊及立焊位置时焊条向焊件坡口里面的压送深度应比仰焊时小些，弧柱透过内壁约1/3，熔化穿透根部钝边，防止因温度过高，液态金属在重力的作用下，造成背面焊缝超高，产生焊瘤、气孔等缺陷。

当焊完一根焊条收弧时，应使焊条向管壁或左或右侧回拉电弧约10mm，或沿着熔池向后稍快点焊2~3下，以防止突然熄弧造成弧坑处产生缩孔、裂纹等缺陷，同时也能使收尾处形成缓坡，有利于下一根焊条的接头。

在更换焊条进行中间焊缝接头时，有热接和冷接两种方法。

热接法更换焊条要迅速，在前一根焊条的熔池还没有完全冷却时，呈红热状态时，在熔池前面约5~10mm处引弧，待电弧稳定燃烧后，即将焊条施焊于熔孔，将焊条稍向坡口里压送，当听到击穿声后即可断弧，然后按前面介绍的方法继续向前施焊。冷接法在施焊前，先将收弧处焊道打磨成缓坡状，然后按热接法的引弧位置、操作方法进行焊接。

后半周下接头仰焊位置的焊接。在后半周焊缝施焊前，先将前半周焊缝起头处打磨成缓坡，然后在缓坡前面约5~10mm处引弧，预热施焊，焊至缓坡末端时将焊条向上顶送，待听到击穿声，根部熔透形成熔孔后，正常向前施焊，其他位置焊法均同前半周。

后半周水平位置上的施焊。在后半周焊缝施焊前，先把前半周焊缝收尾熄弧处打磨成缓坡状，当焊至后半周焊缝与前半周焊缝接头封闭处时，将电弧略向坡口里压送并稍作停顿，待根部焊透，焊过前半周焊缝的10mm，填满弧坑后再熄弧。

施焊过程中经过正式定位焊缝时，将电弧稍向里压送，以较快的速度经过正式定位焊缝，过渡到前方坡口处进行施焊。

（4）盖面焊　要求焊缝外形美观、无缺陷。

盖面层施焊前，应将前层的焊渣和飞溅清除干净，将焊缝接头处打磨平整。前半周焊缝起头和后半周焊缝收尾部位同打底层，都要超过管子中心线5~10mm，采用锯齿形或月牙形运条方法连续施焊，但横向摆动的幅度要小，在坡口两侧稍作停顿稳弧，以防止产生咬边。在焊接过程中，要严格控制弧长，保持短弧施焊以保证质量。

4. 焊接时容易出现的缺陷及排除方法（表1-37）

表1-37　焊接时容易出现的缺陷及排除方法

缺陷名称	产生原因	排除方法
打底焊仰焊部位背面产生内凹	焊条送进坡口内深度不够	焊条送进坡口内一定深度，使整个电弧在坡口内燃烧，短弧焊接
盖面层产生咬边	运条摆动动作和前进速度不当	采用横向锯齿形或月牙形摆动，摆动速度适当加快，但前进速度不变，摆动到坡口两边稍作停留

四、大径管对接

（一）垂直固定大径管对接

垂直固定大径管对接又称为大径管横焊。

1. 装配尺寸

装配尺寸见表1-38。

表1-38 装配尺寸

坡口角度/(°)	装配间隙/mm	钝边/mm	错边量/mm
60	前2.5 后3.2	0~1	≤0.5

视频6

焊条电弧焊管对接垂直固定

2. 焊件位置

大管子垂直固定，接口在水平面内，间隙小的一侧正对焊工，一个定位焊缝在左侧。

3. 焊接要点

大管子横焊要领与板对接横焊基本相同，由于管子有弧度，焊接电弧应沿大管子圆周均匀转动。

（1）焊道分布　四层七道，如图1-70所示。

（2）焊接参数（表1-39）。

表1-39 焊接参数

焊接层次	焊条直径/mm	焊接电流/A
打底焊	2.5	70~80
填充焊	3.2	110~130
盖面焊		110~115

（3）打底焊　要求焊透并保证背面焊道成形美观，无缺陷，打底层有2层，如图1-70所示。

大径管打底层横焊焊条角度如图1-71所示。

打底层在管子的上坡口上引弧，然后向管子的下坡口移动，待坡口两侧熔合后，焊条向坡口里压，同时稍作停顿，这时可以看到管子坡口根部已被熔化并被击穿，形成熔孔。此时焊条上下摆动，锯齿形运条连续向右施焊。

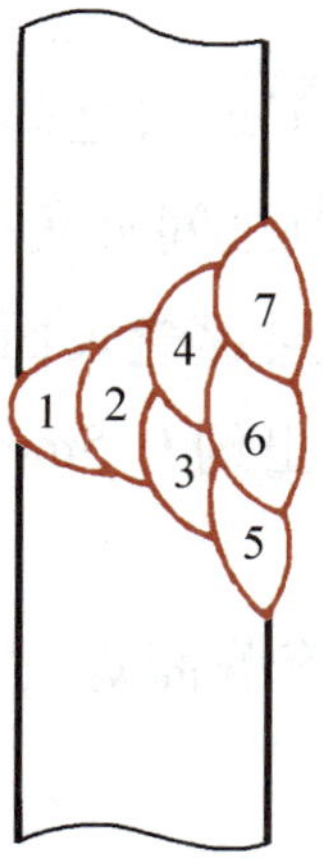

图 1-70 大径管横焊的焊道分布

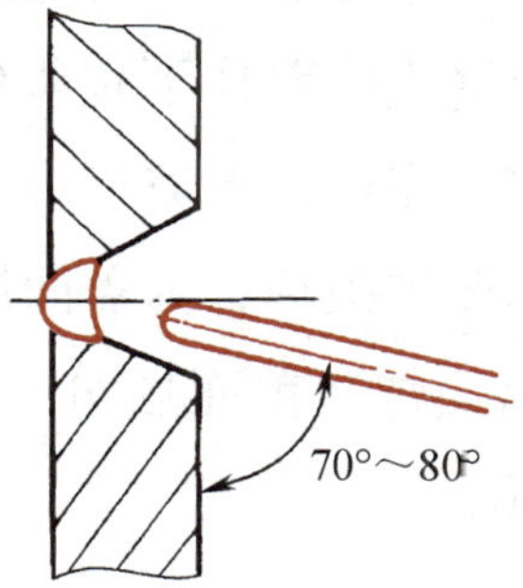

图 1-71 大径管打底层横焊焊条角度

打底层施焊时，为得到优质的焊缝和良好的背面焊缝成形，电弧要控制短些，焊条摆动向前移动的间距不宜过大；焊至坡口两侧停留时，要注意在上坡口停留时间比在下坡口停留时间稍长。电弧的 1/3 保持在熔池前，用来熔化和击穿坡口的根部，电弧的 2/3 覆盖在熔池上，并保持熔池的形状和大小基本一致。

在焊接过程中，还要控制熔孔的大小，使上坡口熔化掉约 1~1.5mm，下坡口略小些。施焊时若发现下坡口出现较大的熔孔时，焊件背面易产生下坠或焊瘤。当焊条即将焊完，更换焊条收弧时，将焊条向焊接的反方向拉回约 10~15mm，使电弧拉长，直到熄弧。这样可以把收弧缩孔消除或带到焊道表面，以便在下一根焊条进行焊接时，将其熔化掉。

打底层焊缝的接头方法有热接法和冷接法两种。

热接法要求更换焊条速度要快。在熔池尚未冷却，呈红热状态时，立即在熔池后面约 10mm 处引弧，焊条做上下摆动向前施焊，焊至收弧的前沿时，将焊条向坡口根部压送，并稍作停顿。然后将焊条渐渐地抬起至正常焊接的位置，并向前施焊。采用冷接法时，先将收弧处焊道打磨成缓坡状，然后按热接法的引弧位置、操作方法进行焊接。

焊件的打底层即将焊完，需要进行接头封闭时，应事先将始焊处的焊缝端部打磨成缓坡状，然后再施焊，焊至缓坡处前端，焊条向里压，并稍作停顿，然后继续向前焊过缓坡约 10mm，待填满弧坑后，即可熄弧。

（4）填充焊 保证坡口两侧熔合好，焊道表面平整。

填充层施焊前，将前一层焊道的焊渣、飞溅清理干净，并将打底层焊缝接头处打磨平整，再进行填充层施焊。填充层为上下两道焊缝的焊接，焊接时由下至上施焊。大径管填充焊时的焊条角度如图 1-72 所示。

下道填充层焊接时，应注意观察打底层焊缝与管子下坡口之间夹角处的熔化情况，焊上一道焊缝时，要注意打底层焊缝与管子上坡口之间夹角处的熔化情况。同时上道焊缝应覆盖住下道焊缝的 1/3～1/2，避免填充层焊缝表面出现凹槽或凸起。填充层焊完后，下坡口应留出约 2mm，上坡口应留出约 0.5mm，坡口两侧的边缘棱边不要被破坏，为盖面层施焊打下基础。

（5）盖面焊　盖面层分三道由下至上焊接，大径管盖面焊时的焊条角度如图 1-73 所示。

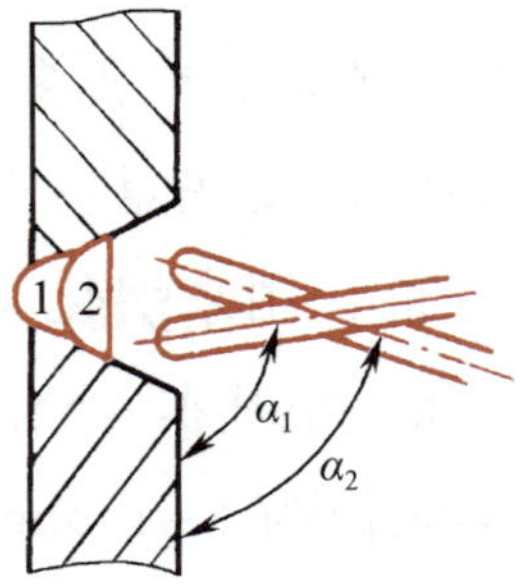

图 1-72　大径管填充焊时的焊条角度

$\alpha_1=90°\sim100°$　$\alpha_2=60°\sim70°$

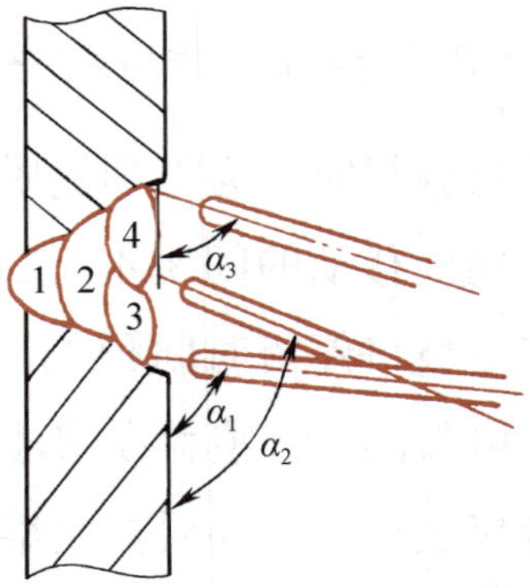

图 1-73　大径管盖面焊时的焊条角度

$\alpha_1=75°\sim85°$　$\alpha_2=70°\sim80°$　$\alpha_3=60°\sim70°$

（二）水平固定大径管对接

水平固定大径管对接又称为大径管全位置焊。

1. 装配尺寸（表 1-40）

表 1-40　装配尺寸

坡口角度/(°)	装配间隙/mm	钝边/mm	错边量/mm
60	时钟 12 点处 3.2 时钟 6 点处 2.5	0	≤1

视频 7
焊条电弧焊管对接水平固定

2. 焊件位置

大管子水平固定，接口在垂直面内，时钟 12 点处，位于最上方。

3. 焊接要点

（1）焊道分布　四层四道。

（2）焊接参数（表 1-41）

表 1-41　焊接参数

焊接层次	焊条直径/mm	焊接电流 /A
打底焊	2.5	60~80
填充焊	3.2	90~110
盖面焊		90~100

（3）打底层　要求根部焊透，背面焊缝成形好。

焊接打底层焊缝，沿垂直中心线将管件分为两半周，称为前半周和后半周，各分别进行焊接，仰焊—立焊—平焊。在焊接前半周焊缝时，仰焊位置的起焊点和平焊位置的终焊点都必须超过焊件的半周（超越中心线约 5~10mm），焊条角度如图 1-74 所示。

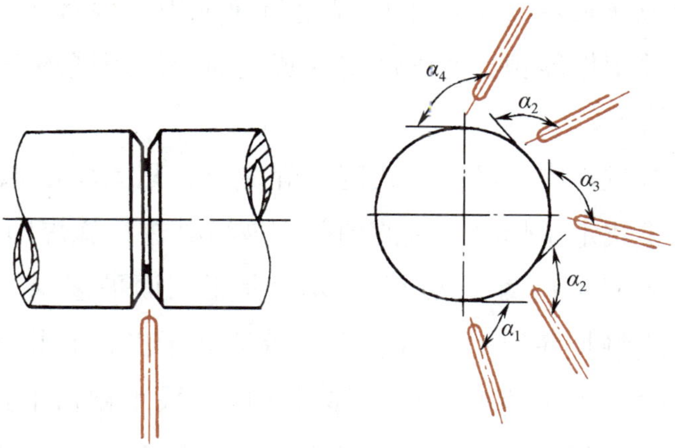

图 1-74　大径管全位置焊的焊条角度

$\alpha_1=80°\sim85°$　$\alpha_2=100°\sim105°$　$\alpha_3=100°\sim110°$　$\alpha_4=110°\sim120°$

前半周从仰焊位置开始，在 7 点处引弧后将焊条送到坡口根部的一侧预热施焊并形成局部焊缝，然后将焊条向另一侧坡口进行搭接焊，待连上后将焊条向上顶送，当坡口根部边缘熔化形成熔孔后，压低电弧做锯齿形运动向上连续施焊。横向摆动到坡口两侧时稍作停顿，以保证焊缝与母材根部熔合良好。

焊接仰焊位置时，易产生内凹、未焊透、夹渣等缺陷，因此焊接时焊条应向上顶送深些，尽量压低电弧，电弧透过内壁约 1/2，熔化坡口根部边缘两侧形成熔孔。焊条横向摆动幅度小，向上运条速度要均匀，不宜过大，并且要随时调整焊条角度，以防止熔池金属下坠而造成焊缝背面产生内凹和正面焊缝出现焊瘤、气孔等缺陷。

更换焊条进行中间接头时，采用热接法和冷接法均可。

热接法更换焊条要迅速，在熔池尚没有完全冷却，呈红热状态时，在熔池前方约10mm处引弧，电弧引燃后，退至原弧坑处焊条稍做横向摆动待填满弧坑并焊至熔孔时，将焊条向焊件坡口内压，并稍作停顿，当听到击穿声形成新熔孔时，焊条再进行横向摆动向上正常施焊。采用冷接法时，在接头施焊前，先将收弧处打磨成缓坡状，然后按热接法的引弧位置、操作方法进行施焊。

后半周焊缝下接头仰焊位置的施焊。在后半周焊缝施焊前，先将前半周焊缝起焊处的各种缺陷清除掉，然后打磨成缓坡。施焊前在前半周约10mm处引弧、预热、施焊，焊至缓坡末端时将焊条向上顶送，待听到击穿声、根部熔透形成熔孔时，即可正常运条向前焊接。其他位置焊法均同前半周。

焊缝上接头水平位置的施焊。在后半周焊缝施焊前，应将前半周焊缝在水平位置的收弧处打磨成缓坡状，当后半周焊缝与前半周焊缝接头封闭时，要将电弧稍向坡口内压送，并稍作停顿，待根部熔透超过前半周焊缝约10mm，填满弧坑后再熄弧。

在整周焊缝焊接过程中，经过正式定位焊缝时，只要将电弧稍向坡口内压送，以较快的速度通过正式定位焊缝，过渡到前方坡口处进行施焊即可。

（4）填充焊　要求坡口两侧熔合好，填充焊道表面平整。

填充层施焊前应将打底层的焊渣、飞溅等清理干净，并将焊缝接头处的焊瘤等打磨平整。施焊时的焊条角度与打底焊时相同，采用锯齿形运条法，焊条摆动的幅度较打底层大，电弧要控制短些，两侧稍作停顿稳弧，但焊接时应注意不能损坏坡口边缘的棱边。

仰焊位置运条速度中间要稍快，形成中间较薄的凹形焊缝；立焊位置运条采用上凸的月牙形摆动，以防止焊缝下坠；平焊用锯齿形运条，使填充焊道表面平整或稍凸起。

填充层焊完的焊道，应比坡口边缘稍低1~1.5mm，保持坡口边缘的原始状态，以便于盖面层施焊时能看清坡口边缘，保证盖面层焊缝的外形美观，无缺陷。

对填充层焊缝中间接头，更换焊条要迅速，在弧坑上方约10mm处引弧，然后把焊条拉至弧坑处，按弧坑的形状将它填满，然后正常焊接。进行中间焊缝接头时，切不可直接在焊缝接头处直接引弧施焊，这样易使焊条端部的裸露焊芯在引弧时，因无药皮的保护而产生密集气孔留在焊缝中，从而影响焊缝的质量。

（5）盖面焊　要求保证焊缝尺寸、外形美观、熔合好、无缺陷。

盖面层施焊前应将填充层的焊渣、飞溅清除干净。清除干净后施焊时的焊条角度与运条方法均同填充焊，但焊条水平横向摆动的幅度比填充焊更大一些，当摆至坡口两侧时，电弧应进一步地缩短，并要稍作停顿以避免产生咬边。从一侧摆至另一侧时应稍快一些，以防止熔池金属下坠而产生焊瘤。

处理好盖面层焊缝中间接头是焊好盖面层焊缝的重要一环。当接头位置偏下时，接头处过高；偏上时，则造成焊缝脱节。焊缝接头方法同填充层。

榜样的力量

焊接专家：潘际銮

潘际銮（1927. 12. 24—2022. 4. 19），中国科学院院士，南昌大学名誉校长，西南联大北京校友会会长，清华大学教授。著名焊接专家。1927 年出生，江西瑞昌人。1944 年被保送进入西南联合大学，1948 年清华大学机械系毕业，1953 年哈尔滨工业大学研究生毕业。曾任国务院学位委员会委员兼材料科学与工程评审组长，清华大学学术委员会主任及机械系主任，南昌大学校长，国际焊接学会副主席，中国焊接学会理事长，中国机械工程学会副理事长，美国纽约州立大学（尤蒂卡分校）名誉教授。

他创建了我国高校第一批焊接专业。长期从事焊接专业的教学和研究工作。20 世纪 60 年代初，实验成功氩弧焊并完成清华大学第一座核反应堆焊接工程；继之研究成功我国第一台电子束焊机；以堆焊方法制造重型锤锻模；1964 年与上海汽轮机厂等合作，成功制造出我国第一根 6MW 汽轮机压气机焊接转子，为汽轮机转子制造开辟了新方向；20 世纪 70 年代末研制成功具有特色的电弧传感器及自动跟踪系统；20 世纪 80 年代研究成功新型 MIG 焊接电弧控制法“QH-ARC 法”，首次提出用电源的多折线外特性、陡升外特性及扫描外特性控制电弧的概念，为焊接电弧的控制开辟新的途径。1987—1991 年在我国自行建设的第一座核电站（秦山核电站）担任焊接顾问，为该工程做出重要贡献。2003 年研制成功爬行式全位置弧焊机器人，为国内外首创。2008 年完成的“高速铁路钢轨焊接质量的分析”“高速铁路钢轨的窄间隙自动电弧焊系统”项目，为我国第一条时速 350km 高速列车于北京奥运会召开前顺利开通做出了贡献。

第二章

CO_2 气体保护焊

早在20世纪50年代，国外就研究成功了CO_2气体保护焊。我国于20世纪50年代中后期开始研究并于20世纪60年代初期开始应用于生产。在近些年来，CO_2气体保护焊技术得到了突飞猛进的发展，在造船、车辆制造、石油化工、工程机械等行业已经广泛地应用，现已成为一种重点推广的熔焊方法之一。

第一节　概　　述

一、CO_2气体保护焊原理

CO_2气体保护焊是一种以CO_2气体作为保护气体，保护焊接区和金属熔池不受外界空气的侵入，依靠焊丝和焊件间产生的电弧来熔化焊件金属的一种熔化极气体保护电弧焊，其原理如图2-1所示。

由图2-1可知，焊接时使用成盘的焊丝，焊丝由送丝机构经软管和焊枪的导电嘴送出。焊机电源的输出两端，正极接在焊枪上，负极接在焊件上。

当焊丝与焊件接触后便产生电弧，在高温电弧的作用下，则焊件局部熔化形成熔池，而焊丝末端也随着熔化，形成熔滴过渡到熔池中去。同时，气瓶中送出的CO_2气体以一定的压力和流量从焊枪的喷嘴中喷出，在电弧周围形成一个具有挺直性的气体帷幕，像保护罩一样，保护着熔化的液态金属，阻止外界有害气体的侵入，随着焊枪不断移动，熔池凝固后便形成了焊缝。

二、CO_2气体保护焊的特点

1. CO_2气体保护焊与焊条电弧焊、埋弧焊相比有许多优点

1）生产率高。由于焊丝进给自动进行，焊丝通过导电嘴送出，焊丝伸出长度较短，则电阻较小，所以焊接电流密度较大，通常为100~300A/mm^2；电弧热量集

中，焊丝的熔化效率高，母材的熔透深度大，焊接速度高，而用焊条电弧焊和埋弧焊时，有相当大一部分热能用于熔化焊条药皮或焊剂，这就超过了 CO_2 气体保护焊时，损失在辐射、金属烧损、飞溅等方面的热能，另外，焊后不需要清渣，特别是进行多层焊时，减少了清渣的时间，因此提高了生产率，是焊条电弧焊的2~4 倍。

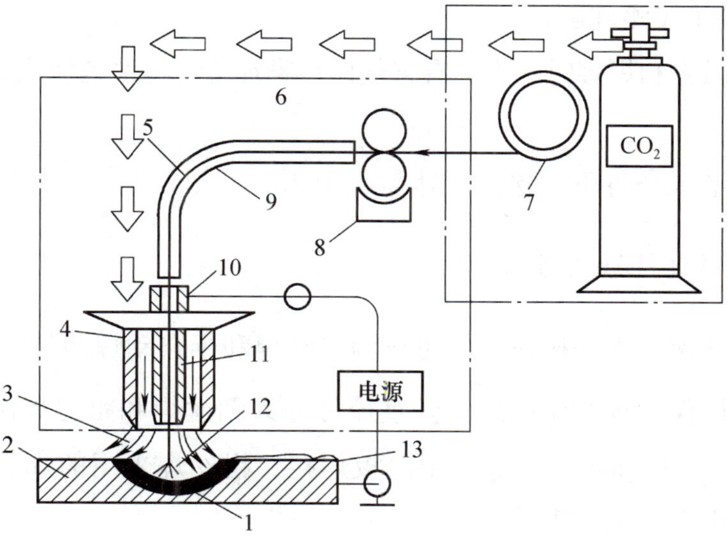

图 2-1　CO_2 气体保护焊原理

1—熔池　2—焊件　3—CO_2 气体　4—喷嘴　5—焊丝　6—焊接设备　7—焊丝盘
8—送丝机构　9—软管　10—焊枪　11—导电嘴　12—电弧　13—焊缝

2）焊接成本低。CO_2 气体和焊丝的价格比较便宜，对焊前生产准备要求低，焊后清渣和校正所需的工时也少，而且电能消耗少，因此成本比焊条电弧焊和埋弧焊低。

3）焊接变形小。由于电弧热量集中和 CO_2 气体的冷却作用，焊件受热面积小，特别是焊接薄板时，变形很小。

4）对油、锈的敏感性低。因 CO_2 气体保护焊过程中 CO_2 气体的分解，造成氧化性强，降低了对油、锈的敏感性。

5）焊缝中含氢量小。CO_2 气体在高温中分解出氧，与氢结合能力比较强，提高了焊接接头的抗冷裂纹的能力。

6）熔滴短路过渡时，适用于各种空间位置焊接和全位置焊。

7）电弧可见性好，有利于焊丝对中、实现机械化和自动化焊接。

8）操作简单，容易掌握。

2. 缺点

1）飞溅多。这是实芯 CO_2 气体保护焊中的主要问题之一。由于飞溅的颗粒黏在焊件上，给焊后清理工作增加了工作量；飞溅经常黏在喷嘴上，阻碍气流喷出，影响保护效果，使焊缝容易产生气孔。特别是粗焊丝焊接厚板时，由于飞溅多，使大量的原材料浪费，并且焊缝表面成形较差。近些年由于药芯焊丝的开发使用，已经很好地解决了飞溅问题。

2）强烈的弧光和焊接时产生的有害气体污染环境，特别是使用大电流焊接时更为严重。

3）不宜在有风条件下焊接，风速需小于2m/s。

三、CO_2 气体保护焊的分类

1）CO_2 气体保护焊按操作方式可分为自动焊和半自动焊两种。

2）CO_2 气体保护焊按所用的焊丝直径可分为细丝焊和粗丝焊两种。细丝焊采用的焊丝直径小于1.6mm，并适用于薄板焊接；粗丝焊采用的焊丝直径大于或等于1.6mm，适用于中厚板焊接。

四、CO_2 气体保护焊的应用范围

CO_2 气体保护焊本身具有很多优点，已广泛用于焊接低碳钢、低合金钢及低合金高强钢。在某些情况下，可以焊接耐热钢、不锈钢或用于堆焊耐磨零件及焊补铸钢件和铸铁。

目前，一些工业发达国家应用 CO_2 气体保护焊非常广泛，占常用焊接方法的比例达50%~70%，而我国目前所占比例也较大，尤其在造船及汽车工业中得到广泛的应用。

五、CO_2 气体保护焊电弧

（1）电弧的静特性　CO_2 气体保护焊采用的电流密度很大，电弧静特性处于上升阶段，即焊接电弧电流增加时，电弧电压增加。

（2）电弧的极性　通常 CO_2 气体保护焊都是采用直流反接。

采用直流反接时，电弧稳定，飞溅小，成形好，熔深大，焊缝金属中扩散氢的含量少。

堆焊及补焊铸件时，采用直流正接比较合适。因为负极发热量较正极大，正极性时焊丝接负极，熔化系数大，约为反极性的1.6倍，熔深较浅，堆焊金属的稀释率小。

六、CO_2 气体保护焊熔滴过渡形式

CO_2 气体保护焊过程中，电弧燃烧的稳定性和焊缝成形的好坏取决于熔滴过渡形式。此外，熔滴过渡对焊接工艺和冶金特点也有影响。

1. 短路过渡

当焊接电流很小，电弧电压很低时，由于弧长小于熔滴自由成形的直径，焊接时将不断发生短路，此时电弧稳定，飞溅小，焊缝成形好，这种过渡形式称为短路过渡。它广泛用于薄板和各种空间位置的焊接。

短路过渡时，熔滴越小，过渡越快，焊接过程越稳定，也就是说短路频率越高，焊接过程越稳定。

为了获得最高的短路频率，要选择最合适的电弧电压，对于 ϕ0.8~ϕ1.2mm 的焊丝，该值约 20V 左右，最高短路频率约为 100Hz。

当采用短路过渡形式焊接时，由于电弧不断地发生短路，因此可听见均匀的“啪啪”声。

如果电弧电压太低，则弧长很短，短路频率很高，电弧燃烧时间短，可能焊丝端部还未来得及熔化就插入熔池，会发生固体短路，因短路电流很大，致使焊丝突然爆断，产生严重的飞溅，焊接过程极不稳定。

2. 颗粒过渡

当焊接电流较大，电弧电压较高时，会发生颗粒过渡。焊接电流对颗粒过渡的影响非常显著。随着焊接电流的增加，颗粒体积减小，过渡频率增加。

（1）大颗粒过渡　当电弧电压较高，弧长较长，但焊接电流较小时，焊丝端部形成的熔滴不仅左右摆动，而且上下跳动，最后落入熔池中，这种过渡形式称为大颗粒过渡。

大颗粒过渡时，飞溅较多，焊缝成形不好，焊接过程很不稳定，没有应用价值。

（2）小颗粒过渡　对于 ϕ1.6mm 的焊丝，当焊接电流超过 400A 时，熔滴较细，过渡频率较高，称为小颗粒过渡。此时飞溅少，焊接过程稳定，焊缝成形良好，焊丝熔化效率高，这种过渡适用于焊接中厚板。

第二节 焊接材料

一、气体

1. CO_2 气体

（1）CO_2 气体的性质 纯 CO_2 是无色、无臭的气体，密度为 1.977kg/m³，比空气重（空气的密度为 1.29kg/m³）。

CO_2 有三种状态，即固态、液态和气态。

不加压力冷却时，CO_2 直接由气体变成固体，称为干冰。当温度升高时，干冰升华直接变成气体。因空气中的水分不可避免地会凝结在干冰上，使干冰升华时产生的 CO_2 气体中含有大量的水分，故固态 CO_2 不能直接用于焊接。

常温下，CO_2 加压至 5～7MPa 时变成液体，常温下液态 CO_2 比水轻，其沸点为-78℃。在 0℃和 0.1MPa 时，1kg 的液态 CO_2 可产生 509L 的 CO_2 气体。

（2）CO_2 气体纯度对焊缝质量的影响 CO_2 气体纯度对焊缝金属的致密性和塑性有很大的影响。CO_2 气体中的主要杂质是水分和氮气。氮气一般含量较少，危害较小；水分危害较大，随着 CO_2 气体中水分的增加，焊缝金属中的扩散氢含量也增加，焊缝金属的塑性变差，容易出现气孔，还可能产生冷裂纹。

根据 GB/T 6052—2011 规定，焊接用 CO_2 气体的纯度应不低于 99.5%（体积分数），其水含量不超过 0.005%（质量分数）。

（3）瓶装 CO_2 气体 工业上使用的瓶装液态 CO_2 既经济又方便。规定钢瓶主体喷成铝白色，用黑漆标明“二氧化碳”字样。

容量为 40L 的标准钢瓶，可灌入 25kg 液态的 CO_2，约占钢瓶容积的 80%，其余 20%的空间充满了 CO_2 气体，钢瓶压力表上指示的就是这部分气体饱和压力，它的值与环境温度有关。温度高时，饱和气压增加；温度降低时，饱和气压降低。0℃时，饱和气压为 3.63MPa；20℃时，饱和气压为 5.72MPa；30℃时，饱和气压为 7.48MPa。因此严禁 CO_2 气瓶靠近热源或烈日曝晒，以免发生爆炸事故。当钢瓶内的液态 CO_2 全部挥发成气体后，钢瓶内的压力才逐渐下降。

液态 CO_2 中可溶解约 0.05%（质量分数）的水，多余的水沉在瓶底，这些水和液态 CO_2 一起挥发后，将混入 CO_2 气体中一起进入焊接区。溶解在液态 CO_2 气体中的水也可蒸发成水蒸气混入 CO_2 气体中，影响气体的纯度。水蒸气的蒸发量与气瓶中气体的压力有关，气瓶内压力越低，水蒸气含量越高。

（4）CO_2 气体的提纯　国内以前焊接使用的 CO_2 气体主要是酿造厂、化工厂的副产品，含水分较高，纯度不稳定，为保证焊接质量，应对这种瓶装气体进行提纯处理，以减少其中的水分和空气。

焊接时采取以下措施可有效地降低 CO_2 气体中水分的含量。

1）将新灌钢瓶倒置 1~2h 后，打开阀门，可排除沉积在下面的液态水，根据瓶中含水量的不同，每隔 30min 左右放一次水，需放水 2~3 次。然后将钢瓶放正，开始焊接。

2）更换新气时，先放气 2~3min，以排除装瓶时混入的空气和水分。

3）必要时可在气路中设置高压干燥器和低压干燥器。用硅胶或脱水硫酸铜作干燥剂。用过的干燥剂经烘干后可反复使用。

4）钢瓶中压力降到 1MPa 时，停止用气。

当钢瓶中液态 CO_2 用完后，气体的压力将随着气体的消耗而下降。当钢瓶压力降到 1MPa 以下时，CO_2 中所含水分将增加 1 倍以上，如果继续使用，焊缝中将产生气孔。

焊接对水比较敏感的金属时，当瓶中气压降至 1.5MPa 就不宜再用了。

2. 其他气体

（1）氩气　氩气是无色、无味、无嗅的惰性气体，比空气重，密度为 1.784kg/m^3。焊接用氩气应符合 GB/T 4842—2017《氩》的规定。

瓶装氩气最高充气压力为 15MPa，瓶体为灰色，用绿漆标明“氩气”两字。

混合气体保护焊时，需使用氩气，主要用于焊接含合金元素较多的低合金高强度钢。为了确保焊缝质量，焊接低碳钢时也采用混合气体保护焊。

（2）氧气　氧是自然界中最重要的元素，在空气中按体积计算约占 21%，在常温下它是一种无味、无色、无臭的气体。在标准状态下密度为 1.43kg/m^3，比空气重。在-183℃时变成浅蓝色液体，在-219℃时变成淡蓝色固体。

氧气本身不会燃烧，其是一种活泼的助燃气体。氧的化学性质极为活泼，能同很多元素化合生成氧化物，焊接过程中使合金元素氧化，起有害作用。

工业用氧气分为两级：一级氧气的纯度不低于 99.2%（体积分数），二级氧气的纯度不低于 98.5%（体积分数）。氧气的纯度对气焊、气割的效率和质量有一定的影响。一般情况下，使用二级纯度的氧气就能满足气焊和气割的要求。对于切割质量要求较高时，应采用一级纯度的氧气。

混合气体保护焊时应采用一级氧气。

通常瓶装氧气体积为40L，工作压力为15MPa，瓶体为天蓝色，用黑漆标明“氧气”两字，钢瓶应放在远离火源及高温区（10m以外的地方），不能曝晒，严禁与油脂类物品接触。

（3）混合气　一些工业发达国家进行混合气体保护焊时，多用预先混合好的瓶装混合气体。我国从20世纪90年代已经开始生产混合气体，其混合气体种类见表2-1。

表2-1　焊接保护混合气体

主要气体	混入气体	混合范围（体积分数，%）	允许气压/MPa（35℃）
Ar	O_2	1%～12%	9.8
	H_2	1%～15%	
	N_2	0.2%～1%	
	CO_2	18%～22%	
	He	50%	
He	Ar	25%	
Ar	CO_2	5%～13%	
	O_2	3%～6%	
CO_2	O_2	1%～20%	
Ar	O_2	3%～4%	
	N_2	$(900～1000)\times10^{-6}$	

二、焊丝

1. 实芯焊丝

CO_2是一种氧化性气体，在电弧高温区分解为一氧化碳和氧气，具有强烈的氧化作用，使合金元素烧损，容易产生气孔及飞溅。为了防止气孔，减小飞溅和保证焊缝具有良好的力学性能，要求焊丝中含有足够的合金元素。若用碳脱氧，将产生气孔及飞溅，故要求焊丝中$w_C<0.1\%$。若仅用硅脱氧，将产生高熔点的SiO_2，不易浮出熔池，容易引起夹渣；若仅用锰脱氧，生成的氧化锰密度大，不易

浮出熔池，也容易引起夹渣；若用硅和锰联合脱氧，并保持适当的比例，则硅和锰的氧化物形成硅酸锰盐，其密度小、黏度小，容易从熔池中浮出，不易产生夹渣。因此 CO_2 气体保护焊用焊丝都含有较高的硅和锰。

常用的两种 CO_2 气体保护焊用焊丝的牌号及化学成分见表 2-2。

表 2-2 常用的两种 CO_2 气体保护焊用焊丝的牌号及化学成分

焊丝牌号	化学成分（质量分数,%）					其他	
	C	Mn	Si	Cr	Ni	S	P
H08Mn2SiA	≤0.11	1.8~2.1	0.65~0.95	≤0.20	≤0.30	0.03	0.03
H08Mn2Si		1.7~2.1				0.04	0.04

焊丝直径及允许极限偏差见表 2-3。

表 2-3 焊丝直径及允许极限偏差 （单位：mm）

焊丝直径	允许极限偏差
0.5，0.6	$^{+0.01}_{-0.03}$
0.8，1.0，1.2，1.6	$^{+0.01}_{-0.04}$
2.0，2.5，3.0，3.2	$^{+0.01}_{-0.07}$

焊丝熔敷金属的力学性能符合表 2-4 中的规定。

表 2-4 焊丝熔敷金属的力学性能

焊丝种类	屈服强度 R_{eL}/MPa	抗拉强度 R_m/MPa	伸长率 A（%）	常温冲击吸收能量 KV_2/J
H08Mn2SiA	≥272	≥480	≥20	≥47
H08Mn2Si				≥39.2

2. 药芯焊丝

药芯焊丝是用薄钢带卷成圆形或异形管，在其管中填上一定成分的药粉，经拉制而成的焊丝，通过调整药粉的成分和比例，可获得不同性能、不同用途的焊丝。国内许多焊条生产厂家已于 20 世纪 90 年代生产药芯焊丝。药芯焊丝的牌号和性能见表 2-5。

表 2-5　药芯焊丝的牌号和性能

焊条牌号	焊缝金属的化学成分（质量分数,%）									焊缝力学性能				推荐焊接参数				
														I/A		U/V		CO_2 流量/(L/min)
	C	Mn	Si	Cr	Cu	Mo	Ni	S	P	R_m/MPa	R_{eL}/MPa	A(%)	KV_2/J	ϕ1.6mm	ϕ2.0mm	ϕ1.6mm	ϕ2.0mm	
YJ502	≤0.10	≤0.12	≤0.5	—	—	—	—			≥490	—	≥22	≥28 (−20℃)	180~350	200~400	23~30	25~32	15~25
YJ507	≤0.10	≤0.12	≤0.5	—	—	—	—			≥490	—	≥22	≥28 (−20℃)	180~400	200~450	25~35	25~32	15~20
YJ507CuCr	≤0.12	0.5~1.2	≤0.6	0.25~0.60	0.2~0.5	—	—	≤0.03		≥490	≥343	≥20	≥47 (0℃)	110~350	220~370	22.5~32	27~32	15~25
YJ607	≤0.12	1.25~1.75	≤0.6	—	—	0.25~0.45	—			≥590	≥530	≥15	≥27 (−40℃)	180~320	250~400	28~32	28~35	15~20
YJ707	≤0.15	≤1.5	≤0.6	—	—	≤0.3	≤1.0			≥690	≥590	≥15	≥27 (−30℃)	200~320	250~400	25~32	28~35	15~20

第三节　CO_2 气体保护焊设备

半自动 CO_2 气体保护焊设备由四部分组成，如图 2-2 所示。

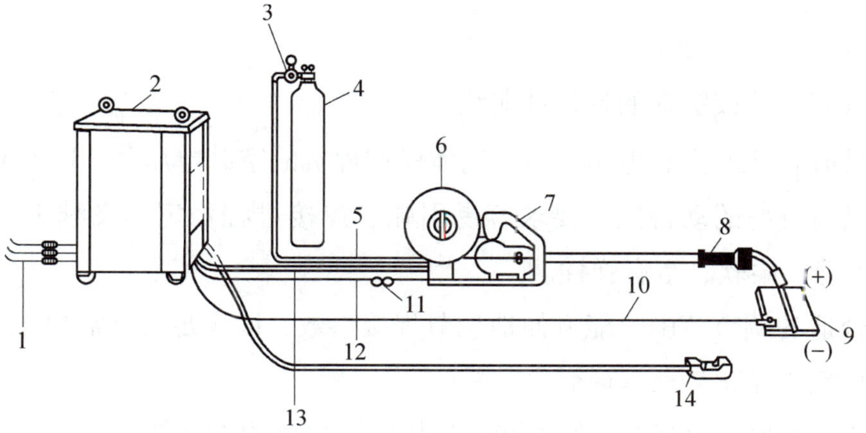

图 2-2　半自动 CO_2 气体保护焊设备

1— 一次侧电缆　2—焊接电源　3—气体流量调节器　4—气瓶　5—通气软管
6—焊丝盘　7—送丝机构　8—焊枪　9—母材　10—母材侧电缆
11—电缆接头　12—焊接电缆　13—控制电缆　14—遥控盒

（1）供气系统　由气瓶、气体流量调节器及管道等组成。

（2）焊接电源　具有平特性的直流焊接电源。面板上装有指示灯及调节旋钮等。

（3）送丝机构　该机构是送丝的动力，包括机架、送丝电动机、焊丝矫直轮、压紧轮和送丝轮等，还装有焊丝盘、电缆及焊枪机构。要求送丝机构能均匀输送焊丝。

（4）焊枪　用来传导电流、输送焊丝和保护气体。

一、供气系统

本系统的功能是向焊接区提供稳定的保护气体，由气瓶、气体流量调节器、预热器、流量计及管路等组成；如气体不纯，还需串接高压和低压干燥器。

（1）气瓶　在上节中已经介绍。

（2）气体流量调节器　将气瓶中的高玉 CO_2 气体的压力降低，并保证输出气体压力稳定。

（3）流量计 用来调节和测量保护气体的流量。

（4）预热器 高压 CO_2 气体经减压阀变成低压气体时，因体积突然膨胀，温度会降低，可能使瓶口结冰，将阻碍 CO_2 气体的流出，装上预热器可防止瓶口结冰。

二、焊接电源

1. 对焊接电源的要求

（1）具有平的或缓降的外特性曲线。

（2）具有合适的空载电压 CO_2 气体保护焊机的空载电压为38~70V。

（3）具有良好的动特性 要求容易引弧、焊接过程稳定、飞溅小，操作时会感到电弧平静、柔软、富有弹性。

（4）合适的调节范围 能方便地调节焊接参数，以满足实际需要。

2. CO_2 气体保护焊电源的种类

根据焊接参数、调节方法的不同，焊接电源可分为如下两类。

（1）一元化调节电源 这种电源只需要一个旋钮调节焊接电流，控制系统自动使电弧电压保持在最佳状态，如果操作者对所焊焊缝成形不满意，可适当调节焊接电压，以保持最佳匹配。

（2）多元化调节电源 这种电源的焊接电流和电弧电压分别用两个旋钮调节，但这种控制方式调节焊接参数较麻烦。

3. 焊接电源的负载持续率

任何电气设备在使用时都会发热，温度升高。如果温度太高，绝缘将会损坏，就会使电气设备烧毁，所以必须了解焊机的额定焊接电流和负载持续率以及它们之间的关系。

（1）负载持续率 负载持续率按下式计算，即

$$\text{负载持续率}=\frac{\text{燃弧时间}}{\text{焊接时间}}\times 100\%$$

焊接时间是燃弧时间与辅助时间之和。当电流通过导体时，导体将发热，发热量与电流的平方成正比，电流越大，发热量越大，温度越高。当电弧燃烧时，发热量增大，焊接电源温度升高；当电弧熄灭时，发热量减小，焊接电源温度降低。电弧燃烧时间越长，辅助时间越短，即负载持续率越高，焊接电源温度升高得越快，焊机越容易烧坏。

（2）额定负载持续率 在焊机出厂标准中规定了负载持续率。我国规定额定负载持续率为 60%，即在 5min 内，连续或累计电弧燃烧 3min，辅助时间为 2min 时的负载持续率。

（3）额定焊接电流 在额定负载持续率下，允许使用的最大焊接电流称为额定焊接电流。

（4）允许使用的最大焊接电流 当负载持续率低于 60%时，允许使用的最大焊接电流比额定焊接电流大。负载持续率越低，可以使用的焊接电流越大。

当负载持续率高于 60%时，允许使用的最大焊接电流比额定焊接电流小。

已知额定负载持续率、额定焊接电流和负载持续率时，可按下式计算允许使用的最大焊接电流，即

$$\text{允许使用的最大焊接电流}=\sqrt{\frac{\text{额定负载持续率}}{\text{负载持续率}}}\times\text{额定焊接电流}$$

三、送丝机构

1. 对送丝机构的要求

1）送丝速度均匀稳定。

2）调速方便。

3）结构牢固轻巧。

2. 送丝方式

送丝方式可分为三种。

（1）推丝式送丝 焊枪与送丝机构是分开的，焊丝经一段软管送到焊枪中。这种焊枪的结构简单、轻便，但焊丝通过软管时受到的阻力大，因而软管长度受到限制。通常只能在离送丝机构 3～5m 的范围内操作。

（2）拉丝式送丝 送丝机构与焊枪合为一体，没有软管，送丝阻力小，速度均匀稳定，但焊枪结构复杂，重量轻，操作时劳动强度大。

（3）推拉式送丝 这种送丝结构是以上两种送丝方式的组合，送丝时以推为主，由于焊枪上装有拉丝轮，可以克服焊丝通过软管时的摩擦阻力。若加长软管长度至 15m，能大大增加操作的灵活性，还可多级串联使用。

3. 送丝机构分类

根据送丝轮的表面形状和结构的不同，可将推丝式送丝机构分成两类。

（1）平轮 V 形槽送丝机构 送丝轮上切有 V 形槽，靠焊丝与 V 形槽两个接触

点的摩擦力送丝。

由于摩擦力小，送丝速度不够平稳。当送丝轮夹紧力太大时，焊丝易被夹扁，甚至压出直棱，会加剧焊丝嘴内孔的磨损。

（2）行星双曲线送丝机构　采用特殊设计的双曲线送丝轮，使焊丝与送丝轮保持线接触，送丝摩擦力大，速度均匀，送丝距离大，焊丝没有压痕，能校直焊丝，对带轻微锈斑的焊丝有除锈作用，且送丝机构简单，性能可靠，但设计与制造比较复杂。

四、焊枪

1. 焊枪的种类

视频 8
CO_2 焊焊枪介绍及拆卸

根据送丝方式的不同，焊枪可分为两类。

（1）拉丝式焊枪（图 2-3）　这种枪的主要特点是送丝均匀稳定，其活动范围大，但因送丝机构和焊丝都装在焊枪上，故焊枪结构复杂、笨重，只能使用直径为 0.5～0.8mm 的细焊丝焊接。

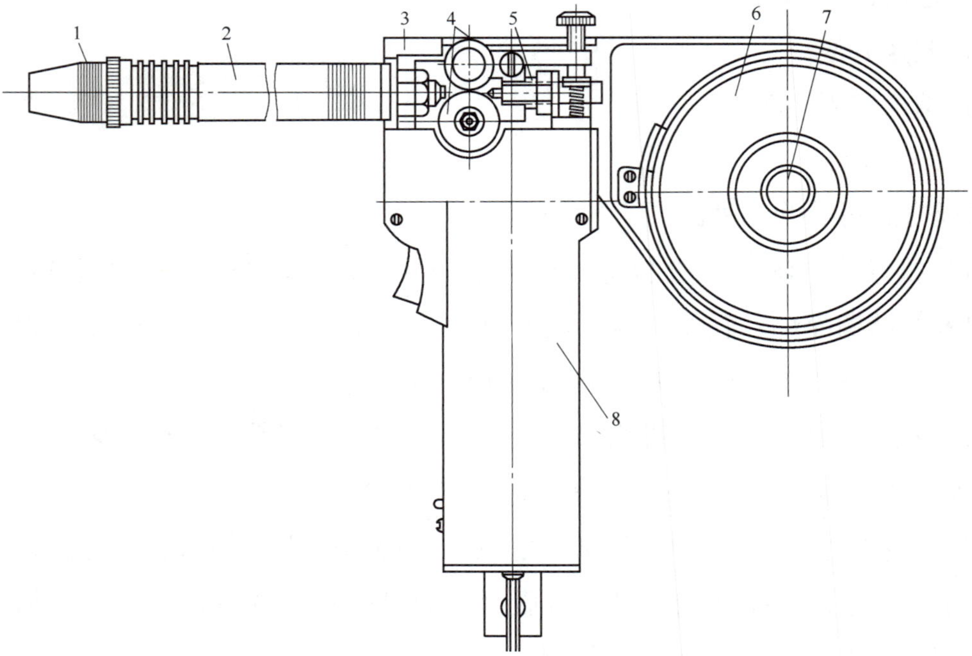

图 2-3　拉丝式焊枪

1—喷嘴　2—枪体　3—绝缘外壳　4—送丝轮　5—螺母　6—焊丝盘　7—压栓　8—电动机

（2）推丝式焊枪　这种焊枪结构简单、操作灵活，但焊丝经过软管时受较大的摩擦阻力，只能采用直径 1mm 以上的焊丝焊接。

视频 9
CO_2 焊焊枪介绍及安装

焊枪根据形状不同，可分为两种。

1）鹅颈式焊枪如图 2-4 所示。这种焊枪形似鹅颈，应用较广。

2）手枪式焊枪如图 2-5 所示。这种焊枪形似手枪，适用于焊接除水平面以外的空间焊缝。当焊接电流较小时，焊枪采用自然冷却；当焊接电流较大时，采用水冷式焊枪。

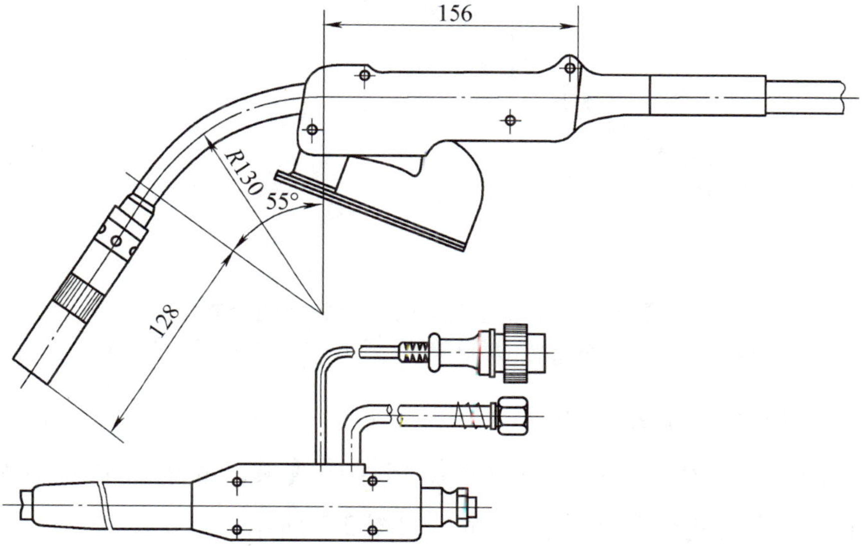

图 2-4　鹅颈式焊枪

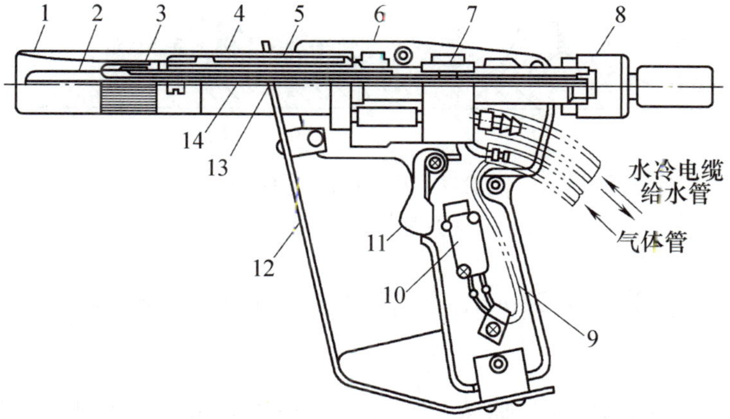

图 2-5　手枪式焊枪

1—焊枪　2—喷嘴　3—喷管　4—装配件　5—冷却水通路　6—焊枪架
7—焊枪主体装配件　8—螺母　9—控制电缆　10—开关控制杆
11—微型开关　12—防弧盖　13—金属丝通路　14—喷嘴内管

2. 鹅颈式焊枪的结构

典型的鹅颈式焊枪头部的结构如图 2-6 所示。

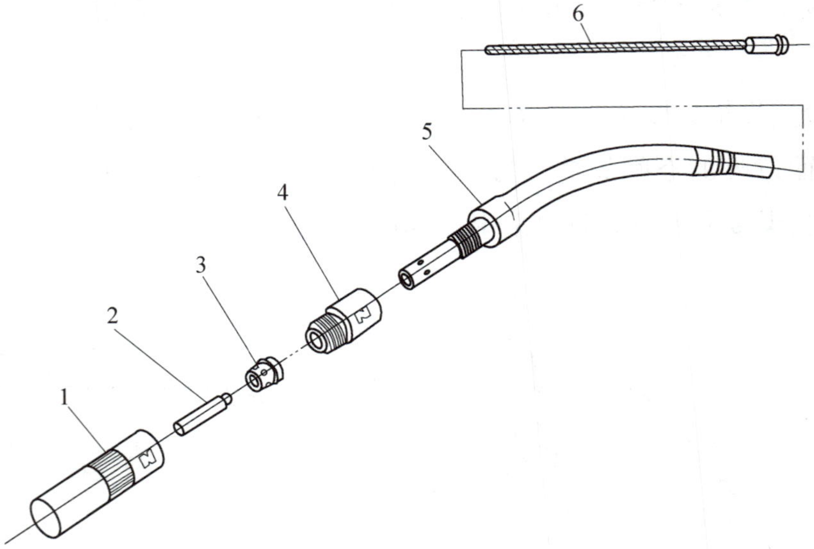

图 2-6 典型的鹅颈式焊枪头部的结构

1—喷嘴 2—导电嘴 3—分流器 4—接头 5—枪体 6—弹簧软管

下面说明主要部件的作用和要求。

（1）喷嘴 喷嘴内孔的直径将直接影响保护效果，要求从喷嘴中喷出的气体为截头圆锥体，均匀地覆盖在熔池表面，如图 2-7 所示。

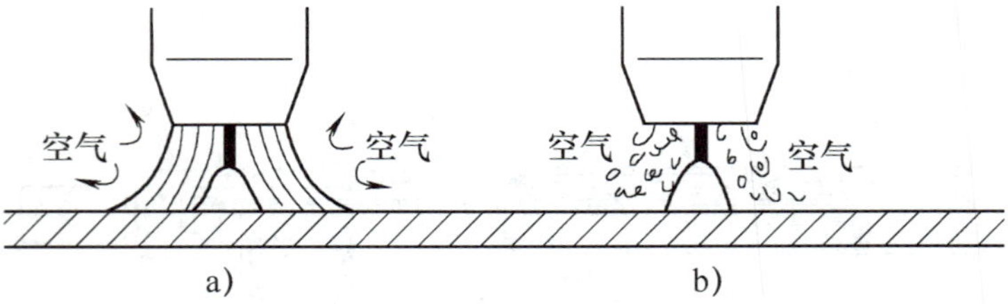

图 2-7 保护气体的形状

a）层流 b）紊流

喷嘴内孔的直径为 16~22mm，为节约保护气体，便于观察熔池，喷嘴内孔的直径不宜太大。

常用纯铜或陶瓷材料制造喷嘴，为降低其内表面的表面粗糙度值，要求在纯铜喷嘴的表面镀上一层铬，以提高其表面的硬度和降低表面粗糙度值。

喷嘴以圆柱形较好，也可做成上大下小的圆锥形，如图 2-8 所示。焊接前，最好在喷嘴的内、外表面喷涂上一层防飞溅喷剂或刷一层硅油，以便于清除黏附在喷嘴上的飞溅并延长喷嘴使用寿命。

（2）导电嘴　导电嘴外形如图 2-9 所示。它常用纯铜、铬青铜材料制造。为保证导电性能良好，减小送丝阻力和保证对准中心，导电嘴的内孔直径必须按焊丝直径选取。孔径太小，送丝阻力大；孔径太大，则送出的焊丝端部摆动太严重，造成焊缝不直，保护效果也不好。通常导电嘴的孔径比焊丝直径大 0.2mm 左右。

视频 10

CO_2 焊焊枪与送丝机连接

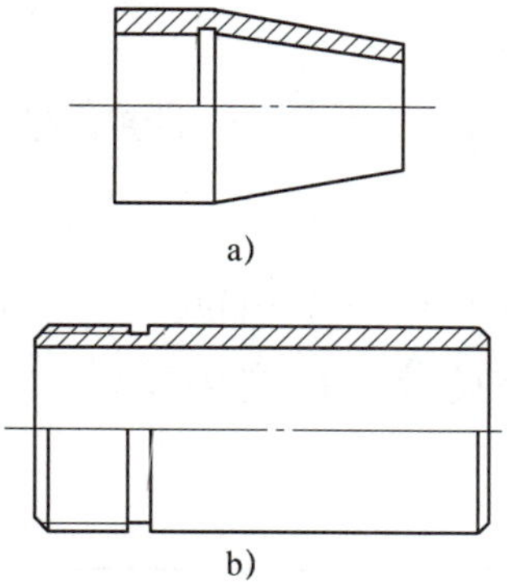

图 2-8　喷嘴

a）圆锥形　b）圆柱形

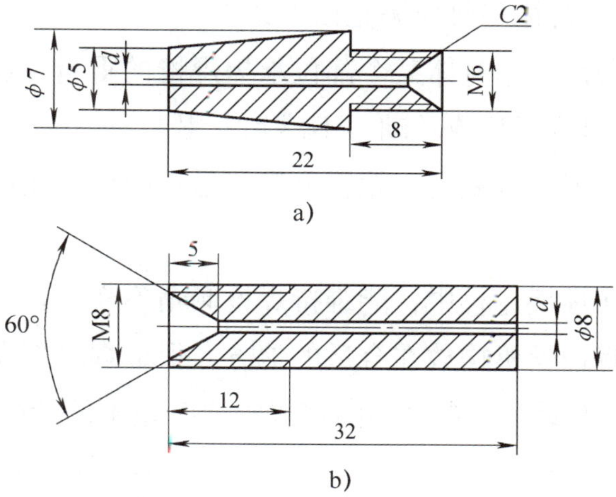

图 2-9　导电嘴外形

a）适用细丝　b）适用直径大于 2mm 的焊丝

（3）分流器　它是用绝缘陶瓷制造而成的，上有均匀分布的小孔，从枪体中喷出的保护气体经分流器后，从喷嘴中呈层流状均匀喷出，可改善保护效果。分流器的结构如图 2-10 所示。

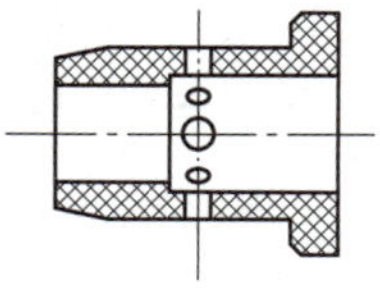

图 2-10　分流器的结构

第四节　CO_2 气体保护焊的基本操作技术

CO_2 气体保护焊的质量是由焊接过程的稳定性决定的。焊接过程的稳定性除通过调节设备选择合适的焊接参数保证外，更主要的是取决于操作者的实际操作水平。因此每一名操作者只有熟悉 CO_2 气体保护焊的基本操作技术，才能根据不同的实际情况，灵活地运用这些技能，从而获得满意的焊接效果。

一、操作注意事项

1. 选择正确的持枪姿势

由于 CO_2 气体保护焊的焊枪比焊条电弧焊的焊钳重，焊枪后面又拖了一根沉重的送丝导管，因此操作时比较吃力。为了长时间坚持生产，每个操作者都应根据焊接位置，选择正确的持枪姿势，使自己既不感到别扭，又能长时间、稳定地进行焊接。

正确的持枪姿势应满足以下条件。

1）操作时用身体某个部位承担焊枪的重量，通常手臂处于自然状态，手腕能灵活带动焊枪平移或转动，不感到太累。

2）在焊接过程中，软管电缆的最小曲率半径应大于300mm，焊接时可随意拖动焊枪。

3）在焊接过程中，能维持焊枪倾角不变，且可以清楚方便地观察熔池。

4）将送丝机构放在合适的地方，保证焊枪能在需要的焊接范围内自由移动。

图2-11所示为焊接不同位置焊缝时正确的持枪姿势。

a) b) c) d) e)

图 2-11 焊接不同位置焊缝时正确的持枪姿势

a）蹲位平焊 b）坐位平焊 c）站位平焊 d）站位立焊 e）站位仰焊

2. 保持焊枪与焊件合适的相对位置

CO_2 气体保护焊焊接过程中，操作者必须使焊枪与焊件间保持合适的相对位置，主要是正确控制焊枪与焊件间的倾角和喷嘴高度。在这种位置焊接时，操作者既能方便地观察熔池，控制焊缝形状，又能可靠地保护熔池，防止出现缺陷。合适的相对位置因焊缝的空间位置和接头的形式不同而不同。

3. 保持焊枪匀速向前移动

在整个焊接过程中，必须保持焊枪匀速前移，才能获得满意的焊缝。

通常操作者可根据焊接电流的大小、熔池的形状、焊件熔合情况、装配间隙、钝边大小等情况，调整焊枪前移速度，力争匀速前进。

4. 保持摆幅一致的横向摆动

像焊条电弧焊一样，为了控制焊缝的宽度和保证熔合质量，CO_2 气体保护焊焊枪也要做横向摆动。焊枪的摆动形式及应用范围见表 2-6。

表 2-6　焊枪的摆动形式及应用范围

摆动形式	应用范围
	薄板及中厚板打底焊道
	坡口小时及中厚板打底焊道
	焊厚板第二层以后的横向摆动
	角焊或多层焊时的第一层
	坡口大时
 ⑧ ⑥⑦ ④⑤ ②③ ①	焊薄板根部有间隙，坡口有钢板垫板

为了减少热输入，减小热影响区，减小变形，通常不希望采用大的横向摆动来获得宽焊缝，提倡采用多层多道焊来焊接厚板。当坡口小时，如焊接打底焊缝时，可采用锯齿形较小的横向摆动，如图 2-12 所示。

当坡口大时，可采用弯月形的横向摆动，如图 2-13 所示。

图 2-12　锯齿形横向摆动

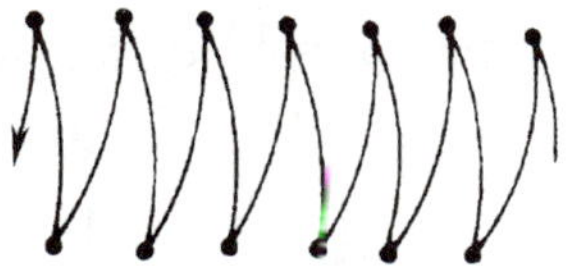

图 2-13　弯月形的横向摆动

二、基本操作技术

和焊条电弧焊一样，CO_2 气体保护焊的基本操作技术也是引弧、收弧、接头、摆动等。由于没有焊条送进运动，焊接过程中只需维持电弧弧长不变，并根据熔池情况摆动和移动焊枪就行了，因此 CO_2 气体保护焊的操作比焊条电弧焊容易掌握。

1. 引弧

CO_2 气体保护焊与焊条电弧焊引弧的方法稍有不同，不采用划擦法引弧，主要采用碰撞引弧，但引弧时不必抬起焊枪，具体操作步骤如下。

1）引弧前先按遥控盒上的点动开关或按焊枪上的控制开关，点动送出一段焊丝，焊丝伸出长度小于喷嘴与焊件间的距离，超长部分应剪去，如图 2-14 所示。若焊丝的端部出现球状时，必须预先剪去，否则会使引弧困难。

2）将焊枪按要求（保持合适的倾角和喷嘴高度）放在引弧处。注意，此时焊丝端部与焊件未接触。喷嘴高度由焊接电流决定，如图 2-15 所示。

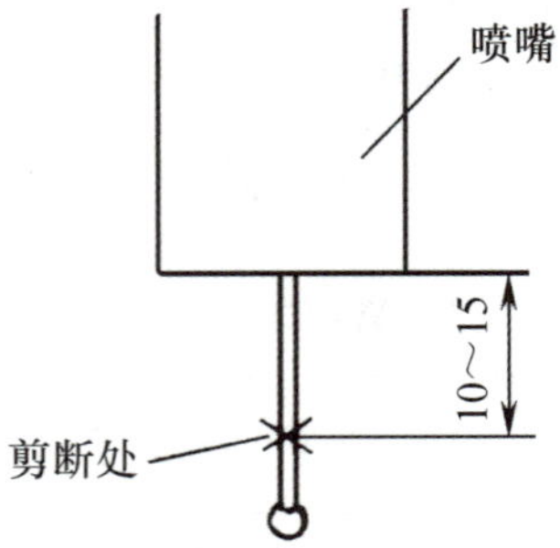

图 2-14 引弧前剪去超长的焊丝

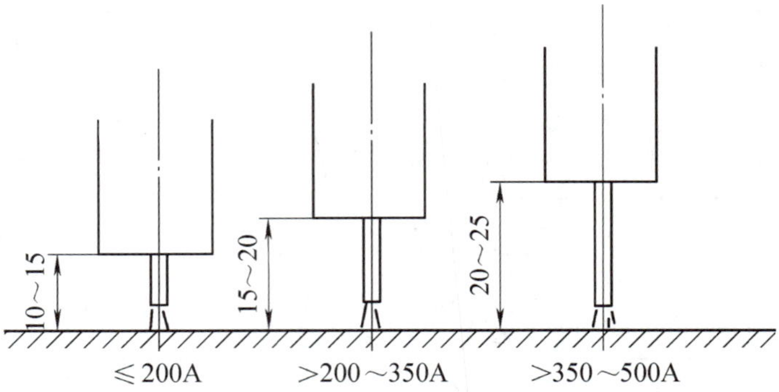

图 2-15 喷嘴高度与焊接电流的关系

若操作不熟练，最好双手持枪。

3）按焊枪上的控制开关，焊机自动提前送气，延时接通电源，保持高电压、慢送丝，当焊丝碰撞焊件短路后，自动引燃电弧。

短路时，焊枪有自动顶起的倾向，如图 2-16 所示，故引弧时要稍用力下压焊枪，以防止因焊枪抬起太高、电弧太长而熄灭。

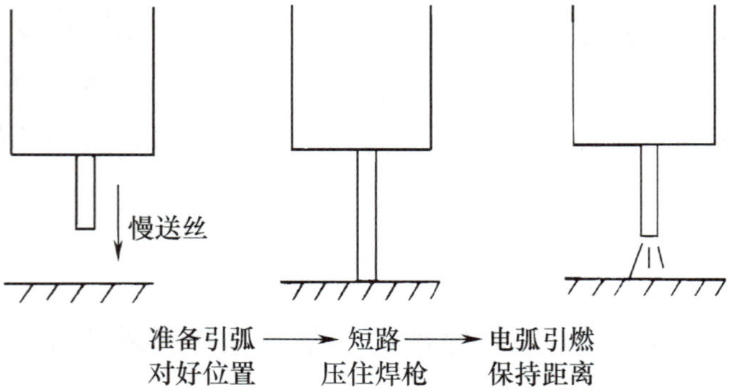

图 2-16 引弧过程

2. 焊接

引燃电弧后，通常都采用左向法焊接。在焊接过程中，操作者的主要任务是保持合适的倾角和喷嘴高度，沿焊接方向尽可能地均匀移动，当坡口较宽时，为保证两侧熔合好，焊枪还要做横向摆动。

操作者必须能够根据焊接过程，判断焊接参数是否合适。像焊条电弧焊一样，操作者主要靠在焊接过程中看到的熔池的情况、电弧的稳定性、飞溅的大小及焊缝成形的好坏来选择焊接参数。

3. 收弧

焊接结束前必须收弧，若收弧不当，则容易产生弧坑，并出现弧坑裂纹、气孔等缺陷。

收弧可使用送丝机构操作面板上的“收弧”切换开关、“反复”切换开关与焊枪开关，可进行以下三种焊接操作。

（1）收弧“无”焊接　当送丝机构操作面板上的“收弧”切换开关选择“无”时，焊接结束时没有收弧功能，其主要用于反复定位焊、瞬时焊和薄板焊接。

焊接时，把焊枪放在适合焊接的位置，按下焊枪开关，提前送气，延时后产生电弧。由于没有自锁，所以要一直按住开关，直到需要停焊时才松开开关，随着电流停止，电弧也随之熄灭，如图 2-17 所示。

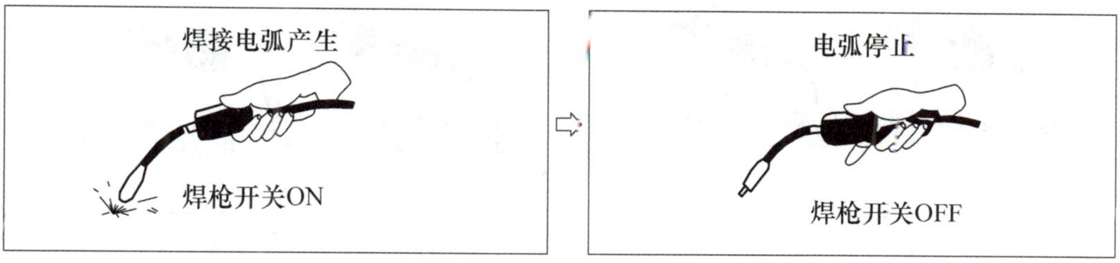

图 2-17　收弧“无”焊接操作示意图

（2）收弧“有”焊接　当送丝机构操作面板上的“收弧”切换开关选择“有”时，焊接结束时有收弧功能，其主要用于中厚板焊接，用于填补焊接结束时的凹陷。

焊接时，把焊枪放在适合焊接的位置，按下焊枪开关（保不保持都可以），先开始送气，延时后产生电弧，进入正常焊接过程。第二次按下焊枪开关（一直按住）时，焊接电压、焊接电流先是减小至收弧电压及收弧电流，放开焊枪开关后，焊接电压、送丝速度再次下降，焊接电流逐渐下降，经过回烧延时后自动停止，电弧熄灭，如图 2-18 所示。

（3）收弧“有”、反复“有”焊接　当送丝机构操作面板上的“收弧”切换开关选择“有”，且“反复”切换开关选择“有”时，主要用于填补焊接结束时的弧坑。

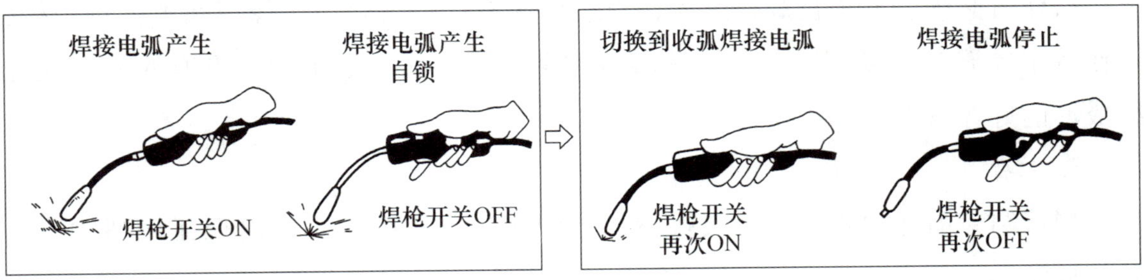

图 2-18 收弧“有”焊接操作示意图

焊接时，把焊枪放在适合焊接的位置，按下焊枪开关（保不保持都可以），先开始送气，延时后产生电弧，进入正常焊接过程。第二次按下焊枪开关（一直按住）时，焊接电压、焊接电流先是减小至收弧电压及收弧电流，放开焊枪开关后，焊接电压、送丝速度再次下降，焊接电流逐渐下降，经过回烧延时后自动停止，电弧熄灭。如在2s内重新按下焊枪开关（一直按住），则会重复收弧条件至松开焊枪开关。依次重复操作，可实现多次收弧处理，如图2-19所示。

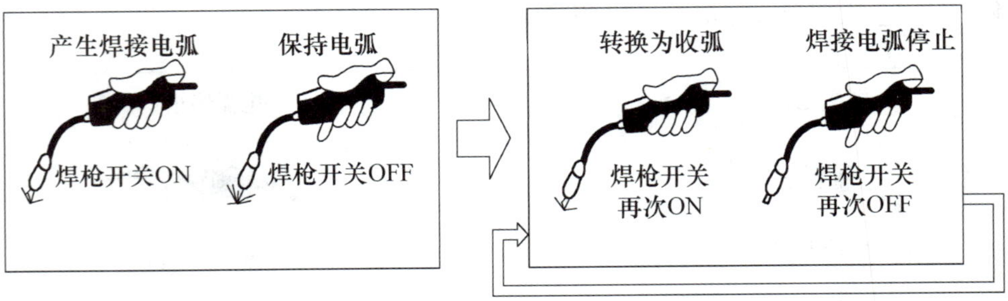

图 2-19 收弧“有”、反复“有”焊接操作示意图

4. 接头

CO_2气体保护焊不可避免地产生接头，为保证焊接质量，可按下述步骤操作。

1）将待焊接头处用角向磨光机打磨成斜面，如图2-20所示。

2）在斜面顶部引弧，引燃电弧后，将电弧移至斜面底部，转一圈返回引弧处后再继续向左焊接，如图2-21所示。

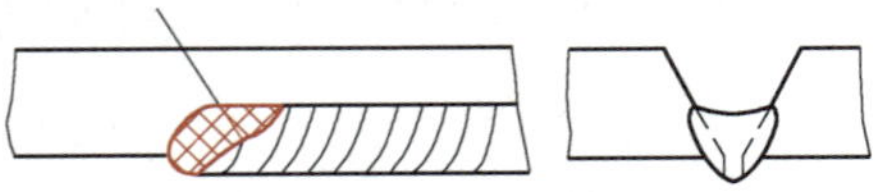

图 2-20 接头处的打磨

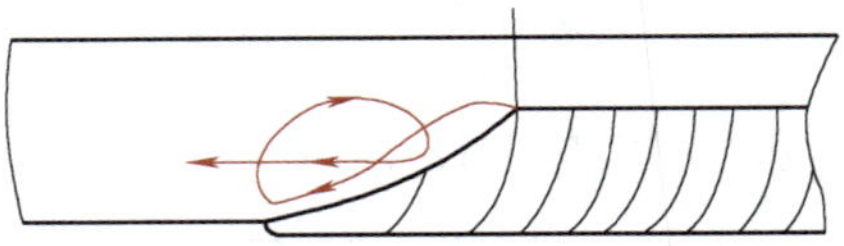

图 2-21 接头处的引弧操作

注意：这个操作很重要，引弧后向斜面底部移动时，要注意观察熔孔，若未形

成熔孔则接头背面焊不透；若熔孔太小，则接头背面产生缩颈；若熔孔太大，则背面焊缝太宽或焊漏。

5. 定位焊

CO_2 气体保护焊时热量较焊条电弧焊大，要求定位焊缝有足够的强度。通常定位焊缝都不磨掉，仍保留在焊缝中，焊接过程中很难全部重熔，因此应保证定位焊缝的质量。定位焊缝既要熔合好，余高又不能太高，还不能有缺陷，要求操作者像正式焊接一样焊定位焊缝。定位焊缝的长度和间距应符合下述规定。

1）中厚板对接时的定位焊缝，如图 2-22 所示。

焊件两端应装引弧板、引出板。

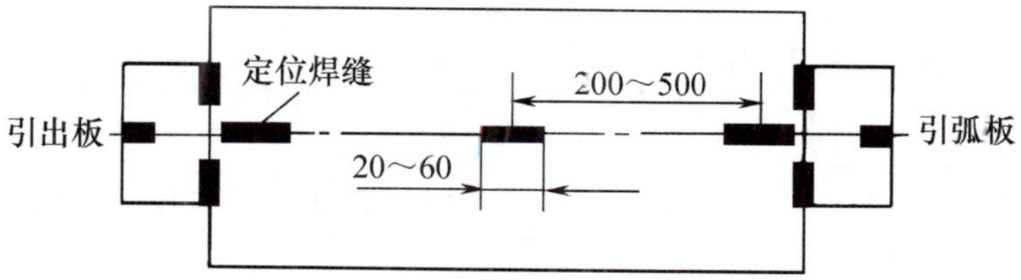

图 2-22　中厚板对接时的定位焊缝

2）薄板对接时的定位焊缝，如图 2-23 所示。

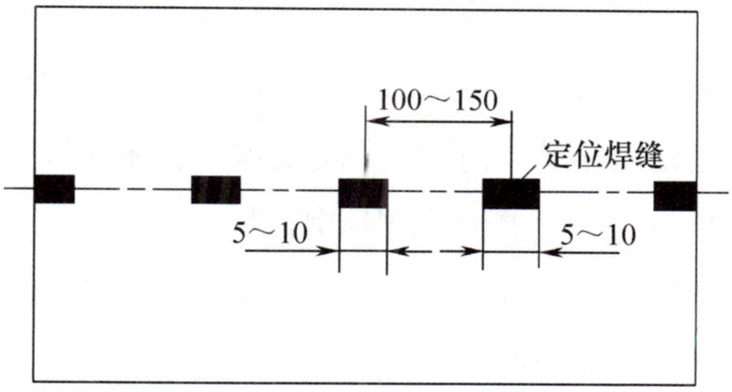

图 2-23　薄板对接时的定位焊缝

操作者进行实际练习时，要注意试板上的定位焊缝。

第五节　CO_2 气体保护焊技能训练

一、CO_2 气体保护焊对接接头焊缝质量检验项目及标准

CO_2 气体保护焊对接接头焊缝质量检验项目及标准见表 2-7。

表 2-7 CO_2 气体保护焊对接接头焊缝质量检验项目及标准

检验项目			标 准
焊缝外观检查	正面焊缝余高/mm		0~3
	背面焊缝余高/mm		0~2
	焊缝余高差/mm		0~2
	焊缝每侧增宽/mm		2~3
	焊缝宽度差/mm		0~2
	未焊透（累计计算）/mm		≤10
	咬边	深度/mm	<0.5
		长度（累计计算）/mm	≤10
	气孔、裂纹、未熔合、焊瘤、烧穿		无
	焊后角变形/(°)		0~2
焊缝内部质量检查			GB/T 3323.1~2—2019《焊缝无损检测 射线检测》

二、常用的坡口形式

1. 坡口形式

CO_2 气体保护焊可以焊接的接头形式和空间位置与焊条电弧焊相同，十分灵活。由于 CO_2 气体保护焊使用的电流密度大，因此在焊接坡口的角度较小、钝边较大的情况下也能焊透；由于焊枪喷嘴直径较焊丝直径粗得多，因此焊厚板采用的 U 形坡口的圆弧半径较大，才能保证根部焊透。

CO_2 气体保护焊推荐使用的坡口形式及尺寸见 GB/T 985.1—2008《气焊、焊条电弧焊、气体保护焊和高能束焊的推荐坡口》。

2. 坡口加工方法

（1）刨床加工　各种形式的直坡口都可采用边缘刨床或牛头刨床加工。

（2）铣床加工　V 形坡口、Y 形坡口、X 形坡口和 I 形坡口的长度不大时，在高速铣床上加工是比较好的。

（3）数控气割或半自动气割　可割出 V 形、I 形、Y 形和 X 形坡口，通常在培训时使用的单 V 形坡口试板都是用半自动气割割出来的，没有钝边，割好的试板用角向磨光机打磨一下就可以使用。

（4）手工加工　在实际条件不具备时，可采用手工气割、角向磨光机或锉刀加工坡口。

（5）车床加工　管子端面的坡口及管板上的孔，通常在车床上加工。

三、焊接参数的选择

合理选择焊接参数是保证焊接质量、提高焊接效率的重要条件。CO_2 气体保护焊的焊接参数主要包括焊丝直径、焊接电流、电弧电压、焊接速度、焊丝的伸出长度、电流极性、气体流量、焊枪倾角及喷嘴与焊件间距离等。下面分别讨论每个参数对焊缝成形的影响及选择的原则。

1. 焊丝直径

焊丝直径越粗，允许使用的焊接电流越大。通常根据焊件的厚度、坡口形式、施焊位置及生产率等条件来选择。焊接薄板或中厚板的立、横、仰焊缝时，多采用直径 1.6mm 以下的焊丝。焊丝直径的选择见表 2-8。

表 2-8　焊丝直径的选择

焊丝直径/mm	焊件厚度/mm	施焊位置	熔滴过渡形式
0.8	1~3	各种位置	短路过渡
1.0	1.5~6	各种位置	短路过渡
1.2	2~12	各种位置	短路过渡
	中厚	平焊、横焊	细颗粒过渡
1.6	6~25	各种位置	短路过渡
	中厚	平焊、横焊	细颗粒过渡
2.0	中厚	平焊、横焊	细颗粒过渡

焊丝直径对熔深的影响如图 2-24 所示。

电流相同时，熔深将随着焊丝直径的减小而增加。

焊丝直径对熔敷速度也有明显的影响。当电流相同时，焊丝越细则熔敷速度越高。

目前国内普遍采用的焊丝直径是 0.8mm、1.0mm、1.2mm、1.6mm 和 2.0mm 五种。

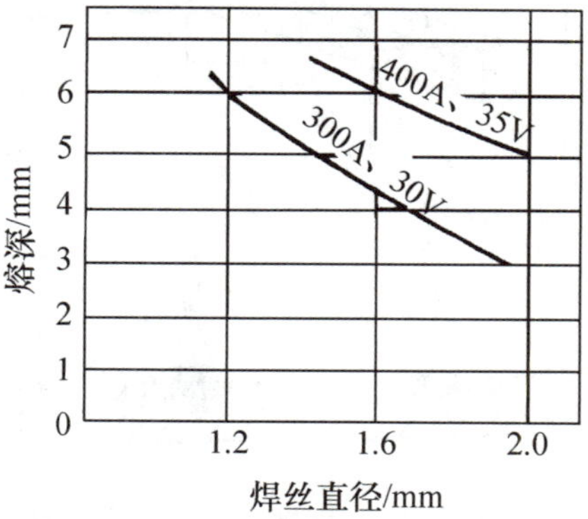

图 2-24　焊丝直径对熔深的影响

2. 焊接电流

焊接电流是重要的焊接参数之一，应根据焊件的板厚、材质、焊丝直径、施焊位置及要求的熔滴过渡形式来选择焊接电流的大小。

焊丝直径与焊接电流的关系见表2-9。

表2-9 焊丝直径与焊接电流的关系

焊丝直径/mm	焊接电流/A	适用板厚/mm
0.6	40~100	0.6~1.6
0.8	50~150	0.8~2.3
1.0	90~250	1.2~6
1.2	120~350	2.0~10
1.6	300以上	6.0以上

每种直径的焊丝都有一个合适的焊接电流范围，只有在这个范围内焊接过程才能稳定进行。通常直径为0.8~1.6mm的焊丝，短路过渡的焊接电流在40~230A范围内；细颗粒过渡的焊接电流在250~500A范围内。

当电源的外特性不变时，改变送丝速度，此时电弧电压几乎不变，焊接电流发生变化。送丝速度越快，焊接电流越大。在相同的送丝速度下，随着焊丝直径的增加，焊接电流也增加。焊接电流的变化对熔深有决定性的影响，随着焊接电流的增大，熔深显著地增加，熔宽略有增加，如图2-25所示。

焊接电流对熔敷速度及熔深的影响，如图2-26和图2-27所示。

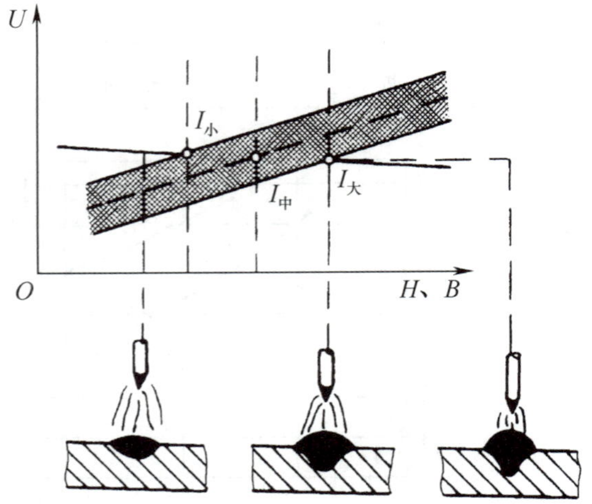

图2-25 焊接电流对熔深的影响

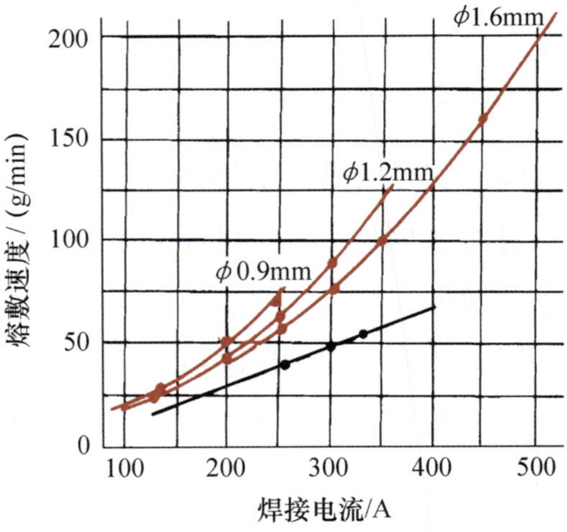

图2-26 焊接电流对熔敷速度的影响

—— 表示 CO_2 气体保护焊的熔敷速度

—— 表示焊条电弧焊的熔敷速度

由图可见，随着焊接电流的增加，熔敷速度和熔深都会增加。

但应注意：焊接电流过大时，容易引起烧穿、焊漏和裂纹等缺陷，且焊件的变形大，焊接过程中飞溅很大；焊接电流过小时，容易产生未焊透、未熔合和夹渣等缺陷以及焊缝成形不良。通常在保证焊透、成形良好的条件下，尽可能采用大电流，以提高生产率。

3. 电弧电压

电弧电压是重要的焊接参数之一。送丝速度不变时，调节电源外特性，此时焊接电流几乎不变，弧长将发生变化，电弧电压也会发生变化。

电弧电压对焊缝成形的影响如图 2-28 所示。

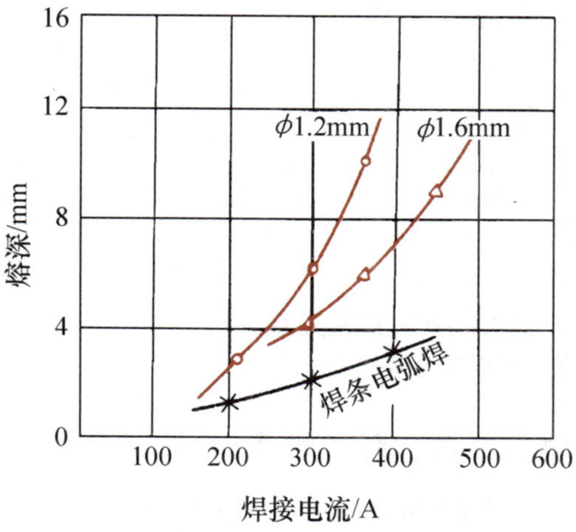

图 2-27　焊接电流对熔深的影响

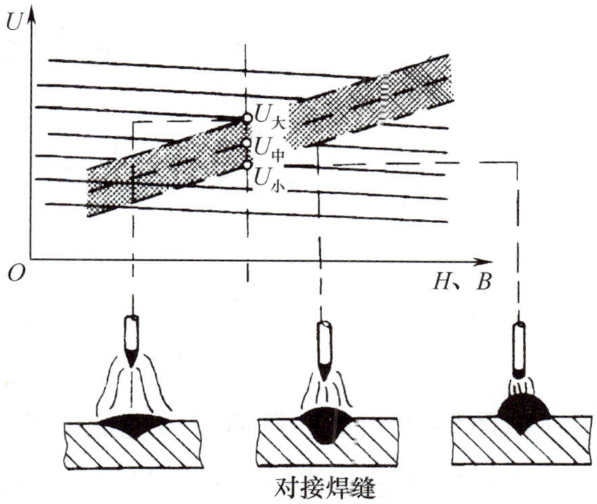

图 2-28　电弧电压对焊缝成形的影响

为保证焊缝成形良好，电弧电压必须与焊接电流匹配。通常焊接电流小时，电弧电压较低；焊接电流大时，电弧电压较高。在焊接打底焊缝或空间焊缝时，常采用短路过渡方式。在立焊和仰焊时，电弧电压应略低于平焊位置，以保证短路过渡稳定。

在短路过渡时，熔滴在短路状态一滴一滴地过渡，熔池较黏，短路频率为 5~100Hz。

在短路过渡时，电弧电压和焊接电流的关系如图 2-29 所示。通常电弧电压为 17~24V。

电弧电压可按下述经验公式推算，即

$$U = 0.04I + 16 \pm 1.5 \qquad (I < 300\text{A})$$

$$U = 0.04I + 20 \pm 2.0 \qquad (I \geq 300\text{A})$$

式中　U——电弧电压（V）；

　　I——焊接电流（A）。

a)

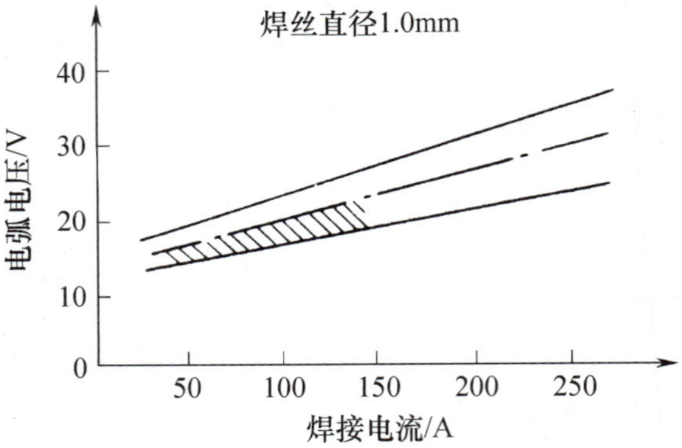

b)

图 2-29 在短路过渡时电弧电压和焊接电流的关系

a）短路过渡示意图 b）电弧电压和焊接电流的关系

由图 2-29 可见，随着焊接电流的增大，电弧电压也随之增大。

电弧电压过高或过低对电弧的稳定性、焊缝成形等都有不利的影响。

4. 焊接速度

焊接速度是重要的焊接参数之一。

焊接时电弧将熔化金属吹开，在电弧吹力下形成一个凹坑，随后将熔化的焊丝金属填充进去。如果焊接速度太快，这个凹坑不能完全被填满，将产生咬边或未熔合等缺陷；相反，若焊接速度过慢时，电弧在焊缝处停留过久，易产生烧穿、塌陷等缺陷。

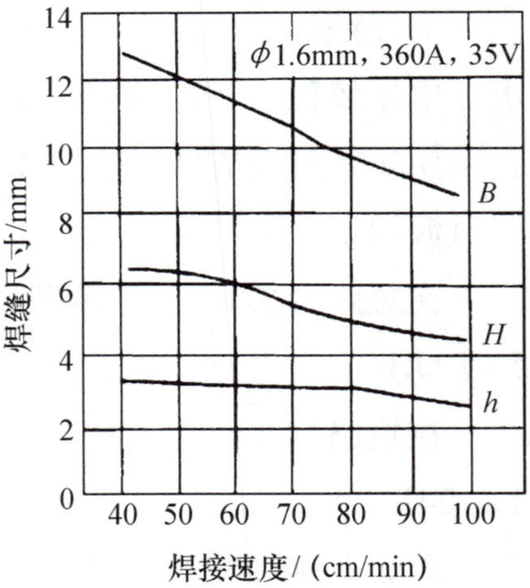

图 2-30 焊接速度对焊缝成形的影响

B—熔宽 *h*—余高 *H*—熔深

焊接速度对焊缝成形的影响如图 2-30 所示。

由图 2-30 可见，在焊丝直径、焊接电流、电弧电压不变的条件下，焊接速度增加时，熔宽与熔深都减小。

如果焊接速度过高，除产生咬边、未熔合等缺陷外，由于保护效果变坏，还可能会出现气孔；如果焊接速度过慢，除生产率降低外，焊接变形将会增大。一般半自动焊时，焊接速度在 5~60m/h 范围内。

5. 焊丝的伸出长度

保证焊丝的伸出长度不变是保证焊接过程稳定的基本条件之一。这是因为 CO_2 气体保护焊采用的电流密度大，伸出长度越大，焊丝的预热作用越强，反之亦然。

预热作用的强弱还将影响焊接参数和焊接质量。

当送丝速度不变时，若焊丝的伸出长度增加，因预热作用强，焊丝熔化快，电弧电压高，则焊接电流减小，熔滴与熔池温度降低，将造成热量不足，容易引起未焊透、未熔合等缺陷。相反，则会在全位置焊时可能产生熔池铁液流失。

预热作用的大小还与焊丝的电阻、焊接电流和焊丝直径有关。对于不同直径、不同材质的焊丝，允许使用的焊丝的伸出长度是不同的，可按表 2-10 选择。

表 2-10　焊丝的伸出长度的允许值　　（单位：mm）

焊丝直径	H08Mn2Si	H06Cr19Ni9Ti
0.8	6~12	5~9
1.0	7~13	6~11
1.2	8~15	7~12

焊丝的伸出长度过小，影响操作和对熔池的观察，还容易因导电嘴过热夹住焊丝，甚至烧毁导电嘴，破坏焊接过程正常进行；焊丝的伸出长度过大时，电弧位置变化较大，保护效果变坏，将使焊缝成形不好，容易产生缺陷。

焊丝的伸出长度对焊缝成形的影响如图 2-31 所示。

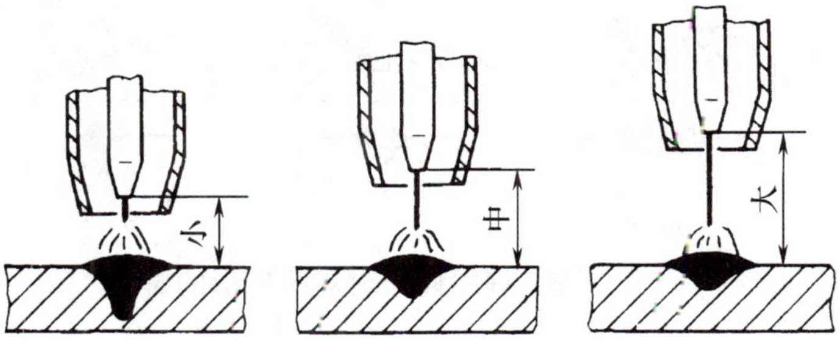

图 2-31　焊丝的伸出长度对焊缝成形的影响

焊丝的伸出长度过小时，电阻预热作用小，电弧功率大、熔深大、飞溅少；焊丝的伸出长度过大时，电阻对焊丝的预热作用强，电弧功率小、熔深小、飞溅多。

焊丝的伸出长度，一般约等于焊丝直径的 10 倍，且不超过 15mm。一般在 5~15mm 范围内。

6. 电流极性

CO_2 气体保护焊通常都采用直流反接，焊件接负极，焊丝接正极。焊接过程稳定、飞溅小、熔深大。直流正接，焊件接正极，焊丝接负极，在相同的电流下，焊丝熔化速度快，熔深小，余高大，稀释率较小，但飞溅较大。

根据这些特点，正极性焊接时主要用于堆焊、铸铁补焊及大电流高速 CO_2 气体保护焊。

7. 气体流量

CO_2 气体流量应根据焊接电流、焊接速度、焊丝的伸出长度及喷嘴直径等选择。气体流量过小，电弧不稳，有密集气孔产生，焊缝表面易被氧化成深褐色；气体流量过大，会出现气体紊流，产生气孔，焊缝表面呈浅褐色。通常细丝 CO_2 气体保护焊时，流量为 8~15L/min；粗丝 CO_2 气体保护焊时，流量为 15~25L/min。

8. 焊枪倾角

焊枪倾角也是不容忽视的因素。当焊枪倾角小于 10°时，不论是前倾还是后倾，对焊接过程及焊缝成形都没有明显的影响；但倾角过大时，将增加熔宽并减小熔深，还会增加飞溅。

焊枪倾角对焊缝成形的影响如图 2-32 所示。

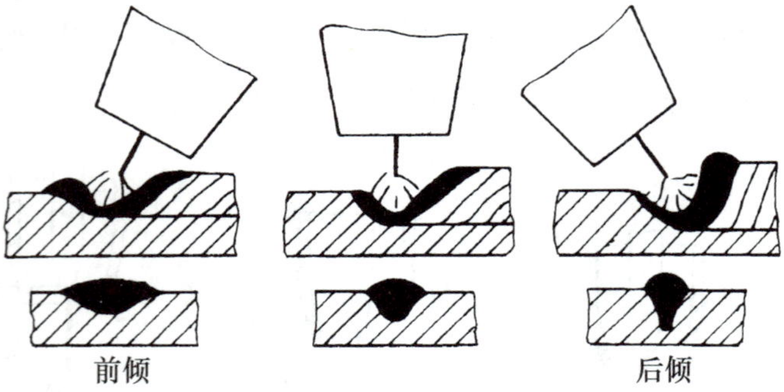

图 2-32 焊枪倾角对焊缝成形的影响

由图 2-32 可以看出：当焊枪与焊件成后倾角时，焊缝窄，余高大，熔深较大，焊缝成形不好；当焊枪与焊件成前倾角时，焊缝宽，余高小，熔深较小，焊缝成形好。

通常操作者都习惯用右手持焊枪，采用左向法焊接。焊枪采用前倾，前倾角 10°~15°，这样不仅可得到较好的焊缝成形，而且能够清楚地观察和控制熔池，因此 CO_2 气体保护焊时，通常都采用左向法焊接。

9. 喷嘴与焊件间距离

喷嘴与焊件间距离应根据焊接电流来选择，如图 2-33 所示。

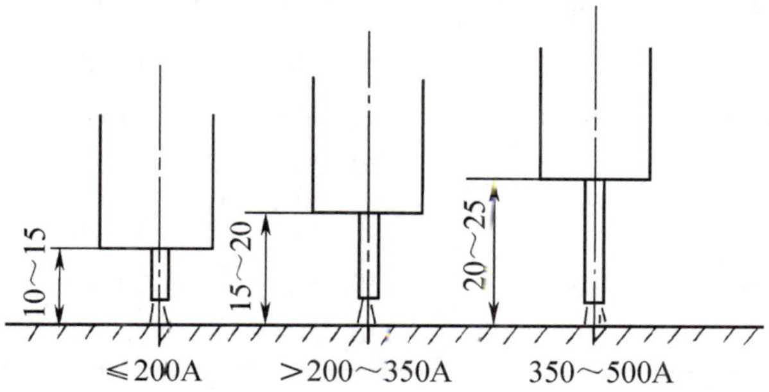

图 2-33　喷嘴与焊件间距离和焊接电流的关系

四、平板对接平焊技能训练

平板对接接头的平焊、立焊和横焊，是焊接管板接头和管子接头的基础。通过学习，应掌握引弧、接头、收弧、持枪姿势、持枪角度、控制熔孔大小等一系列的操作技术。

视频 11

CO_2 焊平焊

现以 12mm 板 V 形坡口对接平焊为例，讲解 CO_2 气体保护焊平焊操作技术。

1. 装配及定位焊

装配间隙及定位焊如图 2-34 所示，在焊件坡口内定位焊，焊缝长度为 10~15mm。对接平板的反变形如图 2-35 所示，预置反变形量为 2°~3°。

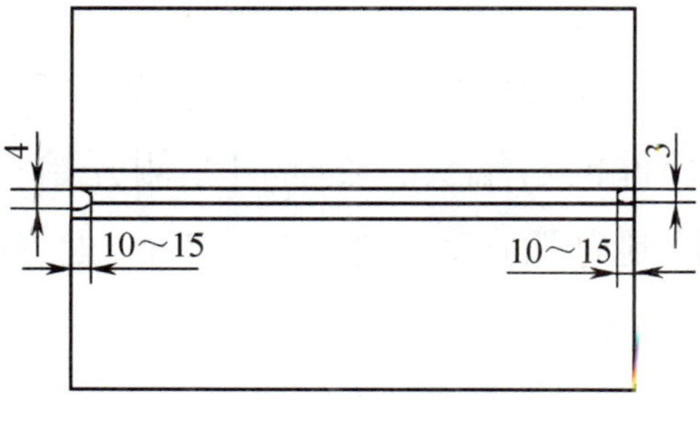

图 2-34　装配间隙及定位焊

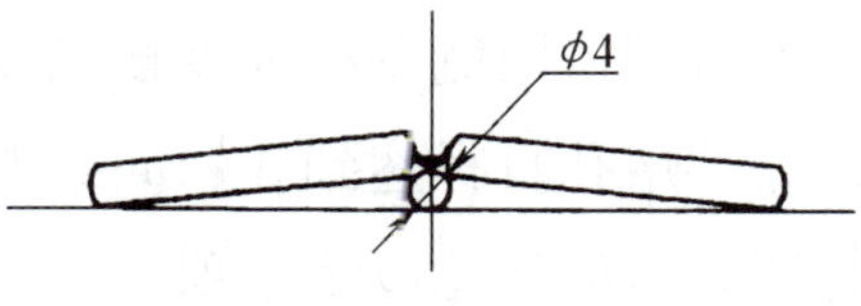

图 2-35　对接平板的反变形

2. 焊接参数

介绍两组参数：第一组用 ϕ1.2mm 焊丝，较难掌握，但适用性好；第二组用 ϕ1.0mm 焊丝，比较容易掌握，但因 ϕ1.0mm 焊丝不普遍，适用性较差，使用受到限制。焊接参数见表 2-11。

表 2-11 焊接参数

组别	焊接层次	焊丝直径/mm	焊丝的伸出长度/mm	焊接电流/A	电弧电压/V	气体流量/(L/min)	层数
第一组	打底焊 填充焊 盖面焊	1.2	10~15	90~110 220~240 230~250	18~20 24~26 25	10~15 15~20 15~20	3
第二组	打底焊 填充焊 盖面焊	1.0	10~15	90~95 110~120 110~120	18~20 20~22 20~22	10~12	3

3. 焊接要点

（1）焊枪角度与焊法 采用左向法焊接，三层三道，对接平焊的焊枪角度如图 2-36 所示。

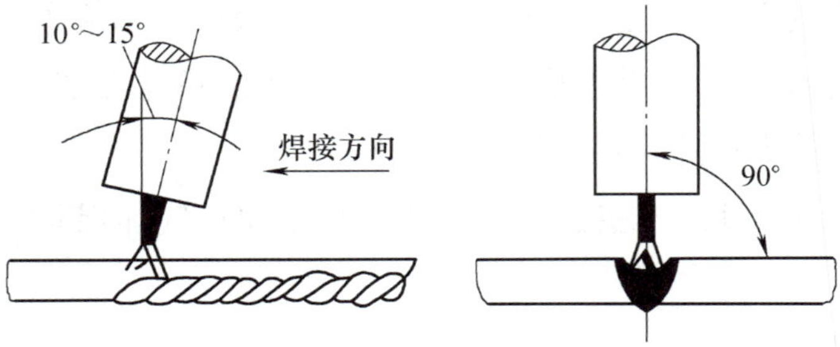

图 2-36 对接平焊的焊枪角度

（2）焊件位置 焊前先检查装配间隙及反变形是否合适，间隙小的一端应放在右侧。

（3）打底焊 调节好打底焊的焊接参数后，在焊件右端预焊点左侧约 20mm 处坡口一侧引弧，待电弧引燃后迅速右移至焊件的右端头，然后向左侧开始打底焊，焊枪沿坡口两侧做小幅度横向摆动，并控制电弧在离底边约 2~3mm 处燃烧，当坡口底部熔孔直径达到 3~4mm 时转入正常焊接。

打底焊时应注意以下事项。

1）电弧始终在坡口内做小幅度横向摆动，并在坡口两侧稍微停留，使熔孔直径比间隙大 0.5~1mm，焊接时要仔细观察熔孔，并根据间隙和熔孔直径的变化调整横向摆动幅度和焊接速度，尽可能维持熔孔的直径不变，以保证获得宽窄和高低均匀的反面焊缝。

2）电弧在坡口两侧停留的时间以保证坡口两侧熔合良好为宜，使打底焊道与坡口结合处稍下凹，焊道表面保持平整，如图 2-37 所示。

3）打底焊时，要严格控制喷嘴的高度，电弧必须在离坡口底部 2～3mm 处燃烧，保证打底层厚度不超过 4mm。

（4）填充焊　调节好填充层的焊接参数后，在焊件右端开始焊填充层，焊枪横向摆动的幅度较打底层焊接时稍大，应注意熔池两侧的熔合情况，保证焊道表面平整并稍向下凹。

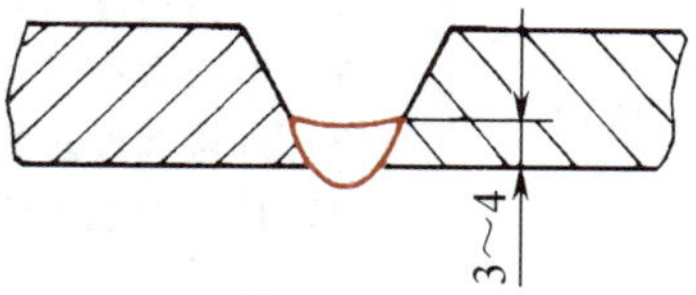

图 2-37　打底焊道

焊填充层时要特别注意，除保证焊道表面平整并稍向下凹外，还要掌握焊道厚度，其要求如图 2-38 所示，焊接时不许熔化棱边。

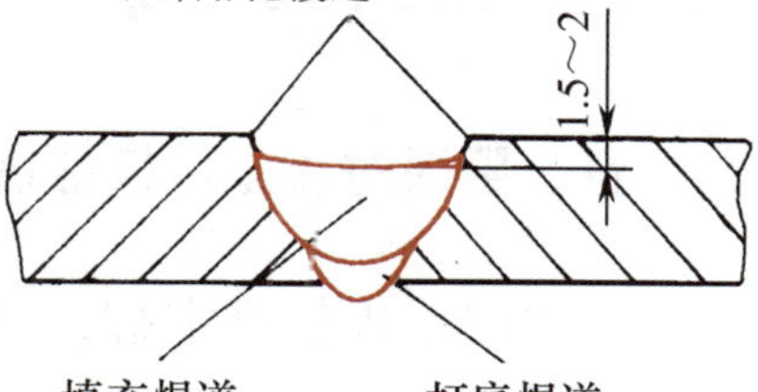

图 2-38　填充焊道

（5）盖面焊　调节好盖面层的焊接参数后，从右端开始焊接，需注意以下事项。

1）保持喷嘴高度，特别注意观察熔池边缘，熔池边缘必须超过坡口上表面棱边 0.5～1.5mm，并防止咬边。

2）焊枪横向摆动幅度比填充焊时稍大，尽量保持焊接速度均匀，使焊缝外形美观。

3）收弧时要特别注意，一定要填满弧坑并使弧坑尽量短，防止产生弧坑裂纹。

4. 清理现场

训练结束后，必须整理工具设备；关闭电源，清理打扫场地。做到“工完场清”，并由值日生或指导教师检查，做好记录。

5. 焊接时容易出现的缺陷及排除方法

焊接时容易出现的缺陷及排除方法见表 2-12。

表 2-12　焊接时容易出现的缺陷及排除方法

缺陷名称	产生原因	排除方法
气孔	（1）焊丝和焊件待焊表面有氧化物、油、锈等脏物 （2）焊丝含硅、锰量不足 （3）CO_2 气体流量低 （4）阀门冻结、喷嘴堵塞，影响 CO_2 气体流畅 （5）焊接场地有风 （6）CO_2 气体纯度低，水分量大 （7）气路有漏气的地方	（1）清理焊丝与焊件待焊表面的氧化物、油、锈 （2）选择硅、锰含量符合要求的焊丝 （3）检查流量低的原因 （4）预热阀门，解冻；清除喷嘴内堵塞物 （5）在避风处进行焊接 （6）提高 CO_2 气体纯度 （7）排除漏气的地方

（续）

缺陷名称	产生原因	排除方法
咬边	（1）电弧长度太长 （2）电流太小 （3）焊接速度过快 （4）焊枪位置不当	（1）保持合适的弧长不变 （2）调整电流大小 （3）保持焊接速度均匀 （4）保持焊枪位置始终对准待焊部位
飞溅	（1）熔滴短路过渡时，电感量过大或过小 （2）焊接电流与电压匹配不当 （3）焊丝与焊件清理不良	（1）选择合适的电感量 （2）调整电流、电压参数，使其匹配 （3）清理焊丝、焊件表面的油、锈及水分

五、平板对接立焊技能训练

立焊比平焊较难掌握，其原因如下：虽然熔池的下部有焊道依托，但熔池底部是个斜面，熔融金属在重力作用下容易下淌，因此很难保证焊道平整。为了防止熔融金属下淌，必须采用比平焊时稍小的焊接电流，焊枪的摆动频率稍快，采用锯齿形间距较小的方式进行焊接，使熔池小而薄。立焊盖面焊时，要防止焊道两侧咬边，中间下坠。

现以12mm板V形坡口对接立焊为例，讲解 CO_2 气体保护焊立焊操作技术。

1. 装配与定位焊

装配间隙及定位焊如图2-34所示，对接平板的反变形如图2-35所示。

2. 焊接参数（表2-13）

表2-13 平板对接立焊焊接参数

焊接层次	焊丝直径/mm	焊接电流/A	电弧电压/V	气体流量/(L/min)	焊丝的伸出长度/mm
打底焊	1.2	90~110	18~22	12~15	10
填充焊		130~150	20~22	15~20	10~15
盖面焊		130~150		15~20	

3. 焊接要点

（1）焊枪角度与焊法　采用向上立焊（由下往上焊），三层三道，平板对接立焊的焊枪角度如图2-39所示。

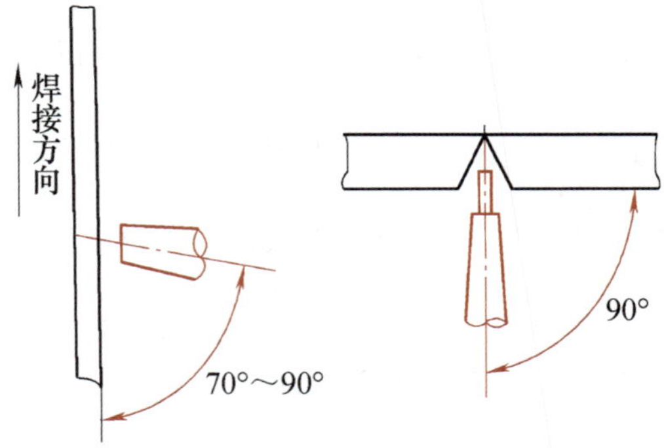

图2-39 平板对接立焊的焊枪角度

（2）焊件位置　焊前先检查焊件装配间隙及反变形是否合适，把焊件垂直固定好，间隙小的一端放在下面。

（3）打底焊　调节好打底焊焊接参数后，在焊件下端定位焊缝上引弧，使电弧沿焊缝中心做锯齿形横向摆动，当电弧超过定位焊缝并形成熔孔时，转入正常焊接。

注意焊枪横向摆动的方式必须正确，否则焊肉下坠，成形不好看。小间距锯齿形摆动或间距稍大的上凸的月牙形摆动，焊道成形较好；下凹的月牙形摆动，使焊道表面下坠，是不正确的，如图 2-40 所示。

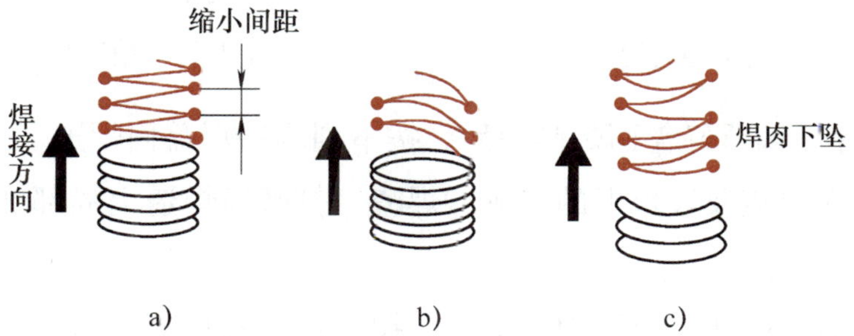

图 2-40　向上立焊焊枪摆动手法

a）小间距锯齿形摆动　b）上凸的月牙形摆动　c）下凹的月牙形摆动（不正确）

焊接过程中要注意熔池和熔孔的变化，熔池不能太大，左右摆动的电弧将坡口两侧根部击穿，每边熔化 0.5～1mm 即可，保持熔孔的尺寸大小一致，且向上移动间隙均匀，如图 2-41 所示。

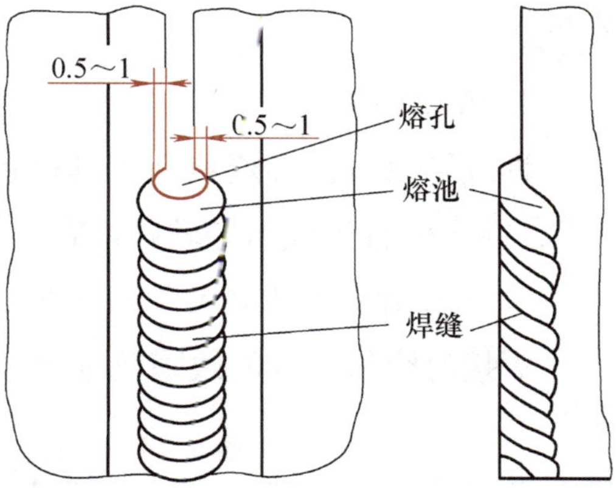

图 2-41　向上立焊的熔孔和熔池

若焊接过程中发生了断弧，则需将接头处打磨成斜面，打磨时要特别注意不能磨掉坡口的下边缘，以免局部间隙太宽，如图 2-42 所示。

焊到焊件最上方收弧时，待电弧熄灭、熔池完全凝固以后，才能移开焊枪，以防收弧区因保护不良产生气孔。

（4）填充焊　调节好填充焊参数后，自下向上焊填充焊缝，需注意以下事项。

1）焊前先清除打底焊道和坡口表面的飞溅和焊渣，并用角向磨光机将局部凸起的焊道磨平，如图 2-43 所示。

2）焊枪横向摆幅比打底层时稍大，电弧在坡口两侧稍停留，以保证焊道两侧熔合好。

3）填充焊道比焊件上表面低 1.5～2mm，不允许烧坏坡口的棱边。

图 2-42 立焊接头处打磨要求

图 2-43 填充焊前的修磨

（5）盖面焊 调节好盖面焊参数后，按下列顺序焊盖面焊道。

1）清理填充焊道及坡口上的飞溅、焊渣，打磨掉焊道上局部凸起过高部分的焊肉。

2）在焊件下端引弧，自下向上焊接，摆动幅度较填充层时稍大，当熔池两侧超过坡口边缘 0.5~1.5mm，匀速锯齿形上升。

3）焊到顶端收弧，待电弧熄灭、熔池凝固后，才能移开焊枪，以免局部产生气孔。

4. 清理现场

训练结束后，必须整理工具设备；关闭电源，清理打扫场地。做到“工完场清”，并由值日生或指导教师检查，做好记录。

5. 焊接时容易出现的缺陷及排除方法

焊接时容易出现的缺陷及排除方法见表 2-14。

表 2-14 焊接时容易出现的缺陷及排除方法

缺陷名称	产生原因	排除方法
气孔	同表 2-12	同表 2-12
咬边	（1）熔滴金属因自重下淌 （2）焊枪位置不当 （3）焊枪摆动速度不均匀	（1）借电弧吹力托住熔滴，防止熔滴下淌 （2）按给定的焊枪位置操作 （3）克服摆动不均匀现象
飞溅	同表 2-12	同表 2-12

六、平板对接横焊技能训练

横焊比较容易操作，因为熔池有下面的板托着，可以像平焊那样操作，但熔池是在垂直面上，焊道凝固时无法得到对称的表面，焊道表面不对称，最高点移向下方，如图 2-44 所示。

横焊过程中必须使熔池尽量小，使焊道表面尽可能对称，另外可用双道焊，调整焊道表面的形状，因此通常都采用多层多道焊。

横焊时由于焊道较多，角变形较大，而角变形的大小既与焊接参数有关，又与焊道层数及每层焊道数目、焊道间的间歇时间有关，通常熔池大，焊道间的间歇时间短、层间温度高时角变形大，反之角变形小。因此初学者应根据实习过程中的操作情况，摸索角变形的规律，提前留出反变形量，以防止焊后焊件角变形超差。

现以 12mm 板 V 形坡口对接横焊为例，讲解 CO_2 气体保护焊横焊操作技术。

1. 装配及定位焊

装配间隙及定位焊如图 2-34 所示。对接横焊的反变形如图 2-45 所示。

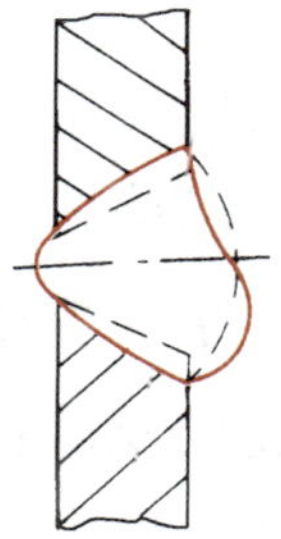

图 2-44 横焊缝表面不对称

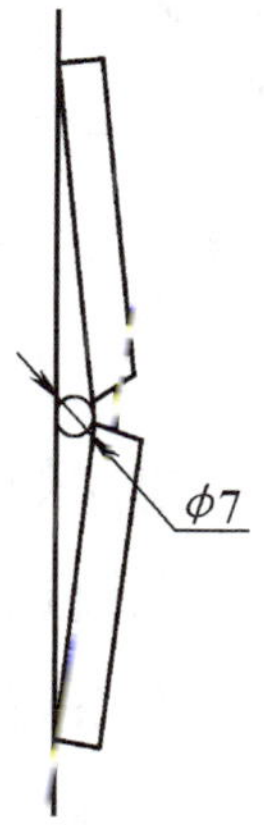

图 2-45 对接横焊的反变形

2. 焊接参数（表 2-15）

表 2-15 平板对接横焊焊接参数

焊接层次	焊丝直径/mm	焊接电流/A	电弧电压/V	气体流量/(L/min)	焊丝的伸出长度/mm
打底焊（1）	1.2	90~100	18~20	10~12	10~15
填充焊（2、3）		110~120	20~22	10~12	15~20
				15~20	
盖面焊（4、5、6）		130~150	22~24	15~20	

3. 焊接要点

（1）焊枪角度与焊法　采用左向法焊接，三层六道，按 1→6 顺序焊接，焊道分布如图 2-46 所示。

(2) 焊件位置 焊前先检查焊件装配间隙及反变形是否合适，将焊件垂直固定好，焊缝处于水平位置，间隙小的一端放在右侧。

(3) 打底焊 调节好打底焊的焊接参数后，按图 2-47 所示要求保持焊枪角度，从右向左焊打底焊道。

图 2-46 焊道分布

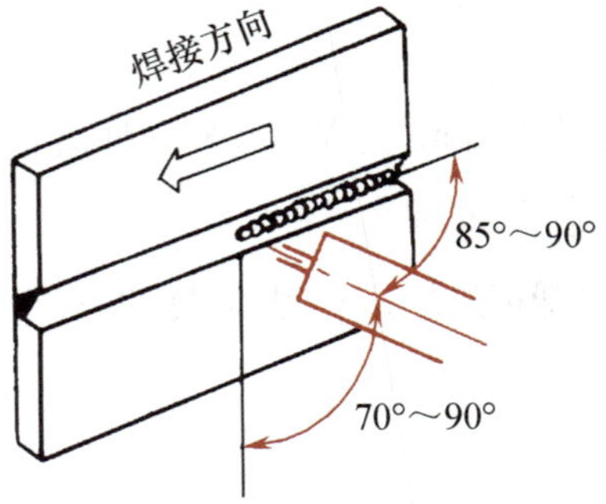

图 2-47 横焊打底焊枪的角度

视频 12
CO_2 焊横焊

在焊件右端定位焊缝上引弧，以锯齿形小幅度摆动，自右向左焊接，当预焊点左侧形成熔孔后，保持熔孔边缘超过坡口下棱边 0.5～1mm 较合适，如图 2-48 所示。焊接过程中要仔细观察熔池和熔孔，根据间隙调整焊接速度及焊枪摆动幅度，尽可能维持熔孔直径不变，焊至左端收弧。如果打底焊过程中电弧中断，应按下述步骤接头。

1) 将接头处焊道打磨成斜坡状，如图 2-49 所示。

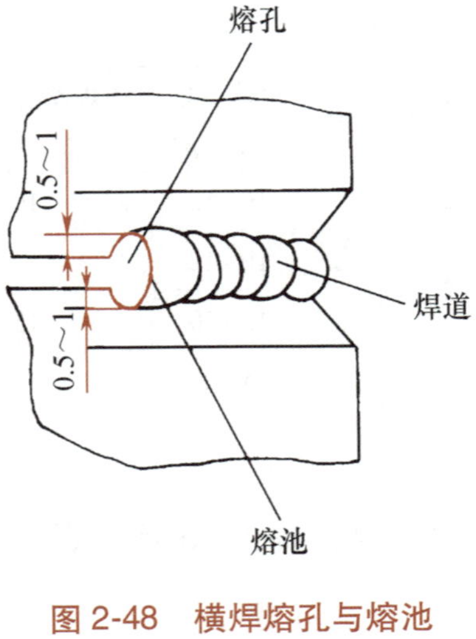

图 2-48 横焊熔孔与熔池

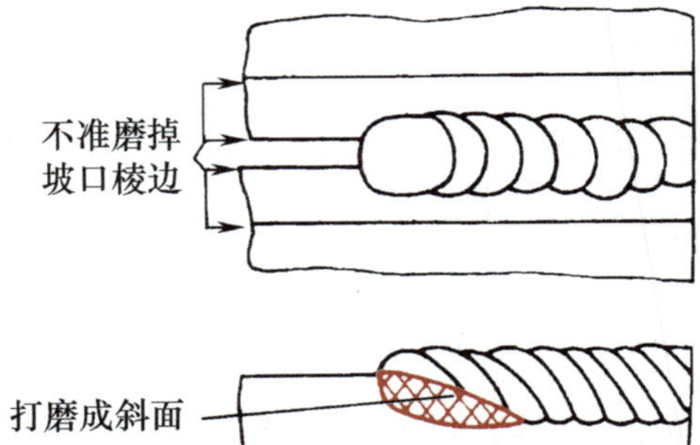

图 2-49 接头处打磨要求示意图

2）在打磨处的焊道最高处引弧，并做锯齿形小幅度摆动，当接头区前端形成熔孔后，继续焊完打底焊道。

焊完打底焊道后除净飞溅及打底焊道表面的焊渣，然后用角向磨光机将局部凸起的焊道磨平。

（4）填充焊　调节好填充焊的焊接参数后，要求调整焊枪的俯仰角及电弧瞄准方向，焊接填充焊道 2~3，如图 2-50 所示。

1）焊填充焊道 2 时，焊枪呈 0°~10°俯角，电弧以打底焊道的下边缘为中心做横向摆动，保证下坡口熔合好。

2）焊填充焊道 3 时，焊枪呈 0°~10°仰角，电弧以打底焊道上缘为中心，在焊道 2 和坡口上表面间摆动，保证熔合好。

3）清除填充焊道表面的焊渣和飞溅，并用角向磨光机打磨局部凸起处。

（5）盖面焊　清理填充层焊道的焊渣，焊接接头过高的地方打磨平整；调整好盖面焊的焊接参数。焊接盖面层时和填充层操作手法相似。由下向上一道一道采用直线形运条方式，后焊道盖住前焊道的 1/2 或 2/3 以上，焊枪角度如图 2-51 所示。焊接时要保证熔池边缘的直线度。

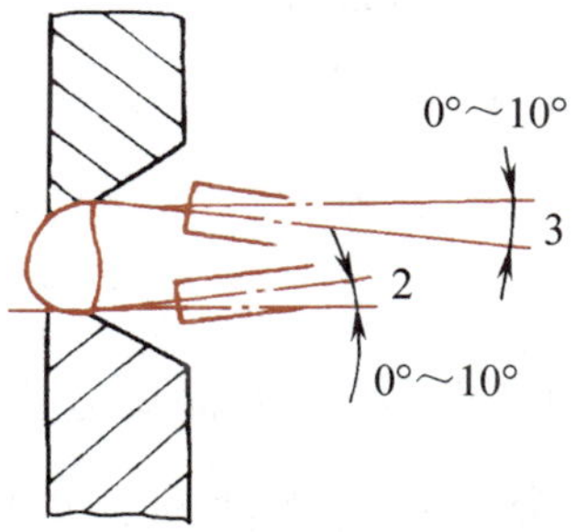

图 2-50　填充焊焊枪对中位置及角度

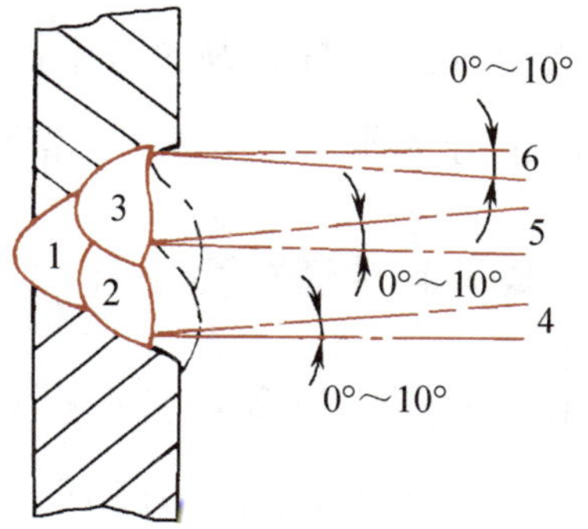

图 2-51　盖面焊焊枪对中位置及角度

4. 清理现场

训练结束后，必须整理工具设备；关闭电源，清理打扫场地。做到“工完场清”，并由值日生或指导教师检查，做好记录。

5. 焊接时容易出现的缺陷及排除方法

焊接时容易出现的缺陷及排除方法见表 2-16。

表 2-16　焊接时容易出现的缺陷及排除方法

缺陷名称	产生原因	排除方法
气孔	同表 2-12	同表 2-12

（续）

缺陷名称	产生原因	排除方法
飞溅	同表 2-12	同表 2-12
熔池金属下坠	（1）焊枪角度不对 （2）焊接电流大 （3）焊接速度慢 （4）非短路过渡 （5）焊丝直径粗 （6）焊枪未做前后往复摆动	（1）按正确焊枪角度操作 （2）减小电流 （3）适当加快焊接速度 （4）采用短路过渡焊接 （5）采用细焊丝焊接 （6）焊枪做小幅度前后往复摆动，以降低熔池温度

第六节　无衬垫板的半自动 CO_2 气体保护焊单面焊技能训练

在有些焊接结构中，焊工只能在正面进行焊接，而无法到达反面去焊接，最典型的是管子的焊接，这就要求焊工进行单面焊，焊缝背面也成形，即单面焊双面成形。无衬垫板对接半自动 CO_2 气体保护焊单面焊已得到推广，这可以免去碳弧气刨清根及封底焊，从而提高焊接生产率。无衬垫板对接半自动 CO_2 气体保护焊单面焊也分为平、立、横等焊接位置，本节只介绍平焊。

一、熔孔和焊道背面成形

焊道背面成形过程：被电弧熔化的熔融金属由于重力下垂而露出焊件背面，后又借熔池背面的表面张力和重力平衡，支承熔融金属不向下滴落，如图 2-52 所示，从而获得背面成形。

打底焊时要获得良好的背面成形，熔池需要形成一个熔孔，所谓熔孔就是在电弧的高热和吹力的作用下，坡口根部被熔化并击穿形成一个比间隙略大的孔，如图 2-53 所示。熔孔的出现，一则说明坡口根部已焊透，二则显示了焊道外形相应的熔宽（焊道背面的熔宽小于正面的熔宽）。熔孔的大小对焊道背面的成形有较大的影响。如果熔孔过大，易产生焊道背面的余高过大，还可能产生焊瘤；如果没有熔孔，易产生未焊透缺陷。影响熔孔的因素有焊件的装配间隙与钝边的大小、焊接电流、焊接速度、焊丝摆动幅度及焊丝在熔池中的位置等。焊接过程中尽可能地维持熔孔的尺寸不变，这样就能保证焊道背面的成形平直均匀。

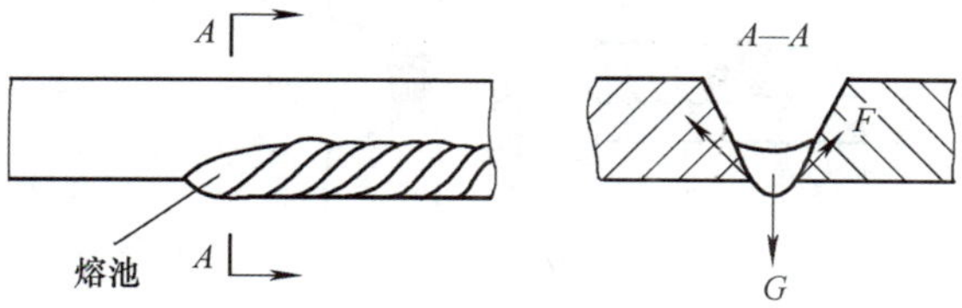

图 2-52　单面焊双面成形原理

G—重力　F—液体表面张力

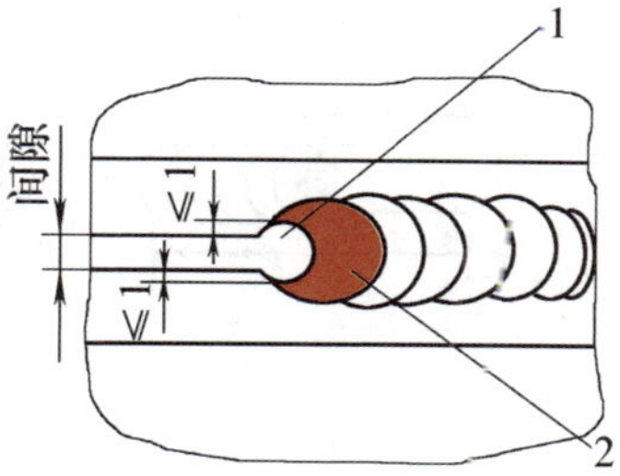

图 2-53　熔孔、熔池及间隙

1—熔孔　2—熔池

二、打底层焊道

1. 采用左向法

CO_2 气体保护焊单面焊双面成形要求熔池出现熔孔，为了能仔细观察熔孔，必须采用左向法。

2. 引弧

引弧前必须将焊丝的球头剪去，调整好焊丝的伸出长度，采用回抽法引弧。引弧时要稍用力下压焊枪，以防止焊枪抬起太高，电弧过长而熄弧。

3. 焊丝小幅度摆动

采用直线形运丝是很难保证坡口根部焊透的，焊丝小幅度摆动能形成较多的熔融金属，实现下垂以保证背面成形。

4. 焊丝在熔池中的位置

这是保证单面焊双面成形的关键，焊丝在熔池中的位置直接影响着焊道的成形。焊丝应处在熔池的前区域，熔池呈月牙形，如图 2-54a 所示；如果焊丝处在熔池的后区域，则熔池呈椭圆形，没有熔孔，背面就会出现内凹缺陷，如图 2-54b 所示。要防止焊丝的位置过于前移而引起焊丝穿出熔池现象；焊丝向后移，将使熔孔缩小。通过调整焊丝在熔池中的前后位置，可调整熔孔的大小。焊接过程中要求维持熔孔尺寸不变。

5. 焊丝摆动到坡口两侧稍作停留

焊丝除了需要摆动外，还要求摆动到坡口两侧稍作停留，以便给予两侧较多的热量，从而保证两侧焊透。停留使焊道正面的熔融金属形成凹形，避免形成凸形焊道，如图 2-55a 所示。如果打底层焊道形成凸形焊道，如图 2-55b 所示，将会使第二层焊道产生未熔合、夹渣等缺陷。

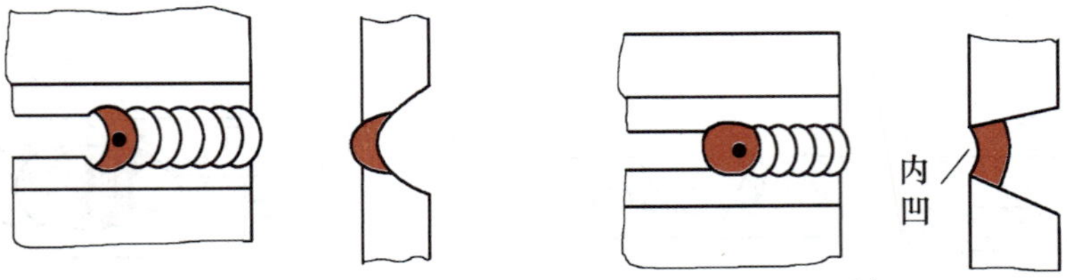

图 2-54 熔池的形状和背面成形

a) 月牙形熔池 b) 椭圆形熔池

6. 打底层焊道厚度不超过 4mm

如果打底层焊道厚度过大，需要熔化坡口两侧金属的量也多，而 CO_2 气体保护焊的热量少，难以使坡口两侧良好地熔合，很容易产生未焊透缺陷。通常打底层焊道的厚度控制在 3mm 左右。控制喷嘴的高度，使电弧离坡口底部 2～3mm 处燃烧，配以适当的横向摆动和焊接速度可以达到焊透的要求。

图 2-55 打底层焊道的外形

a) 良好的 b) 不良的

7. 合理的焊接参数

CO_2 气体保护焊单面焊双面成形打底焊道的焊接参数应是偏小的，这是为了防止烧穿。CO_2 气体保护焊单面焊双面成形打底焊道的焊接参数见表 2-17。

表 2-17 CO_2 气体保护焊单面焊双面成形打底焊道的焊接参数

板厚 /mm	焊丝直径 /mm	焊接电流 /A	电弧电压 /V	焊丝的伸出长度/mm	气体流量 /(L/min)
2	0.8	60～70	17～19	10～15	8～10
6	0.8	70～80	17～20	10～15	8～10
12	1.0	90～95	18～21	15～20	10～12
	1.2	90～110	19～21	15～20	10～15

8. 连接焊道的弧坑应打磨

在焊接过程中，如果因各种原因需要中断焊接时，则必须把弧坑打磨成斜坡，斜坡角度要小些，斜坡末端要薄，以利于焊缝的连接，避免焊缝接头处过高的缺陷。

三、填充层焊道

焊前先清理打底层的焊渣，并检查打底层焊道的余高，如果焊道高凸，则可用砂轮磨平。然后调整好焊接参数，填充层焊道的焊接参数应大于打底层的相应参数。

焊丝应做锯齿形摆动，摆动幅度是以前焊道的熔宽为准，并在坡口两侧要稍作停留，使熔合良好。要注意不使填充层焊道凸起太高，以避免造成两侧死角而产生夹渣和未熔合缺陷。

填充层焊道的层数视板厚而定，通常在焊盖面层焊道前，要使填充层焊道表面和钢板表面距离约为1.5~2mm，并注意不把坡口的边缘棱边熔化掉。

四、盖面层焊道

焊前先清理焊渣，并检查填充层焊道的宽度和厚度，如发现局部过小，可焊上相应尺寸短焊道；如发现局部过高，可用砂轮磨平。

焊盖面层焊道时，焊丝应做锯齿形或月牙形摆动，当焊丝运动到坡口两侧边缘处应稍作停留，以防止产生咬边缺陷。

第七节 陶质衬垫半自动 CO_2 气体保护焊单面焊双面成形技能训练

将陶质衬垫贴在焊件坡口的背面，正面进行半自动 CO_2 气体保护焊，借助于衬垫的承托作用，建立反面焊道成形，完成单面焊双面成形，这就是陶质衬垫半自动 CO_2 气体保护焊单面焊双面成形技术。陶质衬垫半自动 CO_2 气体保护焊单面焊双面成形技术具有以下特点：①将仰焊改为平焊，且不需要碳弧气刨清根，提高了焊接生产率；②可避免进入狭小和难以工作的场所进行焊接，改善了劳动条件；③陶质衬垫装拆方便，不需要支承，辅助时间少；④焊件装配间隙尺寸范围宽，装配要求低；⑤焊缝背面成形良好；⑥和无衬垫单面焊双面成形相比，焊工更容易掌握这种操作技术。

一、焊前准备

1. 坡口尺寸

陶质衬垫半自动 CO_2 气体保护焊单面焊双面成形技术通常采用V形坡口，坡口细节如图2-56所示。

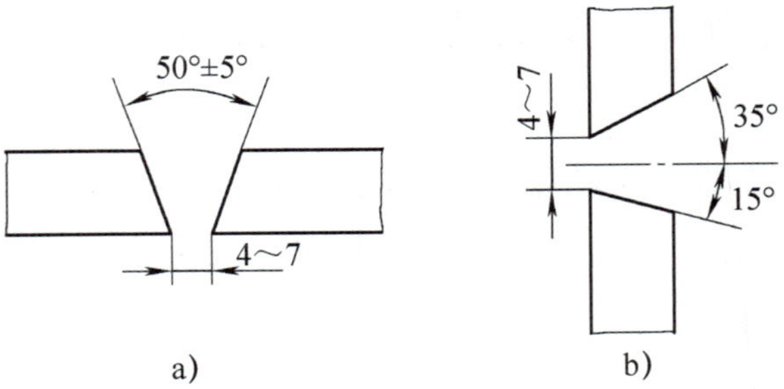

图 2-56 陶质衬垫半自动 CO_2 气体保护焊单面焊双面成形技术的坡口细节

a）平焊、立焊 b）横焊

2. 坡口的清理和焊件的定位

焊前将坡口及坡口两侧正面和背面各20mm范围内的油污、铁锈和氧化物清理干净，同时还必须对背面进行平整清理，以保证陶质衬垫能紧紧地贴在焊件的背面上。

陶质衬垫半自动 CO_2 气体保护焊单面焊双面成形技术不宜在坡口内焊上许多定位焊缝，可以用装配“马板”使焊件固定。两“马板”之间距离以250mm为宜，距离太长对抑制变形不利，距离太短增加了拆卸“马板”的工作量。

3. 粘贴衬垫

先撕去铝箔上的防粘纸，以衬垫块的红色中线对准焊缝中心。接着将铝箔贴上焊件背面，并一定要把铝箔捋平，保证衬垫块紧贴在焊件的背面。

二、陶质衬垫半自动 CO_2 气体保护焊单面焊双面成形操作技术

陶质衬垫半自动 CO_2 气体保护焊单面焊双面成形操作的关键问题是打底层焊道，除了要求合理的坡口和紧贴衬垫外，还应重视以下几个问题。

1. 采用左向法

焊工能清楚地观察熔池和焊道根部成形，这是保证焊道背面良好成形的必要条件。

2. 打底层焊道

焊打底层焊道时，焊道宜薄不宜厚，否则熔渣过多反而使焊道背面成形不美观。

3. 焊枪的摆动

焊枪的摆动也就是焊丝的运动，主要掌握三个要素。

1）宜在坡口内做小幅度横向摆动，不宜用直线形运丝，因为直线形运丝易使

焊道呈凸形，两侧不易焊透。

2）焊丝在两侧稍作停留，以保证根部两侧焊透，并使焊道背面成形良好。

3）运丝时电弧斑点应始终处于熔池前半区域的位置。

4. 焊接参数

通常陶质衬垫半自动 CO_2 气体保护焊单面焊双面成形选用的焊接电流和电弧电压不宜过小，电流和电压选定后，焊接时要根据间隙和衬垫熔化情况来调整焊接速度。在板厚一定的条件下，间隙小时焊接速度要快，但焊接速度过快会使焊丝触到衬垫，导致熄弧现象。根据间隙的大小调整焊接速度，但又要照顾焊道宽度尽可能地均匀。表 2-18 列出了陶质衬垫半自动 CO_2 气体保护焊单面焊双面成形的焊接参数。

表 2-18 陶质衬垫半自动 CO_2 气体保护焊单面焊双面成形的焊接参数

<table>
<tr><th>焊道位置</th><th>焊道</th><th>焊丝直径/mm</th><th>焊接电流/A</th><th>电弧电压/V</th><th>气体流量/(L/min)</th></tr>
<tr><td rowspan="3">平</td><td>打底层</td><td rowspan="9">1.2</td><td>180~200</td><td>23~26</td><td rowspan="9">15~20</td></tr>
<tr><td>填充层</td><td rowspan="2">250~300</td><td rowspan="2">25~30</td></tr>
<tr><td>盖面层</td></tr>
<tr><td rowspan="3">立</td><td>打底层</td><td>130~150</td><td>20~24</td></tr>
<tr><td>填充层</td><td rowspan="2">150~180</td><td rowspan="2">22~26</td></tr>
<tr><td>盖面层</td></tr>
<tr><td rowspan="3">横</td><td>打底层</td><td>180~200</td><td>22~26</td></tr>
<tr><td>填充层</td><td>200~220</td><td>26~28</td></tr>
<tr><td>盖面层</td><td>150~180</td><td>22~26</td></tr>
</table>

5. 收弧

打底层焊道收弧时易产生收弧缩孔，缩孔总是位于收弧处弧坑背面的中央，缩孔的周围不整齐，孔内往往带有夹渣。产生缩孔的主要原因是陶质衬垫的导热性远低于焊件，收弧熔池上部熔融金属因散热快而先凝固，熔池下部凝固速度慢。熔池下部凝固引起的收缩，没有别的铁液能给予补缩，于是熔池下部（弧坑背面）形成了缩孔。

防止收弧缩孔的措施如下。

1）采用引出板，在焊缝末端安置引出板，将收弧弧坑安排在引出板上，避免了缩孔缺陷。

2）打底层宜薄不宜厚，如焊道过厚，熔池冷却时上部和下部的温度差更大，更容易产生缩孔。

3）不宜用大的热输入进行焊接，大的热输入焊接时形成的熔融金属量大，容易产生缩孔缺陷。

4）减薄收弧处，收弧时将焊道厚度逐渐减薄，可减小产生缩孔倾向。

5）采用收弧控制，收弧时电流减小，使熔池热量降低，冷却快，不易产生缩孔。

6. 焊填充层和盖面层的方法与无衬热垫板的半自动 CO_2 焊单面焊双面成形填充层和盖面层的方法相同

第八节 水平固定管子的 CO_2 气体保护焊对接技能训练

在船舶、锅炉、化工设备等制造及维修工作中，管子对接占有一定的比重，有许多水管、油管、蒸气管等需要焊接。对管子焊接的要求首先是保证焊缝的致密性，即保证管子在工作压力下不渗漏；其次对焊缝背面不允许存在烧穿和漏渣。烧穿所引起的金属流垂，凸出在管子内壁，将影响到液体或气体的流速。

水平固定管子对接是全位置单面焊，通常是在无法进行转动焊接情况下采用的一种焊接方式。管子对接主要是保证根部焊透且不烧穿，外观成形良好，致密性符合要求。

一、焊前准备

管子壁厚大于等于5mm时，开V形坡口，坡口角度为50°±2°，钝边为0.5~1mm，装配间隙为2~2.5mm，管子的轴线应对直，两轴线偏差（同轴度）小于等于0.5mm。图2-57所示为水平固定管子对接的坡口尺寸和装配要求。定位焊前将坡口及坡口两侧各20mm范围内清理干净。通常采用三点定位焊，位置在时钟3、9、12点位置（以时钟为参照）左右，定位焊要求是焊透根部，反面成形良好。不宜在时钟6点定位焊，因为时钟6点是起始焊点。管径小于76mm的也可两点定位焊，定位焊缝长度为10~20mm，对定位焊缝要仔细检查，发现缺陷应铲除重焊。焊打底层之前，应将定位焊缝用砂轮将两端磨成斜坡。管子对接的定位，也可不用定位焊，而用装配“马板”焊在管子接缝两侧，如图 2-58 所示，这样可以避开了定位焊缝易引起的缺陷。

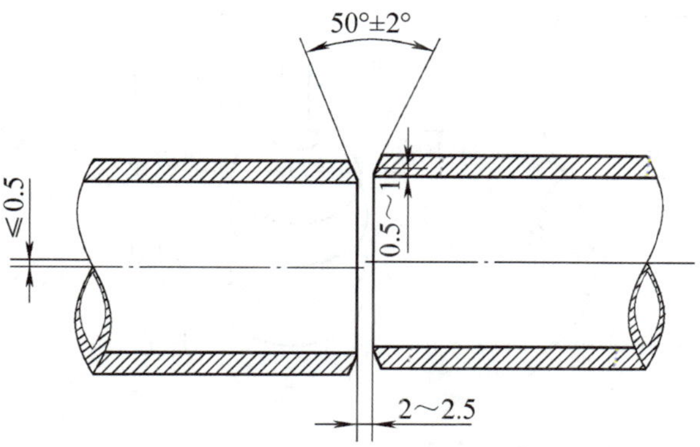

图 2-57　水平固定管子对接的坡口尺寸和装配要求

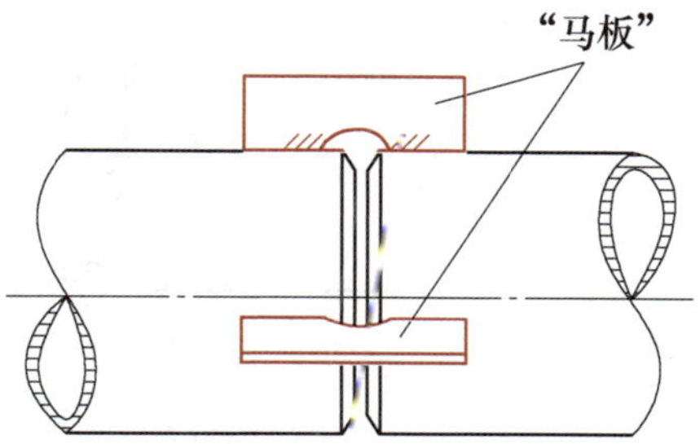

图 2-58　用装配“马板”对管子定位

二、焊打底层

采用分两半圈焊接，自下而上单面焊双面成形。打底层焊丝在各时钟位置时，焊丝向焊接方向倾斜的角度是在不断变化的，如图 2-59 所示。

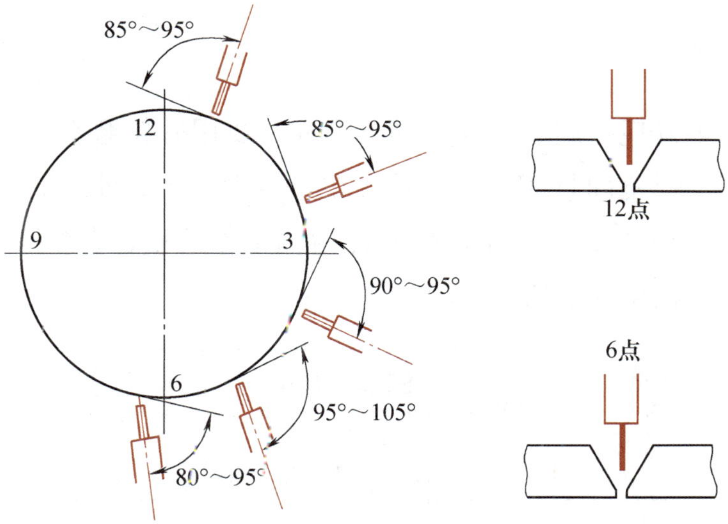

图 2-59　水平固定对接焊丝的位置

在 6 点过约 10mm 处引弧开始焊接，焊枪做小幅度锯齿形摆动，如图 2-60 所示，幅度不宜过大，只要看到坡口两侧母材金属熔化即可，焊丝摆动到两侧稍作停留。为了避免穿丝（焊丝穿出熔池）和未焊透，焊丝不能离开熔池，焊丝宜在熔池前半区域约 $l/3$ 处（如图 2-60 所示，l 为熔池长度）横向摆动，逐渐上升。焊枪前进的速度要视焊接位置而变，在立焊时，要使熔池有较多的冷却时间，避免产生焊瘤。要控制熔孔尺寸均匀，又要避免熔池脱节现象。焊至时钟 12 点处收弧，相当于平焊收弧。

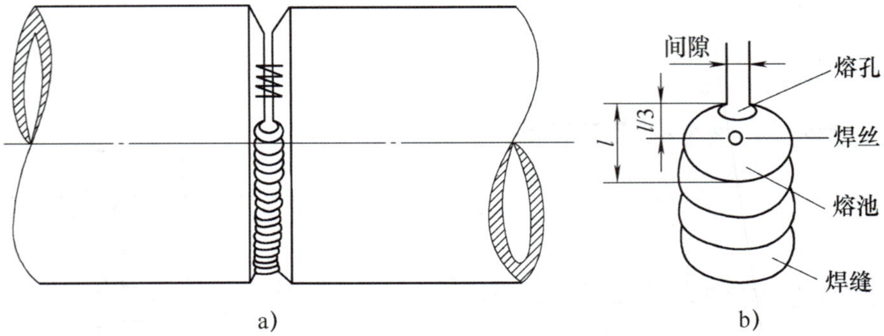

图 2-60 水平固定管子对接的打底层焊接

焊后半圈前，先将时钟 6 点和时钟 12 点处焊缝始末端磨成斜坡状，长度为 10~20mm。在打磨区中过时钟 6 点处引弧，引弧后拉回到打磨区端部开始焊接，按照打磨区的形状摆动焊枪，焊接到打磨区极限位置时听到“噗”的击穿声后，即背面成形良好，接着像焊前半圈一样，焊接后半圈，直到焊至距时钟 12 点 10mm 时，焊丝改用直线形或极小幅度锯齿形摆动，焊过打磨区收弧。

三、焊填充层

焊填充层前如发现打底层焊缝有局部凸起，要用砂轮磨平，防止坡口两侧未熔合。焊填充层的焊枪同打底层，焊丝宜在熔池中央 1/2 处左右摆动。采用锯齿形或月牙形摆动，如图 2-61 所示。焊丝在两侧稍作停留，在中央部位速度略快，摆动的幅度要参照前层焊缝的宽度。

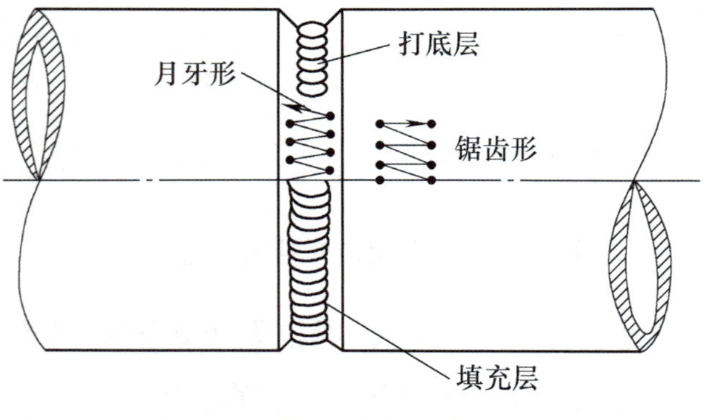

图 2-61 水平固定管子对接时填充层焊丝的摆动

焊填充层后半圈前，必须把前半圈焊缝的始、末端打磨成斜坡形，尤其是时钟 6 点处更应注意。焊后半圈方法基本上同前半圈，主要是对始、末端要求成形良好。焊填充层后，焊缝厚度达到距管子表面 1~2mm，且不能将管子坡口面边缘棱边熔化。如发现局部高低不平，则应填平磨齐。

四、焊盖面层

焊盖面层焊丝应做锯齿形或月牙形摆动，摆动幅度要参照坡口宽度，并在两侧稍作停留，中间略快摆动焊枪，防止咬边，力求焊缝外观美观。

当管壁较厚、坡口上部较宽时，盖面层宜用三道焊成，第一、二焊道安置在两侧，第三焊道位居中央。

水平固定管子 CO_2 气体保护焊对接的焊接参数见表 2-19。管子全位置焊接参数通常限立焊的上限、平焊的下限，两者兼顾。

表 2-19 水平固定管子 CO_2 气体保护焊对接的焊接参数

层次	焊丝直径 /mm	焊接电流 /A	电弧电压 /V	焊丝的伸出长度 /mm	气体流量 /(L/min)
打底层	1.2	100~120	18~20	10~15	13~16
填充层		120~140	19~22		15~18
盖面层		120~130	18~22		15~18

五、水平固定管子对接焊缝容易产生的缺陷及防止措施

水平固定管子对接焊缝容易产生的缺陷及防止措施见表 2-20。

表 2-20 水平固定管子对接焊缝容易产生的缺陷及防止措施

缺陷名称	防止措施
未熔合及未焊透	增大焊接电流，减慢焊接速度
	增加焊缝宽度
	焊丝在坡口两侧做适当停留
	正确的焊枪操作
焊缝中间凸起	焊丝在坡口两侧做适当停留
	增大焊接电流，同时升高电弧电压
	焊丝的伸出长度加大
焊缝接头偏高	焊前用砂轮将接头处打磨成斜坡状
	采用合理的引弧和收弧方法

（续）

缺陷名称	防止措施
焊打底层穿丝	正确控制焊丝在熔池中的位置
打底层收弧处产生缩孔	收弧时回焊，增加收弧处焊缝厚度
	将弧坑引向坡口侧面
	采用收弧控制装置，减小电流收弧
焊缝成形不良	调整焊接参数，使电流、电压和气体流量匹配
	正确的操作方法
	合理的焊道安排
盖面层咬边	调整焊接参数
	增大焊缝的宽度
	增加焊丝在坡口两侧停留时间

榜样的力量

大国工匠：高凤林

高凤林，中共党员，特级技师。1980年参加工作，从事火箭发动机焊接工作至今，攻克了一系列火箭发动机焊接技术世界级难关，为北斗导航、嫦娥探月、载人航天、国防建设等国家重点工程的顺利实施以及长征五号新一代运载火箭研制做出了突出贡献。先后荣获国家科技进步二等奖、部科技进步一等奖、全军科技进步二等奖等科技进步奖30多项。荣获全国十大能工巧匠、中华技能大奖、全国技术能手、中国高技能人才十大楷模、全国青年岗位能手、中央国家机关“十杰青年”、首次月球探测工程突出贡献者、全国五一劳动奖章，2009年获国务院特殊津贴，2013年荣获全国高端技能型人才培养实践教学二等奖，2014年荣获德国纽伦堡国际发明展三项金奖；2015年被评为全国劳动模范、全国职工职业道德标兵，2016年被评为全国十大最美职工，并荣获中国质量奖政府最高奖唯一个人奖；2017年获全国道德模范、北京榜样十大年度人物、

2018 年大国工匠年度人物、2019 年最美奋斗者等荣誉，共计近百项。

他热爱航天、勤奋实践、立足本岗、刻苦钻研，在焊接方面怀揣超人的独特技能，是理论与实践实现最佳结合的典范。在型号生产的新材料、新工艺、新结构、新方法等大型攻关项目，特别是在新型大推力氢氧发动机的研制生产、科技攻关中，他多次想人所未想，做人所未做，以非凡的胆识、严谨的推理、娴熟的技艺攻克难关，并结合自己对焊接过程的特殊感悟，深刻理解，灵活而又创造性地将所学知识运用于自动化生产、智能控制等柔性加工中，为国防和航天科技现代化、型号的更新换代做出了杰出贡献，给企业带来巨大效益，多次受到党和国家领导人的亲切接见。

高凤林同志现任中国科学技术协会委员、中国发明协会常务理事、中国职工焊接协会常务理事、全国职业教育教材专家审定委员会委员、全国材料专业协会委员会委员、中国再制造联盟委员、中央电视台财经频道《中国大能手》评审专家、中国国防邮电职工技术协会副理事长、中国国防邮电工会常委、中华全国总工会副主席（兼职）等职务。著书三部，发表论文 43 篇，发明专利 26 项。

第三章

手工钨极氩弧焊

钨极惰性气体保护焊是用高熔点的纯钨或钨合金作为电极，用惰性气体（氩气、氦气）或其混合气体作为保护气体的一种非熔化极电弧焊方法。通常把用氩气作为保护气的钨极惰性气体保护焊称为钨极氩弧焊，简称为 TIG 焊。

第一节 概 述

一、钨极氩弧焊的基本原理

钨极氩弧焊是在氩气及其混合气体的保护下，利用钨极和焊件之间产生的焊接电弧熔化母材及焊丝的一种非熔化极焊接方法。焊接时，保护气体从焊枪的喷嘴中喷出，把电弧周围一定范围内的空气排出焊接区，从而为形成优质的焊接接头提供了保障，如图 3-1 所示。焊丝可以填加或不填加，若填加焊丝，一般从电弧的前端加入或直接预置在接头的间隙中。

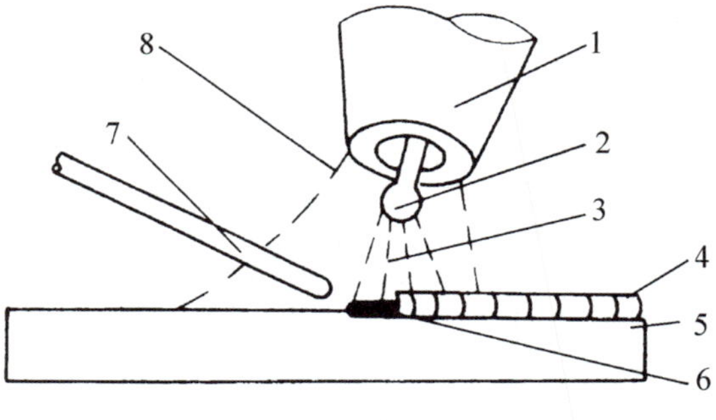

图 3-1 钨极氩弧焊原理示意图

1—喷嘴 2—钨极 3—电弧 4—焊缝 5—焊件 6—熔池 7—焊丝 8—氩气

二、钨极氩弧焊的分类及特点

1. 钨极氩弧焊的分类

（1）按操作方式 钨极氩弧焊分为手工钨极氩弧焊和自动钨极氩弧焊。手工钨极氩弧焊焊接时，焊丝的填加和焊枪的运动完全是靠手工操作来完成的；自动钨极氩弧焊的焊枪运动和焊丝填充是由传动机构带动焊枪行走，送丝机构自动送丝。在实际生产中，手工钨极氩弧焊应用最广泛。

（2）按电流种类　钨极氩弧焊分为直流钨极氩弧焊、交流钨极氩弧焊和脉冲钨极氩弧焊。一般情况下，直流用于焊接除铝、镁及其合金以外的各种金属材料；交流又分为正弦波交流、矩形波交流等，用于焊接铝、镁及其合金；脉冲用于焊接对热敏感较大的金属材料和薄板以及全位置焊等。

2. 钨极氩弧焊的特点

与焊条电弧焊相比，它主要有以下优点。

1）由于氩气是惰性单原子气体，高温下不分解，与焊缝金属不发生化学反应，不溶解于液态金属，故保护效果最佳；导电能力差以及氩气气流所产生的压缩效应和冷却效应的作用，使电弧热量集中，温度高，一般弧柱温度为5727~7727℃。

2）由于弧柱热量集中，从喷嘴中喷出的氩气有冷却作用，因此焊缝热影响区窄，焊接变形小。

3）用氩气保护无熔渣，提高了工作效率而且焊缝成形美观、质量好。

4）钨极氩弧焊是明弧操作，熔池可见性好，便于观察和操作，技术容易掌握。

5）适合各种位置焊接，容易实现机械化。

6）除钢铁金属外，可用于焊接不锈钢、铝、铜等非铁金属及其合金。

钨极氩弧焊的缺点如下。

1）成本高。无论氩气还是所用设备成本都高，因此钨极氩弧焊目前主要用于打底焊及非铁金属的焊接。

2）氩气电离势高，引弧困难，需要采用高频引弧及稳弧装置等。

3）安全防护问题。钨极氩弧焊产生的紫外线强度是焊条电弧焊的5~30倍。在紫外线照射下，空气中的氧产生臭氧，对操作者危害大。另外，钨极氩弧焊若使用有放射性的钨极时，对操作者也有一定的危害。目前推广使用的铈钨极对操作者的危害较小。

第二节　焊 接 材 料

一、焊丝

为了保证焊缝质量，对钨极氩弧焊所用的焊丝要求是很高的，因为在钨极氩弧焊时，氩气仅起保护作用，主要靠焊丝熔化来完成合金化，以保证焊缝质量。

1. 焊丝的作用及要求

（1）焊丝的作用 手工钨极氩弧焊时，焊丝熔化作为填充金属与熔化的母材混合形成焊缝。

（2）对焊丝的要求

1）焊丝的化学成分应与母材的化学成分相匹配，而且要严格控制其化学成分、纯度和质量。

2）为了补偿电弧燃烧过程中化学成分的损失，焊丝的主要合金成分应比母材稍高。

3）焊丝应符合国家标准并有厂家的质量合格证书。

4）手工钨极氩弧焊用焊丝，一般为每根长500~1000mm的直丝。

5）焊丝直径范围为0.4~9mm。

2. 焊丝牌号

（1）焊丝的分类 钨极氩弧焊所用的焊丝主要分为钢焊丝和非铁金属焊丝两大类。

1）钢焊丝。钨极氩弧焊所用的焊丝应尽量选用专用焊丝，以减少主要化学成分的变化，保证焊缝金属的力学性能和熔池液态金属的流动性，获得良好的焊缝成形，避免产生裂纹等缺陷。

2）非铁金属焊丝。焊接铝、镁、铜、钛及其合金时，一般均采用与母材化学成分相当的填充金属作为焊丝。如一时找不到合适的焊丝，可用与母材化学成分相同的薄板剪成小条当焊丝用。

（2）焊丝牌号的编制方法

1）碳素结构钢和合金结构钢焊丝

①牌号前的H表示焊接用钢丝。

②紧跟着的两位数字表示其含碳量（质量分数），单位是万分之一，如“08”表示该焊丝的平均含碳量（质量分数）为0.08%左右。

③焊丝中化学元素采用化学符号表示，如Si、Mn、Cr等。

④焊丝主要合金元素，除个别微量合金元素外，均为质量分数，当含量（质量分数）小于1%时，钢焊丝牌号中一般只标元素符号不标含量。

⑤高级优质焊丝在牌号后加E；优质焊丝在牌号后加A。

2）不锈钢焊丝

①焊丝中含碳量（质量分数）以千分之几表示，如“H1Cr17”焊丝的含碳量

（质量分数）为0.1%。

②焊丝中含碳量（质量分数）不大于0.03%或不大于0.08%时，H后分别以00或0表示超低碳焊丝或低碳不锈钢焊丝，如H00Cr19Ni12Mo2、H0Cr20Ni等。

③其余各项表示方法同碳素结构钢和合金结构钢焊丝。

3. 焊丝的使用

焊丝使用时应注意以下事项。

（1）焊丝应符合国家标准　氩弧焊所用的焊丝应符合国家标准规定。焊接铝及铝合金的焊丝应符合GB/T 10858—2008《铝及铝合金焊丝》的规定；焊接不锈钢的焊丝用钛来控制气孔，用锰、铌或其组合来控制裂纹，应符合YB/T 5092—2016《焊接用不锈钢丝》的规定；焊接铜及铜合金的焊丝应符合GB/T 9460—2008《铜及铜合金焊丝》的规定。

（2）焊丝的化学成分应与母材的化学成分相接近　氩弧焊所用的焊丝一般与母材的化学成分相近，不过从耐蚀性、强度及表面形状考虑，焊丝的成分也可与母材不同；异种材料焊接时，所选用的焊丝应考虑焊接接头的抗裂性和碳扩散等因素。如异种材料的组织接近，仅强度级别有差异，则选用的焊丝合金元素含量应介于两者之间，当有一侧为奥氏体不锈钢时，可选用含镍量较高的不锈钢焊丝。

（3）焊丝应有质量合格证书　焊丝应有生产厂家的质量合格证书。对无合格证书或对其质量有怀疑时，应按批或按盘进行检验，特别是非标准生产出来的专用焊丝，必须经焊接工艺性能评定合格后方可投入使用。

（4）焊丝在使用前应清理　钨极氩弧焊焊丝在使用前应采用机械方法或化学方法清除其表面的油脂、锈蚀等，并使其露出金属光泽。

二、钨极

1. 钨极的作用及要求

（1）钨极的作用　钨是一种难熔的金属材料，能耐高温，纯钨极的熔点约为3387℃，沸点约为5900℃，导电性好，强度高。钨极氩弧焊使用钨极作为电极，起传导电流、引燃电弧和维持电弧正常燃烧的作用。

（2）对钨极的要求　钨极除应耐高温、导电性好、强度高外，还应具有较强的发射电子的能力、电流承载能力大、寿命长、抗污染性好。

钨极必须经过清洗抛光或磨光。清洗抛光是指在拉拔或锻造加工之后，用化学清洗方法除去表面杂质。对钨极化学成分的要求见表3-1。

表 3-1 对钨极化学成分的要求

钨极类别	牌号	化学成分（质量分数,%）						
		W ≥	ThO_2	CeO	SiO_2 ≤	Fe_2O_3 Al_2O_3 ≤	Mo ≤	CaO ≤
纯钨极	W1	99.92	—	—	0.03	0.03	0.01	0.01
纯钨极	W2	99.85	杂质成分总的质量分数不大于0.15（%）					
钍钨极	WTh-7	余量	0.7~0.99	—	0.06	0.02	0.01	0.01
钍钨极	WTh-10	余量	1.0~1.49	—	0.06	0.02	0.01	0.01
钍钨极	WTh-15	余量	1.5~2.0	—	0.06	0.02	0.01	0.01
铈钨极	WCe-20	余量	—	1.8~2.2	0.06	0.02	0.01	0.01
锆钨极	WZr-15	99.63	—	—	—	—	—	—

2. 钨极的种类、牌号及规格

钨极按化学成分分类有：纯钨极，其牌号有W1、W2；钍钨极，其牌号是WTh-15、WTh-10、WTh-7；铈钨极，其牌号是WCe-20；锆钨极，其牌号是WZr-15四种。长度范围为76~610mm，常用的钨极直径为0.5mm、1.0mm、1.6mm、2.0mm、3.2mm、4.0mm、5.0mm等规格。

（1）各类钨极的特点

1）纯钨极。在交流电使用时，纯钨极电流承载能力较低，抗污染能力差，要求焊机有较高的空载电压，故目前很少使用。

2）钍钨极。钍钨极的电子发射率较高，电流承载能力较好，寿命较长且抗污染性能较好。使用时，引弧较容易，并且电弧比较稳定。它的缺点是成本较高，具有微量放射性。

3）铈钨极。与钍钨极相比，它具有如下优点：直流小电流焊接时，容易建立电弧，引弧电压比钍钨极低一半，电弧燃烧稳定；弧柱的压缩程度较好，在相同的焊接参数下，弧束较长，热量集中，烧损率比钍钨极低5%~50%，修磨端部次数少，使用寿命比钍钨极长；最大使用电流密度比钍钨极高5%~8%；放射性低。建议尽量采用这种钨极。

4）锆钨极。它的性能在纯钨极和钍钨极之间。用于交流焊接时，具有纯钨极理想的稳定特性和钍钨极的载流量及引弧特性等综合性能。

（2）钨极的规格　钨极的长度范围为76~610mm，直径分为0.5mm、1.0mm、

1.6mm、2.0mm、2.5mm、3.2mm、4.0mm、5.0mm 等多种。

3. 钨极载流量——许用电流

钨极载流量的大小主要取决于钨极的直径、电流种类和极性。如果焊接电流超过钨极的载流量时，会使钨极强烈发热、熔化和蒸发，从而引起电弧不稳定，影响焊接质量，导致焊缝产生气孔、夹钨等缺陷；同时焊缝的外形粗糙不整齐。表 3-2 列出了根据钨极直径推荐的钨极载流量范围。在焊接过程中，焊接电流不得超过钨极规定的载流量上限。

表 3-2　根据钨极直径推荐的钨极载流量范围

钨极直径/mm	直流/A				交流/A	
	电极为负（-）		电极为正（+）			
	纯钨	加入氧化物的钨	纯钨	加入氧化物的钨	纯钨	加入氧化物的钨
0.5	2~20	2~20	—	—	2~15	2~15
1.0	10~75	10~75	—	—	15~55	15~70
1.6	40~130	60~150	10~20	10~20	45~90	60~125
2.0	75~180	100~200	15~25	15~25	65~125	85~160
2.5	130~230	170~250	17~30	17~30	80~140	120~210
3.2	160~310	225~330	20~35	20~35	150~190	150~250
4	275~450	350~480	35~50	35~50	180~260	240~350
5	400~625	500~675	50~70	50~70	240~350	330~460
6.3	550~675	650~950	65~100	65~100	300~450	430~575

4. 钨极端部几何形状及其加工

钨极端部形状对焊接电弧燃烧的稳定性及焊缝的成形影响很大。

在使用交流电时，钨极端部应磨成半球形；在使用直流电时，钨极端部呈锥形或截头锥形易于高频引弧，并且电弧比较稳定。钨极端部的锥度也影响焊缝的熔深，减小锥度可减小焊道的宽度，增加焊缝的熔深。常用钨极端部的几何形状，如图 3-2 所示。

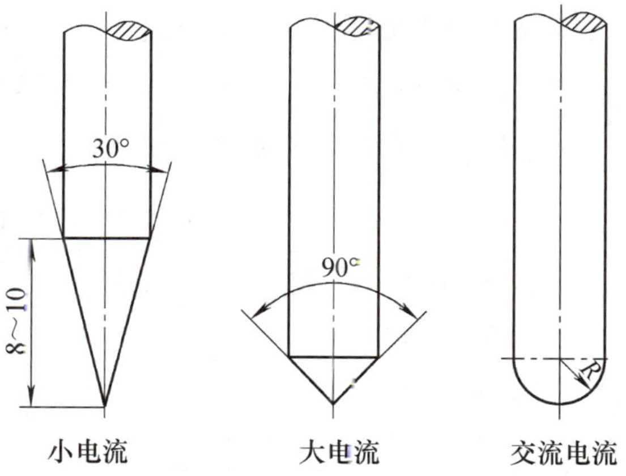

图 3-2　常用钨极端部的几何形状

磨削钨极应采用专用的硬磨料精磨砂轮，应保持钨极磨削后几何形状的均一性。磨削钨极时，应采用密封式或抽风式砂轮机，操作者应戴口罩，磨削完毕，应洗净手脸。

三、氩气

1. 氩气的性质

氩气的密度是空气的1.4倍，是氦气的10倍。因为氩气比空气重，因此氩气能在熔池上方形成一层较好的覆盖层。另外在焊接过程中用氩气保护时，产生的烟雾较少，便于控制焊接熔池和电弧。

氩气是一种惰性气体，在常温下与其他物质均不发生化学反应，在高温下也不溶解于液态金属中。故在焊接非铁金属时更能显示其优越性。

氩气是一种单原子气体。在高温下，氩气直接电离为正离子和电子，因此能量损耗低，电弧燃烧稳定。氩气对电弧的冷却作用小，所以电弧在氩气中燃烧时，热量损耗小，稳定性比较好。氩气对电极具有一定的冷却作用，可提高电极的载流量。

因为氩气的密度大，可形成稳定的气流量，故具有良好的保护性能，同时电离分解后的正离子体积和质量较大，对阴极的冲击力很强，具有强烈的阴极破碎作用。

氩气对电弧的热收缩效应较小，加上电弧的电位梯度和电流密度不大，维持电弧燃烧的电压较低，一般10V即可。故焊接时拉长电弧，其电压改变不大，电弧不易熄弧。这点对手工氩弧焊非常有利。

2. 对氩气纯度的要求

氩气是制氧的副产品。因为氩气的沸点介于氧气和氮气之间，差值很小。所以在氩气中常残存有一定数量的其他杂质，按我国现行规定，其纯度应达到99.99%，具体技术要求见表3-3。如果氩气中的杂质含量超过规定标准，在焊接过程中，不但影响对熔化金属的保护，而且极易使焊缝金属产生气孔、夹渣等缺陷，使焊接接头质量变坏，并使钨极的烧损量也增加。

表3-3　氩气纯度的具体技术要求

项目名称	指　标	项目名称	指　标
氩含量（%）	≥99.99	氢含量（10^{-6}）	≤5
氮含量（10^{-6}）	≤70	总碳含量（10^{-6}）	≤10
氧含量（10^{-6}）	≤10	水分含量（10^{-6}）	≤20

注：1. 含量为体积分数。

2. 水分含量在15℃、大于12MPa条件下测定。

3. 氩气瓶

氩气可在低于-184℃的温度下以液态形式储存和运输，但焊接用氩气大多装入钢瓶中供使用。氩气瓶是一种高压圆柱形容器，其外表面涂灰色并注有绿色“氩气”字标志字样。目前我国常用氩气瓶的容积为33L、40L、44L，最高工作压力为15MPa。

使用氩气瓶时严禁敲击、碰撞，瓶阀结冻时，不得用火烘烤；搬运时不得用电磁起重机搬运；夏季要防止日光曝晒；氩气瓶一般应直立放置。

四、其他保护气体

1. 氦气

氦气是最轻的单原子气体，相对原子质量是4。氦气是从天然气中分离出来的。对氦气纯度的要求是99.99%（体积分数）。通常都使用高压气瓶装氦气。氦气的热导率较高，与氩气相比，氦气要求更高的电弧电压和热输入。故焊接厚板时，应采用氦气。当使用氩气和氦气的混合气体时，也可提高焊接速度。

下面从氩气和氦气的保护效果、电弧功率和电弧稳定性进行比较。

（1）保护效果　决定保护效果的主要因素是气体的密度。氩气的密度比空气大，氦气的密度比空气小。故从喷嘴中喷出的氩气覆盖在焊接区，具有良好的保护作用；从喷嘴中喷出的氦气容易流失，增加了在喷嘴周围产生涡流的倾向，为了获得与氩气相同的保护效果，氦气的流量必须是氩气流量的2~3倍。这种比例对氩气和氦气的混合气体也是适用的。

（2）电弧功率　因氦原子的电离能比氩原子的电离能大，故当弧长和焊接电流相同时，氦弧的功率比氩弧的高，因此常常选用氦弧来焊接厚板、热导率高或熔点高的材料。

当焊接电流在50~150A范围内时，选用氩弧焊接薄板较好。

（3）电弧稳定性　使用直流电源时，它们的电弧稳定性差不多。但使用交流电源时，这两种电弧的稳定性有很大的差异。焊接铝、镁及其合金时，采用交流氩弧焊，电弧稳定，并具有良好的阴极破碎作用；相反，交流氦弧焊的电弧稳定性和阴极破碎作用均不好。

2. 氩-氢混合气体

氩-氢混合气体的应用范围只限于不锈钢、镍-铜合金和镍基合金，因为氢不会对这些材料产生有害影响。

氩-氢混合气体配比是一个复杂的问题，当焊接不锈钢、根部间隙在 0.25～0.5mm 时，可添加体积分数为 35%的氢；在焊接厚度为 6mm 不锈钢对接接头时，这种混合气体最好采用含有体积分数为 15%的氢。为了获得比较清洁的焊缝，在手工钨极氩-氢混合气体保护焊时，有时以体积分数 5%较好。氢的添加量不宜过多，多了会产生气孔，最多时不能超过体积分数 35%。

第三节 手工钨极氩弧焊设备

手工钨极氩弧焊设备一般由焊接电源、引弧及稳弧装置、焊枪、供气系统、水冷系统和焊接控制系统等部分组成。图 3-3 所示为手工钨极氩弧焊设备示意图。

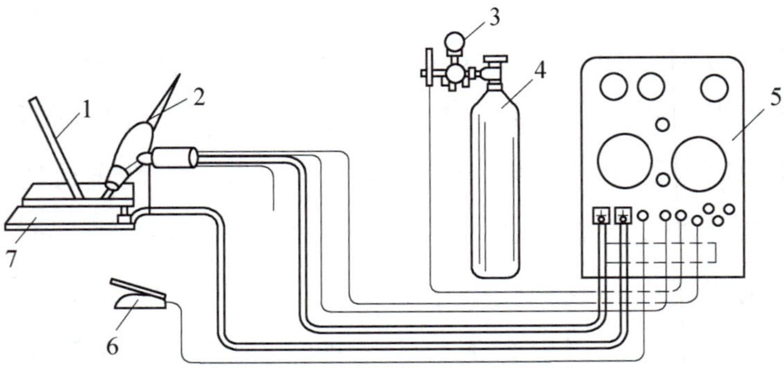

图 3-3 手工钨极氩弧焊设备示意图

1—填充金属 2—焊枪 3—流量调节器 4—氩气瓶 5—焊机
6—脚踏开关（现已将开关移至焊枪手柄上） 7—焊件

一、电源与控制设备

1. 焊接电源

因手工钨极氩弧焊电弧的静特性与焊条电弧焊的相似，故任何具有陡降外特性曲线的弧焊电源均可做手工钨极氩弧焊电源。常用的电源可分为直流电源、直流脉冲电源和交流电源。手工钨极氩弧焊电源空载电压范围见表 3-4。

表 3-4 手工钨极氩弧焊电源空载电压范围 （单位：V）

电流种类		空载电压	
		最小	最大
手工	交流	70	100
	直流	65	100

焊接电流调节范围见表 3-5。

表 3-5 焊接电流调节范围 （单位：A）

额定焊接电流	40		100		160		250		400		630	
电源种类	直流	交流	直流	交流	直流	交流	直流	交流	直流	交流	直流	交流
电流调节范围	2~40	—	5~100	15~100	16~160	30~160	25~250	40~250	40~400	50~400	63~630	70~630

2. 引弧装置

各种焊机都具有一定的空载电压，以利于引弧。但在氩弧焊中，由于氩气的电离能较高，不易被电离，给引弧造成了很大的困难。提高焊机的空载电压虽能改善引弧条件，但对人体安全不利，一般都在焊接电源上加入引弧装置予以解决。通常在交流电源中接入高频振荡器，在直流电源中接入高压脉冲引弧器。

（1）高频振荡器　高频振荡器可输出 2000~3000V、150~260kHz 的高频高压电，其功率较小（100~200W）。由于输出电压很高，能在电弧空间产生很强的电场，一方面加强了阴极发射电子的能力，另一方面电子和离子在电弧空间被强电场加速，动能很大，碰撞时氩气容易电离，因而克服了焊件电子热发射能力差和氩气电离能高不易电离的困难，使引弧容易。当钨极和焊件距离 2mm 左右时就能使电弧引燃。

（2）高压脉冲引弧器　高压脉冲引弧器是由高压脉冲发生器和脉冲触发器两部分组成。高压脉冲引弧器的优点是不用高频高电压引弧。因为高频电容易在其他非高频电回路中引起电流干扰的现象，再加上高电压的作用易击穿线路中的元件，也容易干扰或破坏控制系统的正常工作程序，所以常在直流电源中接入脉冲引弧装置。

（3）稳弧装置　交流电源焊接时，交流电弧燃烧的稳定性不如直流电弧，其主要原因是交流电源以 50Hz 的交流电供电，每秒有 100 次经过零点，电流过零点时电极的电子发射能力和气体的电离度均减弱，甚至熄弧。只有在交流电源上加稳弧装置，才能保证电弧稳定燃烧。通常采用脉冲引弧器。

对脉冲引弧的要求是：输出脉冲必须与焊接电流同步，也就是电流过零点时，引弧器输出足够功率的脉冲。一般脉冲电压为 200~250V，脉冲电流为 2A 左右。

3. 控制系统

氩弧焊的控制系统主要是用来控制和调节气、水、电的各个工艺参数以及起动和停止焊接。不同的操作方式有不同的控制程序，但大体上按照下列程序进行。

手工钨极氩弧焊动作顺序示意图如图3-4所示。

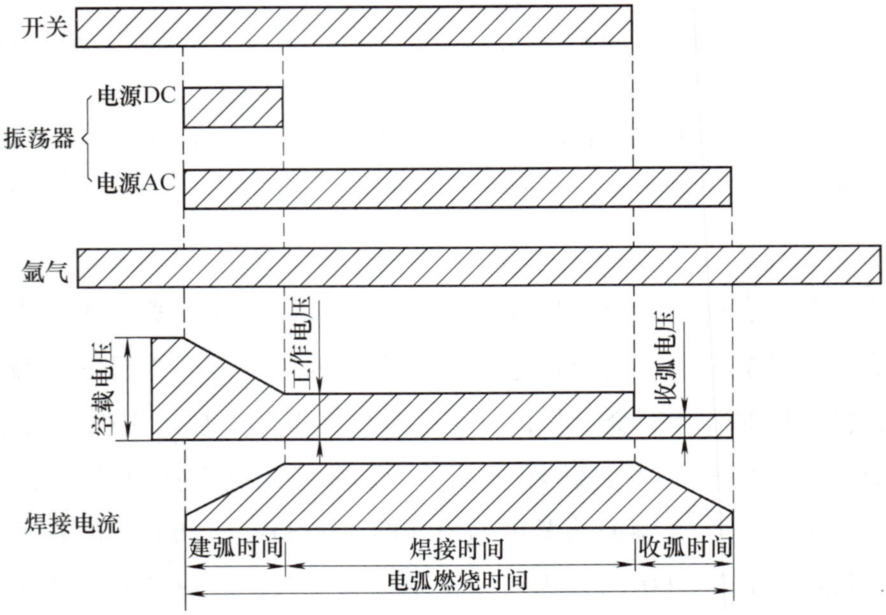

图3-4 手工钨极氩弧焊动作顺序示意图

当按动起动开关时，接通电磁气阀使氩气通路（延时线路主要是控制气体提前输送和滞后关闭），经短暂延时后，同时接通两个系统：接通主电路，给电极和焊件输送空载电压；接通高频引弧器，在电极和焊件之间产生高频火花并引燃电弧。若为直流焊接，则高频引弧器立即停止工作；若为交流焊接，则高频引弧器仍继续工作。电弧建立后，即进入正常的焊接过程。当起动开关断开时，焊接电流衰减，经过一段时间延时后，主电路电源切断，同时焊接电流消失，引弧器停止工作；再经过一段时间延时，电磁气阀断开，氩气断路，此时焊接过程结束。

手工钨极氩弧焊的控制系统必须保证上述动作顺序，并做到各段延时均可调。

二、焊枪与流量调节器

1. 氩弧焊焊枪

（1）氩弧焊焊枪的作用　氩弧焊必备的工具是焊枪，其作用如下。

1）装夹钨极。

2）传导焊接电流。

3）输出保护气体。

4）起动或停止焊机的工作系统。

优质的氩弧焊焊枪应能保证气体均匀喷出，气流挺度好，抗干扰性强，并能满足焊接工艺的要求。

（2）焊枪标志　焊枪标志由冷却方式和主要参数组成。钨极氩弧焊焊枪按冷却方式可分为气冷（QQ）和水冷（QS）两种形式。QQ形式的焊枪适用的焊接电流范围为10~150A；QS形式相应的焊接电流范围为150~500A。在其冷却方式符号后面的数字表示焊枪参数：第一个数字表示喷嘴中心线与手柄轴线夹角；第二个参数表示焊接额定电流，在角度与焊接额定电流值之间用反斜杠分开。如果后面还有横杠和字母，则表示是用某种材料制成的焊枪。

例：

QQ — 85/100 — C

- C：焊枪由硅胶压膜制成
- 100：焊接额定电流（A）
- 85：喷嘴中心线与手柄轴线夹角（°）
- QQ：冷却方式为气冷

（3）水冷式系列手工钨极氩弧焊焊枪的特点

1）该系列焊枪采用循环水冷却导电枪体及焊接电缆，这样可以增大导电部件的电流密度，并减轻重量，缩小焊枪体积，所以水冷式系列焊枪一定有冷却水进、出水管。

2）钨极是借助轴向压力来紧固的，通过旋电极帽盖，可使电极夹头紧固或放松，因此装卸钨极很容易。

3）每把焊枪带有2~3个不同孔径的钨极夹头，可配用不同直径的钨极，以适应不同焊接电流的需要。

4）每把焊枪各带高、矮不同的两个帽盖，可适用不同长度的钨极和不同场合的焊接。

5）出气孔是一圈均匀分布的径向或轴向小孔，使保护气体喷出时形成层流，有效地保护金属熔池不被氧化。

6）焊枪手把上装有微动开关、按钮开关或船形开关，可避免操作者因手指的过度疲劳或失误而影响焊接质量。

7）为保证使用时安全可靠，必须保证冷却水顺利流通，并接好电缆线和接通水管。

QS—85/250 型水冷式氩弧焊焊枪结构如图 3-5 所示。

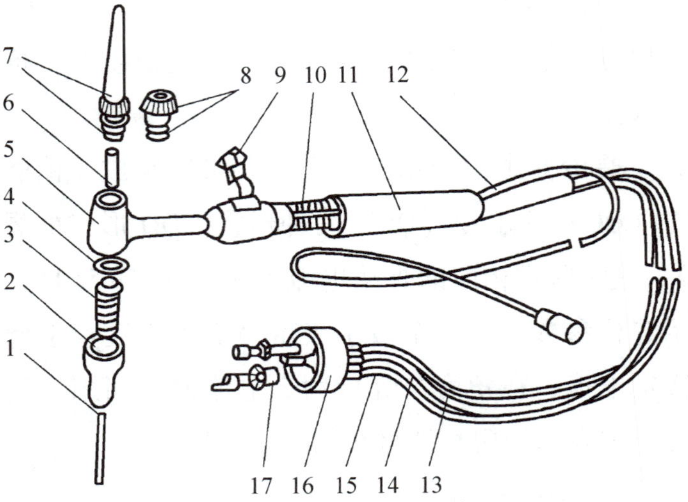

图 3-5 QS—85/250 型水冷式氩弧焊焊枪结构

1—钍钨极 2—陶瓷喷嘴 3—导流件 4、8—密封圈 5—枪体 6—钨极夹头 7—帽盖 9—船形开关 10—扎线 11—手把 12—电源插线 13—进气胶管 14—出水胶管 15—水冷电缆管 16—活动接头 17—水电接头

（4）气冷式系列手工钨极氩弧焊焊枪的特点

1）本系列焊枪是直接利用保护气体带走导电部件热量的一种焊枪。设计时适当减少了导电部件的电流密度，因此没有冷却系统，故相对减轻了焊枪的重量，所以特别适用于无水地带或水易结冻地带。

视频 13
TIG 焊气冷式焊枪结构

2）焊枪只带一根进气管，其包着电缆，因此结构简单，接管方便。

3）用 QQ 型焊枪时，应避免超载使用。一般应对照焊接电源上的负载持续率来选用焊接电流。

4）如连续用较大电流进行焊接时，宜配备两把焊枪轮换使用，以延长焊枪寿命。

QQ—85/150—1 型气冷式氩弧焊焊枪结构如图 3-6 所示。

2. 氩气流量调节器

视频 14
TIG 焊焊枪的拆装

瓶装氩气充气压力一般达到 14.71MPa。由于瓶装氩气的压力很高，而工作时所需压力较低，因而需用一个减压阀将高压氩气降至工作压力，且使整个焊接过程中氩气工作压力稳定，不会因瓶内压力的降低或氩气流量的增减而影响工作压力。

使用氩气流量调节器不仅能起到降压和稳压的作用，而且可方便地调节氩气流量。

氩气流量调节器如图 3-7 所示。

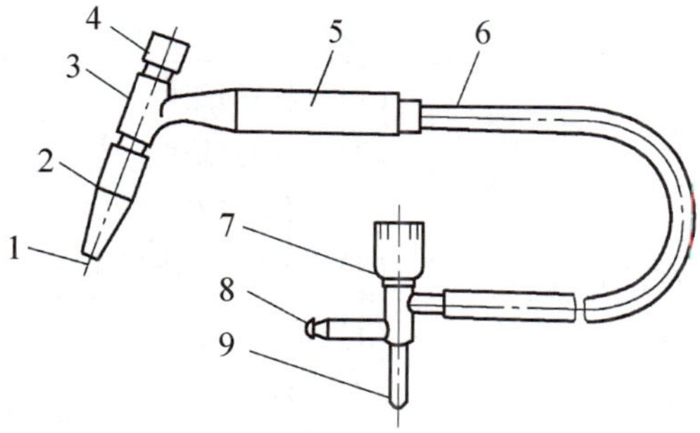

图 3-6　QQ—85/150—1 型气冷式氩弧焊焊枪结构

1—钨极　2—陶瓷喷嘴　3—枪体　4—矮帽盖　5—手把
6—电缆　7—气体开关　8—通气接头　9—通电接头

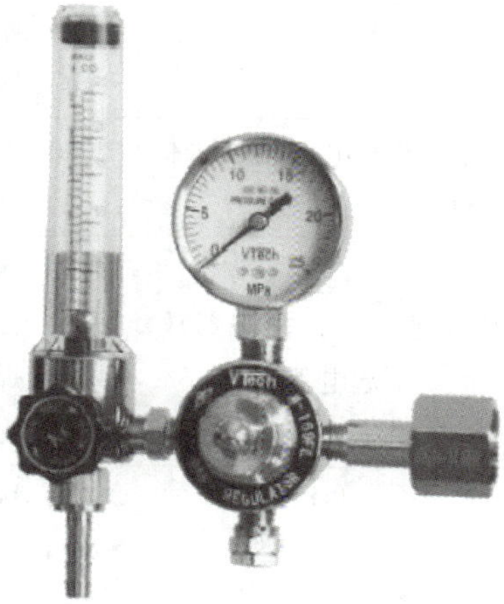

图 3-7　氩气流量调节器

三、设备的保养和故障处理

1. 氩弧焊设备的保养

1）焊机应按外部接线图正确安装，并应检查铭牌电压值与电网电压值是否相符，不相符时严禁使用。

2）焊接设备在使用前，必须检查水、气管的连接是否良好，以保证焊接时正常供水、供气。

3）焊机外壳必须接地，不准使用未接地或不合格地线。

4）应定期检查焊枪的钨极夹头夹紧情况和喷嘴的绝缘性能是否良好。

5）工作完毕或临时离开工作场地，必须切断焊机的电源，关闭水源及气瓶阀门。

6）必须建立健全焊机一、二级设备保养制度并定期地进行保养。

7）操作者在工作前，应读懂焊接设备使用说明书，掌握好焊接设备一般构造和正确使用方法。

2. 钨极氩弧焊机常见故障和消除方法

钨极氩弧焊机常见故障和消除方法见表 3-6。

表 3-6 钨极氩弧焊机常见故障和消除方法

故障现象	产生原因	消除方法
电源开关接通，指示灯不亮	（1）开关损坏 （2）熔断器烧坏 （3）控制变压器损坏 （4）指示灯损坏	（1）更换开关 （2）更换熔断器 （3）修复 （4）更换指示灯
控制电路有电，但焊机不能起动	（1）焊枪的开关接触不良 （2）继电器出故障	（1）检修 （2）检修
焊机起动后，振荡器放电，但引不起电弧	（1）网路电压太低 （2）接地线太长 （3）焊件接触不良 （4）火花塞间隙不合适	（1）提高网路电压 （2）缩短接地线 （3）清理焊件 （4）调节火花塞间隙
焊机起动后，无氩气输送	（1）按钮开关接触不良 （2）电磁气阀出现故障 （3）气路不通 （4）控制线路故障 （5）气体延时线路故障	（1）清理 （2）检修 （3）检修 （4）检修 （5）检修
电弧引燃后，焊接过程中，电弧不稳	（1）脉冲引弧器不工作，指示灯不亮 （2）消除直流分量的元件故障	（1）检修 （2）检修或更换

第四节 手工钨极氩弧焊的基本操作技术

为了保证手工钨极氩弧焊的质量，在焊接过程中要始终注意以下几个问题。

1）保持正确的持枪姿势，随时调整焊枪角度及喷嘴高度，既有可靠的保护效果，又便于观察熔池。

2）注意焊后钨极形状和颜色的变化。焊接过程中如果钨极没有变形，焊后钨极端部为银白色，则说明保护效果好；如果焊后钨极发蓝，说明保护效果差；如果钨极端部发黑或有瘤状物，则说明钨极已被污染，大多是在焊接过程中发生了短路或沾了很多飞溅，使钨极端部变成了合金，必须将这段钨极磨掉，否则容易产生夹钨。

3）要均匀送丝，焊丝不能在保护区搅动，防止卷入空气。

下面介绍手工钨极氩弧焊的基本操作技术。

一、引弧

为了提高焊接质量，手工钨极氩弧焊多采用引弧器引弧，如高频振荡器或高压脉冲发生器，使氩气电离而引燃电弧。它的优点是：钨极与焊件不接触就能在施焊点直接引燃电弧，钨极端部损耗小；引弧处焊接质量高不会产生夹钨等缺陷。

二、定位焊

为了防止焊接时焊件的变形，必须保证定位焊缝的间距，可按表 3-7 选择。

表 3-7 定位焊缝的间距 （单位：mm）

板 厚	0.5~0.8	1~2	>2
定位焊缝的间距	≈20	50~100	≈200

由于定位焊缝是将来焊缝的一部分，故必须焊牢，不允许有缺陷。如果该焊缝要求单面焊双面成形，则定位焊缝必须焊透。

必须按正式的焊接工艺要求焊定位焊缝。如果正式焊缝要求预热、缓冷，则定位焊前也要预热，焊后也要缓冷。

定位焊缝不能太高，以免焊接到定位焊缝处接头困难。如果遇到这种情况，最好将定位焊缝磨低些，两端磨成斜坡，以便于焊接时好接头。

如果定位焊缝上发现有裂纹、气孔等缺陷，应将这段定位焊缝打磨掉进行重焊，不允许用重熔的方法进行修补。

三、焊接

（1）打底焊　打底焊缝应一气呵成，不允许中途停止。打底焊缝应有一定厚度：对于壁厚 $t \leqslant 10$mm 的管子，其厚度不得小于 2mm；对于壁厚 $t > 10$mm 管子，其厚度不得小于 4mm。打底焊缝需经自检合格后，才能填充焊接。

（2）焊接　焊接时要保证焊枪的角度及送丝位置，力求做到送丝均匀，才能保证焊缝成形。

为了获得比较宽的焊道，保证坡口两侧的熔合质量，焊枪也可做横向摆动，但摆动频率不能太高，幅度不能太大，以不破坏熔池的保护效果为原则，由操作者灵活掌握。常用焊枪摆动方式及适用范围见表 3-8。

表 3-8 常用焊枪的摆动方式及适用范围

焊枪摆动方式	摆动方式示意图	适用范围
直线形		I 形坡口对接焊，多层多道焊的打底焊
锯齿形		对接接头全位置焊，角接接头的立、横和仰焊
月牙形		
圆圈形		厚板对接平焊

打底层焊完后，进行第二层焊接时，应注意不得将打底焊道烧穿，防止焊道下凹或背面剧烈氧化。

（3）焊接接头质量的控制 无论打底层焊接还是填充层焊接，控制焊接接头的质量是很重要的。因为接头是两段焊缝交接的地方，由于温度的差别和填充金属量的变化，接头处易出现超高、缺肉、未焊透、夹渣或夹杂、气孔等缺陷，所以焊接时应尽量避免停弧，减少接头次数。但在实际操作时，更换焊丝、更换钨极、焊接位置的变化或要求对称分段焊接等，必须停弧，因此接头是不可避免的，关键是应尽可能保证接头的质量。

控制焊接接头的质量有以下方法。

1）接头处要有斜坡，不能有死角。

2）重新引弧的位置在原弧坑后面，使焊缝重叠 20～30mm，重叠处一般不加或只加少量焊丝。

3）熔池要贯穿到接头的根部，以确保接头处熔透。

四、填丝

1. 填丝的基本操作技术

填充焊丝时，焊丝与接缝线成 10°～20°的夹角。填充焊丝的方法有连续填丝法、断续填丝法、紧贴坡口填丝法等。

（1）连续填丝法 这种填丝操作技术较好，对保护层的扰动小，但比较难掌握。连续填丝时，要求焊丝比较平直，用左手拇指、食指、中指配合动作送丝，无名指和小指夹住焊丝控制方向，如图 3-8 所示。

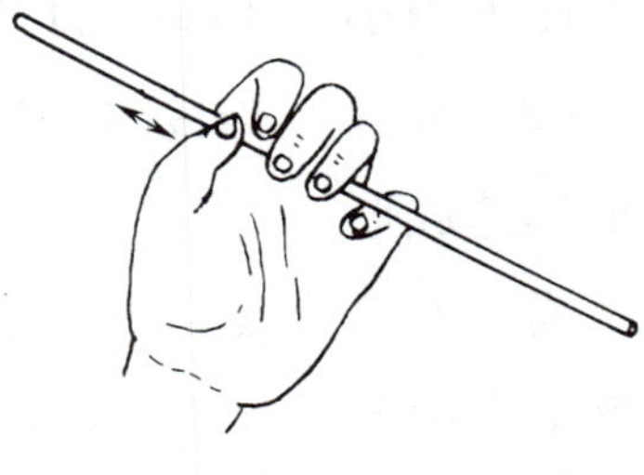

图 3-8 连续填丝法操作技术

连续填丝时手臂动作不大，待焊丝快用完时才前移。当填丝量较大，采用较大的焊接参数时，多采用此法。

（2）断续填丝法　以左手拇指、食指、中指捏紧焊丝，焊丝末端应始终处于氩气保护区内。填丝动作要轻，不得扰动氩气层，以防止空气侵入，更不能像气焊那样在熔池中搅拌，而是靠手臂和手腕的上、下反复动作，将焊丝端部的熔滴送入熔池。全位置焊时多采用此法。

（3）紧贴坡口填丝法　即将焊丝弯成弧形，紧贴在坡口间隙处，焊接电弧熔化坡口钝边的同时也熔化了焊丝。对于坡口间隙应小于焊丝直径，此法可避免焊丝遮住操作者视线，适用于困难位置的焊接。

2. 填丝注意事项

1）必须等坡口两侧熔化后才填丝，以免造成熔合不良。

2）填丝时，焊丝应与焊件表面夹角成 10°～20°，快速地从熔池前沿点进，随后撤回，如此反复动作。

3）填丝要均匀，快慢要适当。过快焊缝余高大；过慢则产生焊缝下凹和咬边。焊丝端部应始终处于氩气保护区内。

4）当坡口间隙大于焊丝直径时，焊丝应跟随电弧做同步横向摆动。无论采用哪种填丝动作，送丝速度均应与焊接速度适应。

5）填充焊丝时，不应把焊丝直接放在电弧下面，把焊丝抬得过高也是不适宜的，不应让熔滴向熔池“滴落”。填丝的位置如图 3-9 所示。

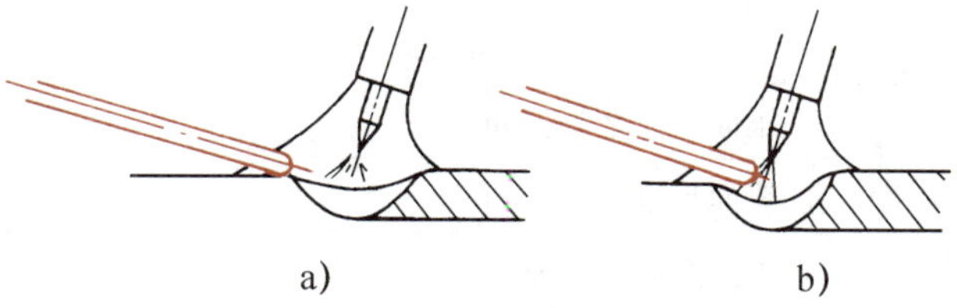

图 3-9　填丝的位置
a）正确　b）不正确

6）操作过程中，如不慎使钨极与焊丝相碰，发生瞬时短路，将产生很大的飞溅和烟雾，会造成焊缝污染和夹钨。这时应立即停止焊接，用砂轮磨掉被污染处，直到磨出金属光泽。对于被污染的钨极，应在别处重新引弧熔化掉污染端部，或重新磨尖后，方可继续焊接。

7）撤回焊丝时，切记不要让焊丝端部撤出氩气保护区，以免焊丝端部被氧化，在下次点进时送入熔池，造成氧化物夹渣或产生气孔。

五、收弧

焊接结束时，如果立即熄灭电弧，会产生弧坑未填满或缩孔缺陷。焊某些合金钢时，弧坑还会出现裂纹。正常的收弧方法有如下几种。

（1）增加焊丝填充量法　焊至近接缝终端处时，减小焊枪和焊缝的夹角，使电弧热量转向焊丝，同时增加焊丝填充量，熔池温度下降，弧坑被逐渐填满，然后切断焊接电源，延时断氩气。

（2）增加焊速法　收弧时将焊速逐渐提高，于是熔池尺寸逐渐减小，熔深逐渐减小，最后熄弧断气，避免了过深的弧坑。

（3）电流衰减法　接通焊接电流衰减装置，焊接电流衰减，电弧热量减小，熔池缩小，母材熔化少，最后熄弧断气。此法要求焊机有电流衰减装置。

（4）收弧板法　在接缝终端处设置一收弧板，将弧坑引向收弧板，焊后把收弧板清除，并修平收弧板连接处。

应该强调一点，熄弧后不能立即断氩气，必须熄弧后氩气保持5~10s，待熔池金属冷却后才可停止供气。

第五节　手工钨极氩弧焊平板对接技能训练

一、手工钨极氩弧焊平板对接焊缝质量检验项目及标准

手工钨极氩弧焊平板对接焊缝质量检验项目及标准见表3-9。

表3-9　手工钨极氩弧焊平板对接焊缝质量检验项目及标准

检验项目			标　准
焊缝外观检查	正面焊缝余高/mm		0~2
	背面焊缝余高/mm		0~1
	焊缝余高差/mm		0~1
	焊缝每侧增宽/mm		0.5~1
	焊缝宽度差/mm		0~2
	咬边	深度/mm	≤0.5
		长度/mm（累计计算）	≤10
	气孔、夹渣、未熔合、焊瘤		无
	焊后角变形/(°)		0~3
焊缝内部质量检查			GB/T 3323.1~2—2019《焊缝无损检测　射线检测》

二、焊接参数的选择

手工钨极氩弧焊的主要焊接参数有钨极直径、焊接电流、电弧电压、焊接速度、电流种类、钨极伸出长度、喷嘴直径、喷嘴与焊件间的距离及氩气流量等。

1. 焊接电流与钨极直径

通常根据焊件的材质、厚度和接头的空间位置来选择焊接电流。

焊接电流增加时，熔深增大，焊缝宽度与余高稍增加，但增加得很少。

手工钨极氩弧焊用钨极的直径是一个比较重要的参数，因为钨极的直径决定了焊枪的结构尺寸、重量和冷却方式，直接影响操作者的劳动条件和焊接质量。因此必须根据焊接电流选择合适的钨极直径。

如果钨极较粗，焊接电流很小，由于电流密度低，钨极端部的温度不够，电弧会在钨极端部不规则飘移，电弧很不稳定，破坏了保护区，熔池被氧化。

当焊接电流超过了相应的许用电流时，由于电流密度太大，钨极端部温度达到或超过钨极的熔点时，可看到钨极端部出现熔化现象，端部很亮，当焊接电流继续增大时，熔化了的钨极在端部形成了一个小尖状突起，逐渐变大形成熔滴，电弧随熔滴尖端飘移，很不稳定，这不仅破坏了氩气保护区，使熔池被氧化，焊缝成形不好，而且熔化的钨落入熔池后将产生夹钨缺陷。

当焊接电流合适时，电弧非常稳定。表 3-10 给出了不同直径、不同牌号钨极允许的电流范围。

表 3-10 不同直径、不同牌号钨极允许的电流范围

钨极直径/mm	焊接电流/A			
	交流		直流正接	直流反接
	W	WTh	W、WTh	W、WTh
0.5	5~15	5~20	5~20	—
1.0	10~60	15~80	15~18	—
1.6	50~100	70~150	70~150	10~20
2.5	100~160	140~235	150~250	15~30
3.2	150~210	225~325	250~400	25~40
4.0	200~275	300~425	400~500	40~55
5.0	250~350	400~525	500~800	55~80

从表 3-10 可以看出：同一直径的钨极，在不同的电源和极性条件下，允许使用的电流范围不同。相同直径的钨极，直流正接时许用的电流最大；直流反接时许用的电流最小；交流时许用电流介于两者之间。当电流种类和大小变化时，为

了保持电弧稳定，应将钨极端部磨成不同形状，如图3-10所示。

2. 电弧电压

电弧电压主要由弧长决定的，弧长增加，焊缝宽度增加，熔深稍减小，但电弧太长时，容易引起未焊透及咬边，而且保护效果也不好；电弧也不能太短，电弧太短时，很难看清熔池，而且送丝时也容易碰到钨极引起短路，使钨极受到污染，加大钨极烧损，还容易夹钨，故通常使弧长近似等于钨极直径。

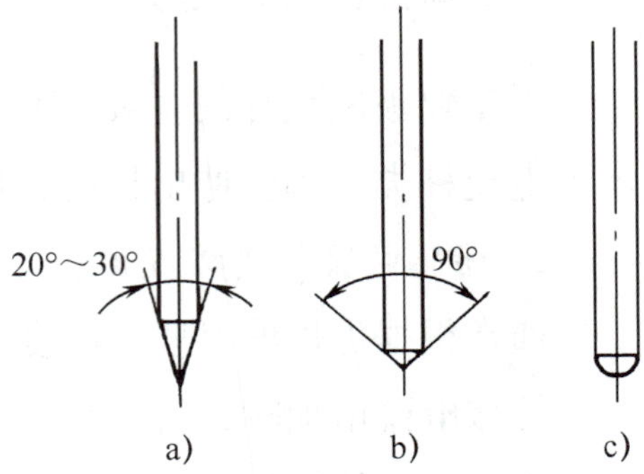

图3-10 钨极端部的形状

a）小电流 b）大电流 c）交流

3. 焊接速度

焊接速度增加时，熔深和熔宽均减小。焊接速度太快时，容易产生未焊透，焊缝高而窄，两侧熔合不好；焊接速度太慢时，焊缝很宽，还可能产生焊漏、烧穿等缺陷。

手工钨极氩弧焊时，通常都是操作者根据熔池的大小、熔池的形状和两侧熔合情况随时调整焊接速度。

选择焊接速度时，应考虑以下因素。

1）在焊接铝及铝合金、高导热性金属时，为减少焊接变形，应采用较快的焊接速度。

2）在焊接有裂纹倾向的金属时，不能采用高速焊接。

3）在非平焊位置焊接时，为保证较小的熔池，避免液态金属的流失，尽量选择较快的焊接速度。

4. 焊接电流种类和极性的选择

氩弧焊采用的电流种类和极性选择与所焊金属及其合金种类有关。有些金属只能用直流正极性或反极性焊接，有些交直流都可以使用，因而需根据不同材料选择电流和极性，见表3-11。

表3-11 焊接电流种类和极性的选择

电流种类和极性	被焊金属材料
直流正极性	低合金高强度钢、不锈钢、耐热钢、铜、钛及其合金
直流反极性	适用各种金属的氩弧焊
交流	铝、镁及其合金

直流正极性时，焊件接正极，温度较高，适用于焊厚焊件及散热快的金属；采用交流焊接时，具有阴极破碎作用，即焊件为负极，因受到正离子的轰击，焊件表面的氧化膜破裂，使液态金属容易熔合在一起，通常都用来焊接铝、镁及其合金。

5. 喷嘴直径与氩气流量

喷嘴直径（指内径）越大，保护区范围越大，要求保护气的流量也越大。

可按下式选择喷嘴直径，即

$$D=(2.5\sim3.5)d_{\mathrm{W}}$$

式中　D——喷嘴直径（mm）；

d_{W}——钨极直径（mm）。

通常焊枪选定以后，很少改变喷嘴直径，因此实际生产中并不把它当作独立的焊接参数来选择。

在喷嘴直径确定以后，决定保护效果的是氩气流量。氩气流量太小时，保护气流软弱无力，保护效果不好；氩气流量太大时，容易产生紊流，保护效果也不好；只有保护气流合适时，喷出的气流是层流，保护效果好。可按下式计算氩气流量，即

$$Q=(0.8\sim1.2)D$$

式中　Q——氩气流量（L/min）；

D——喷嘴直径（mm）。

D 小时，Q 取下限；D 大时，Q 取上限。

实际工作中，通常根据试焊来选择流量，流量合适时，熔池平稳，表面明亮没有渣，焊缝外形美观，表面没有氧化痕迹；若流量不合适时，熔池表面上有渣，焊缝表面发黑或有氧化皮。

选择氩气流量时还要考虑以下因素。

（1）外界气流和焊接速度的影响　焊接速度越大，保护气流遇到空气阻力越大，它使保护气流偏向运动的反方向；若焊接速度过大，将失去保护作用。因此在增加焊接速度的同时应相应地增加气体的流量。

在有风的地方焊接时，应适当增加氩气流量。最好在避风的地方焊接。

（2）焊接接头形式的影响　当接头形式为对接接头和内角角接接头时，具有良好的保护效果，如图 3-11a 所示。焊接这类焊件时，不必采取其他工艺措施；当接头形式为端接接头和外角角接接头时，保护效果较差，如图 3-11b 所示，在焊接

这类接头时，除增加氩气流量外，还应加挡板，如图 3-12 所示。

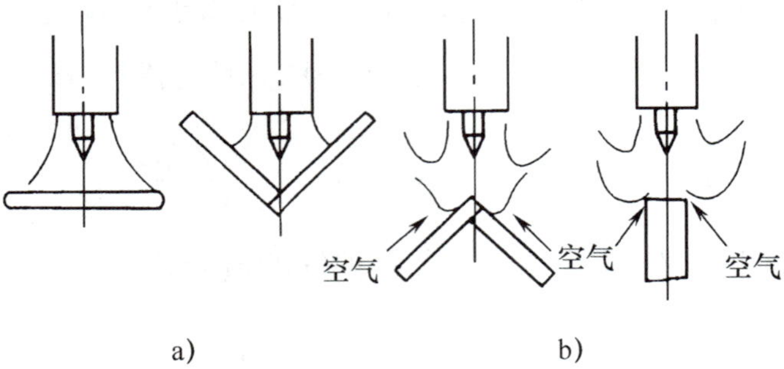

图 3-11 氩气的保护效果

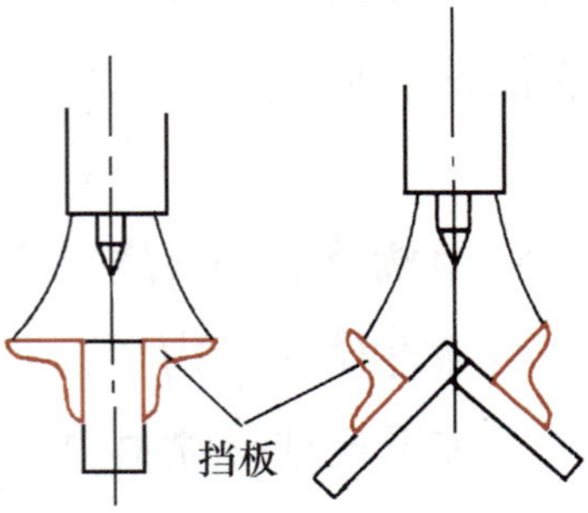

图 3-12 加挡板

6. 钨极伸出长度

为了防止电弧烧坏喷嘴，钨极端部应突出在喷嘴以外。钨极端部至喷嘴端面的距离为钨极伸出长度。钨极伸出长度越小，喷嘴与焊件间距离越近，保护效果越好，但过近会妨碍观察熔池。通常焊对接焊缝时，钨极伸出长度为 3~6mm 较好；焊角焊缝时，钨极伸出长度为 7~8mm 较好。

7. 喷嘴与焊件间的距离

喷嘴与焊件间的距离是指喷嘴端面与焊件间的距离。这个距离越小，保护效果越好，但能观察的范围和保护区都小；距离越大，保护效果越差。

8. 焊丝直径的选择

根据焊接电流的大小选择焊丝直径，见表 3-12。

表 3-12 焊接电流与焊丝直径

焊接电流/A	焊丝直径/mm	焊接电流/A	焊丝直径/mm
10~20	≤1.0	200~300	2.4~4.5
20~50	1.0~1.6	300~400	3.0~6.0
50~100	1.0~2.4	400~500	4.5~8.0
100~200	1.6~3.0		

9. 左向焊与右向焊

左向焊与右向焊如图 3-13 所示。

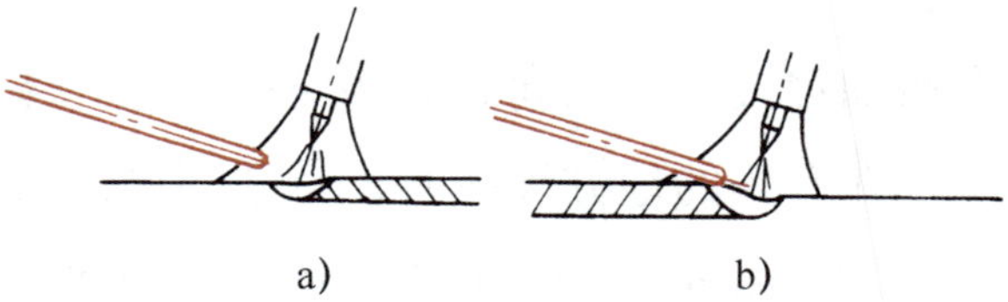

图 3-13 左向焊与右向焊

a）左向焊 b）右向焊

在焊接过程中，焊丝与焊枪由右端向左端移动，焊接电弧指向未焊部分，焊丝位于电弧运动的前方，称为左焊法。如在焊接过程中，焊丝与焊枪由左端向右端施焊，焊接电弧指向已焊部分，焊丝位于电弧运动的后方，则称为右焊法。

（1）左焊法的优缺点

优点：

1）操作者的视野不受阻碍，便于观察和控制熔池情况。

2）焊接电弧指向未焊部分，既可对未焊部分起预热作用，又能减小熔深，有利于焊接薄件，特别是管子对接时的根部打底焊和焊易熔金属。

3）操作简单方便、初学者容易掌握。

缺点：主要是焊大焊件，特别是多层焊时，热量利用率低，因而影响熔敷效率。

（2）右焊法的优缺点

优点：

1）右焊法焊接电弧指向已凝固的焊缝金属，使熔池冷却缓慢，有利于改善焊缝金属组织，减少气孔、夹渣等可能性。

2）电弧指向焊缝金属，提高了热利用率，在相同热输入时，右焊法比左焊法熔深大，故特别适合于焊接厚度较大、熔点较高的焊件。

缺点：

1）焊丝在熔池运动的后方，影响操作者的视线，不利于观察和控制熔池。

2）无法在管道上（特别小直径管）焊接。

三、板厚6mm的V形坡口的对接

（一）板厚6mm的V形坡口对接平焊

1. 装配与定位焊

1）钝边为0mm，装配间隙为2~3mm，预置反变形为3°，错边量应不大于1mm，见表3-13。

2）采用与焊接焊件时相同牌号的焊丝进行定位焊，并定位焊于焊件反面两端，定位焊缝长度为10~15mm。焊后对装配位置和定位焊质量进行检查。

表3-13 装配尺寸

坡口角度/(°)	装配间隙/mm	钝边/mm	反变形/(°)	错边量/mm
60	始焊端 2 终焊端 3	0	3	≤1

2. 焊接参数（表 3-14）

表 3-14 对接焊焊接参数

焊接层次	焊接电流/A	电弧电压/V	氩气流量/(L/min)	钨极直径	焊丝直径	钨极伸出长度	喷嘴直径	喷嘴与焊件间的距离
				/mm				
打底焊	90~100	12~16	7~9	2.5	2.5	4~8	10	≤12
填充焊	100~110							
盖面焊	110~120							

3. 焊接要点

平焊是最容易掌握的焊接方法，其持枪方法如图 3-14 所示。平焊焊枪角度与填丝位置，如图 3-15 所示。

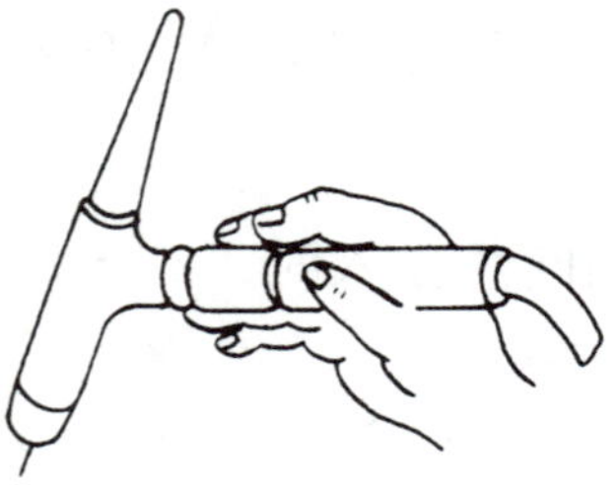

图 3-14 持枪方法

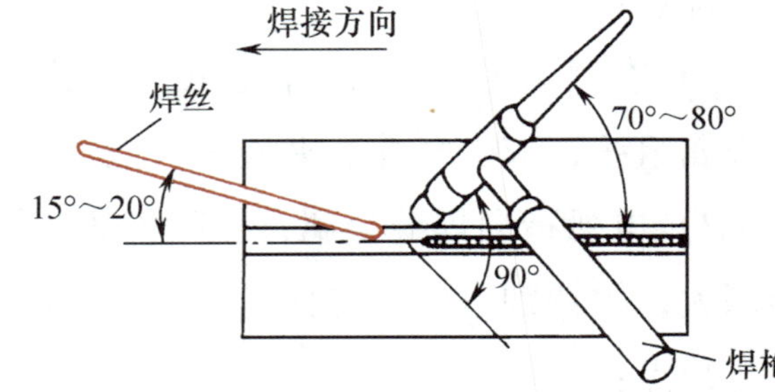

图 3-15 平焊焊枪角度与填丝位置

视频 15
TIG 焊握枪方式

焊道分布是三层三道。焊件固定在水平位置上，间隙小的一端放在右侧。

（1）打底焊

1）引弧。在焊件右侧定位焊缝上进行引弧。

2）焊接。引弧后，焊枪停留在原位置不动，稍预热后，当定位焊缝外形形成熔池，并出现熔孔后，开始填丝，自右向左焊接。打底焊时，应减小焊枪倾角，使电弧热量集中在焊丝上，采用较小的焊接电流，加快焊接速度和送丝速度，熔滴要小，避免焊缝下凹和烧穿。焊丝填入动作要熟练、均匀，填丝要有规律，焊枪移动要平稳，速度一致。焊接时密切注意焊接参数的变化及相互关系，随时调整焊枪角度和焊接速度。当发现熔池增大，焊缝变宽并出现下凹时，说明熔池温度太高，这时应

视频 16
TIG 焊平板对接

减小焊枪与焊件间的夹角，加快焊接速度；当发现熔池较小时，说明熔池温度低，应增加焊枪倾角或减慢焊接速度，通过各参数之间的良好配合，保证背面焊缝良好的成形。

3）接头。当焊丝用完，需更换焊丝，或因其他原因需暂时中止焊接时，则有接头存在。

在焊缝中间停止焊接时，可松开焊枪上的按钮开关，停止送丝，如果焊机有电流自动衰减装置，则应保持喷嘴高度不变，等电弧熄灭、熔池完全冷却后，再移开焊枪；若焊机没有电流自动衰减装置，则松开按钮开关后，稍抬高焊枪，等电弧熄灭，熔池冷却凝固到颜色变黑后再移开焊枪。

接头前先检查原弧坑处焊缝的质量，如果保护好则没有氧化皮和缺陷，可直接接头；如果有氧化皮和缺陷，最好用角向磨光机将氧化皮和缺陷磨掉，并将弧坑前磨成斜面。在弧坑右侧 15~20mm 处引弧，并慢慢地向左移动，待原弧坑处开始熔化形成熔池和熔孔后，继续填丝焊接。

4）收弧。如果焊机有电流自动衰减装置，则焊至焊件末端，应减小焊枪与焊件的夹角，让热量集中在焊丝上，加大焊丝熔化量，以填满弧坑。切断控制开关，这时焊接电流逐渐减小，熔池也不断缩小，焊丝回抽，但不要脱离氩气保护区，停弧后，氩气延时 10s 左右关闭，以防止熔池金属在高温下氧化。

如果焊机没有电流自动衰减装置，则在收弧处要慢慢地抬起焊枪，并减小焊枪倾角，加大焊丝的熔化量，待弧坑填满后再切断电流。

（2）填充焊　操作注意事项和步骤同打底焊。

焊接时焊枪应横向摆动，一般做锯齿形摆动，其焊枪的摆动幅度比打底焊时稍大，在坡口两侧稍停留，以保证坡口两侧熔合好，焊道均匀。

填充焊道应比焊件表面低 1mm 左右，不要熔化坡口的上棱边。

（3）盖面焊　盖面焊时进一步加大焊枪的摆动幅度，保证熔池两侧超过坡口棱边 0.5~1.5mm，根据焊缝的余高决定填丝速度。

4. 清理现场

训练结束后，必须整理工具设备；关闭电源，清理打扫场地。做到“工完场清”，并由值日生或指导教师检查，做好记录。

5. 焊接时容易出现的缺陷及排除方法

焊接时容易出现的缺陷及排除方法见表 3-15。

表 3-15 焊接时容易出现的缺陷及排除方法

缺陷名称	产生原因	排除方法
产生氧化物夹渣或气孔	（1）送丝动作掌握不好，使空气卷入 （2）送丝位置不准	（1）送丝时，焊丝端部不要撤出氩气保护区 （2）送丝位置从熔池前沿滴进，随后撤回
钨极端部发黑，易使焊缝夹钨	焊接过程中钨极与熔池或钨极与焊丝相接触而短路产生污染物	（1）操作时应防止短路 （2）磨掉钨极被污染部分 （3）如检查发现焊件夹钨，则铲除夹钨处缺陷，重新焊接
分不清焊透与未焊透	（1）操作技术不熟练 （2）观察熔池变化不仔细	（1）提高操作水平 （2）掌握熔池变化规律，焊透时熔池下沉，未焊透时熔池不会下沉

（二）板厚 6mm 的 V 形坡口对接立焊

1. 装配与定位焊

1）钝边为 0mm，装配间隙为 2~3mm，预置反变形为 3°，错边量应不大于 1mm，见表 3-13。

2）采用与焊接焊件时相同牌号的焊丝进行定位焊，并定位焊于焊件反面两端，定位焊缝长度为 10~15mm。焊后对装配位置和定位焊质量进行检查。

2. 焊接参数（表 3-16）

表 3-16 对接立焊焊接参数

焊接层次	焊接电流/A	电弧电压/V	氩气流量/(L/min)	钨极直径	焊丝直径	钨极伸出长度	喷嘴直径	喷嘴与焊件间的距离
				/mm				
打底焊	80~90	12~16	7~9	2.5	2.5	4~8	10	≤12
填充焊	90~100							
盖面焊	90~100							

3. 焊接要点

立焊难度大，主要特点是熔池金属下坠，焊缝成形不好，易出现焊瘤和咬边，因此除具有平焊的基本操作技能外，选用偏小的电流，焊枪做上凸月牙形摆动，并随时调整焊枪角度来控制熔池的凝固，避免液态金属下淌。通过焊枪的移动与填充焊丝的有机配合，获得良好的焊缝成形。

立焊焊枪角度与填充位置如图 3-16 所示。

焊件固定在垂直位置，小间隙在最下面。

（1）打底焊　在焊件最下端的定位焊缝上引弧，先不加焊丝，待定位焊缝开始熔化，形成熔池和熔孔后，开始填丝向上焊接，焊枪做上凸月牙形摆动，在坡口两侧稍停留，保证两侧熔合好。焊接时应注意，焊枪向上移动的速度要合适，特别是要控制好熔池的形状，保证熔池外沿接近为椭圆形，不能凸出来，否则焊道外凸成形不好。尽可能让已焊好的焊道托住熔池，使熔池表面接近像一个水平面匀速上升，这样焊缝外观较平整。

立焊最佳填丝位置如图 3-17 所示。

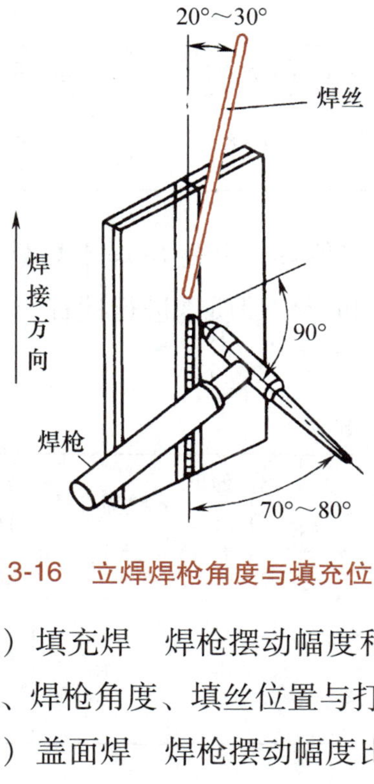

图 3-16　立焊焊枪角度与填充位置

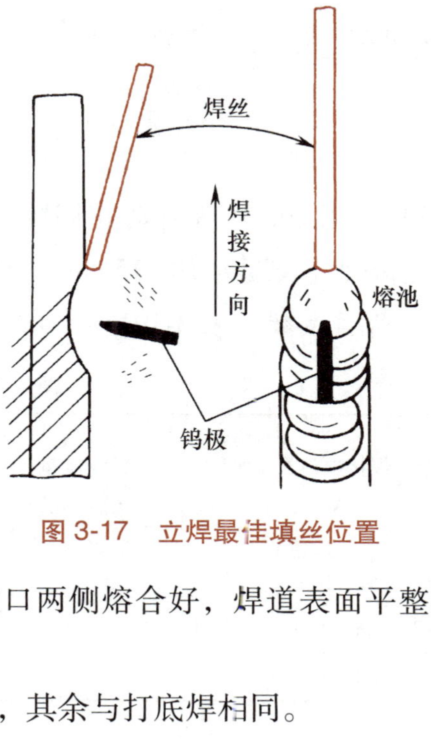

图 3-17　立焊最佳填丝位置

（2）填充焊　焊枪摆动幅度稍大，保证坡口两侧熔合好，焊道表面平整，焊接步骤、焊枪角度、填丝位置与打底焊相同。

（3）盖面焊　焊枪摆动幅度比填充焊稍大，其余与打底焊相同。

4. 清理现场

训练结束后，必须整理工具设备；关闭电源，清理打扫场地。做到“工完场清”，并由值日生或指导教师检查，做好记录。

5. 焊接时容易出现的缺陷及排除方法

焊接时容易出现的缺陷及排除方法见表 3-17。

表 3-17 焊接时容易出现的缺陷及排除方法

缺陷名称	产生原因	排除方法
夹渣	（1）焊件表面清理不净 （2）氩气保护效果差	（1）严格清理焊件表面 （2）焊接区和焊丝必须在氩气保护区内
烧穿	难以掌握熔池温度，因铝合金从固态转变为液态无明显颜色变化	（1）掌握铝合金熔化特点 （2）焊接时，只要铝合金失去光泽，即已熔化，均可填加焊丝

（三）板厚6mm的V形坡口对接横焊

1. 装配与定位焊

1）坡口角度为60°，装配间隙为2~3mm，钝边为0mm，预置反变形为6°~8°，错边量应不大于1mm，见表3-18。

表 3-18 装配尺寸

坡口角度/(°)	装配间隙/mm	钝边/mm	反变形/(°)	错边量/mm
60	始焊端 2.0 终焊端 3.0	0	6~8	≤1

2）采用与焊接焊件时相同牌号的焊丝进行定位焊，并定位焊于焊件反面两端，定位焊缝长度为10~15mm。焊后对装配位置和定位焊质量进行检查。

2. 焊接参数（表3-19）

表 3-19 横焊焊接参数

焊接层次	焊接电流/A	电弧电压/V	氩气流量/(L/min)	钨极直径	焊丝直径	钨极伸出长度	喷嘴直径	喷嘴与焊件间的距离
				/mm				
打底焊	90~100	12~16	7~9	2.5	2.5	4~8	10	≤12
填充焊	100~110							
盖面焊	100~110							

3. 焊接要点

焊接时要避免上部咬边，下部焊道凸出下坠，电弧热量要偏向坡口下部，防止上部坡口过热，母材熔化过多。

焊道分布是三层四道，如图3-18所示，采用左向焊法。

（1）焊件位置　焊件垂直固定，坡口在水平位置，小间隙处放在右侧。

（2）打底焊　保证根部焊透，坡口两侧熔合良好。

横焊打底焊时焊枪角度和填丝位置如图 3-19 所示。

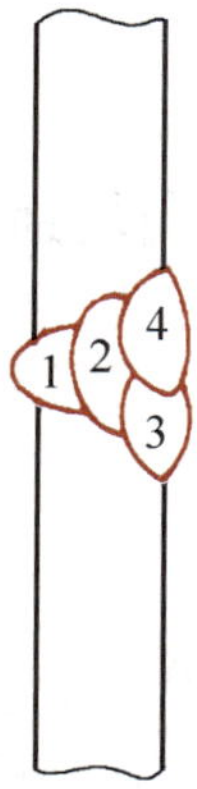

图 3-18　焊道分布

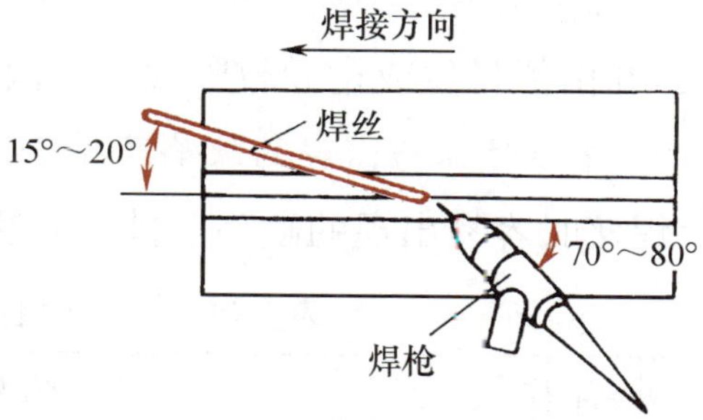

图 3-19　横焊打底焊时焊枪角度和填丝位置

在焊件右端定位焊缝处引弧，先不加焊丝，焊枪在右端定位焊缝处稍停留，待形成熔池和熔孔后，再填丝并向左焊接。焊枪做小幅度锯齿形摆动，在坡口两侧稍停留。

正确的横焊填丝位置如图 3-20 所示。

（3）填充焊　除焊枪摆动幅度稍加大外，焊接顺序、焊枪角度、填丝位置都与打底焊相同。

（4）盖面焊　盖面焊有两条焊道，焊枪角度如图 3-21 所示。先焊下面的焊道，后焊上面的焊道。

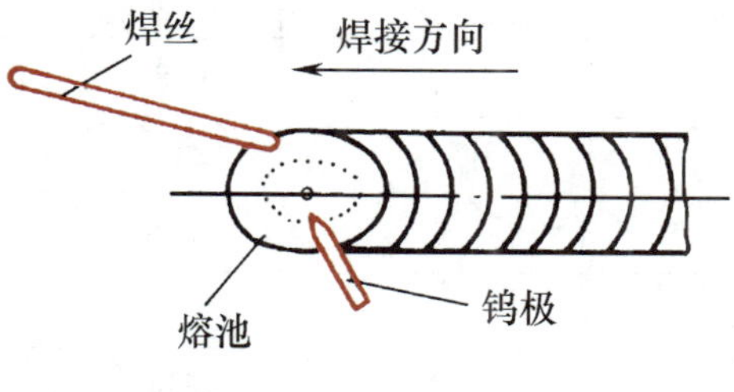

图 3-20　正确的横焊填丝位置

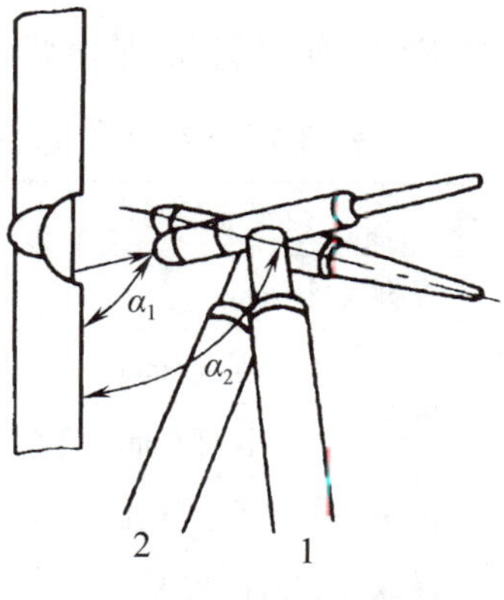

图 3-21　横焊盖面焊焊枪角度

$\alpha_1 = 95° \sim 105°$　$\alpha_2 = 70° \sim 80°$

焊下面的焊道时，电弧以填充焊道的下沿为中心摆动，使熔池的上沿在填充焊道的 2/3~1/2 处，熔池的下沿超过坡口下棱边 0.5~1.5mm。

焊上面的焊道时，电弧以填充焊道的上沿为中心摆动，使熔池的上沿超过坡口上棱边 0.5~1.5mm，熔池的下沿与下面的盖面焊道均匀过渡，保证盖面焊道表面平整。

4. 清理现场

训练结束后，必须整理工具设备；关闭电源，清理打扫场地。做到“工完场清”，并由值日生或指导教师检查，做好记录。

5. 焊接时容易出现的缺陷及排除方法

焊接时容易出现的缺陷及排除方法见表 3-20。

表 3-20 焊接时容易出现的缺陷及排除方法

缺陷名称	产生原因	排除方法
焊瘤	（1）熔化金属受重力作用下淌 （2）熔池温度过高	（1）铲除焊瘤 （2）随时观察熔池变化，调整焊枪角度使熔池不过热
咬边	（1）焊接电流太大 （2）焊枪角度不正确	（1）调整焊接电流 （2）调整焊枪角度

第六节 管板焊接技能训练

一、手工钨极氩弧焊管板焊接焊缝质量检验项目及标准

手工钨极氩弧焊管板焊接焊缝质量检验项目及标准见表 3-21。

表 3-21 手工钨极氩弧焊管板焊接焊缝质量检验项目及标准

<table>
<tr><th colspan="3">检验项目</th><th>标　准</th></tr>
<tr><td rowspan="5">焊缝外观检查</td><td colspan="2">焊脚尺寸/mm</td><td>6~8</td></tr>
<tr><td rowspan="2">咬边</td><td>深度/mm</td><td>≤0.5</td></tr>
<tr><td>长度/mm（累计计算）</td><td>≤15</td></tr>
<tr><td colspan="2">内凹、未焊透、气孔、夹渣、焊瘤、未熔合</td><td>无</td></tr>
<tr><td colspan="2">通球（管内径 85%）</td><td>通过</td></tr>
<tr><td colspan="3">焊缝金相宏观检查</td><td>3 个面无缺陷</td></tr>
</table>

二、插入式管板焊接技能训练

插入式管板焊接时，要保证焊缝根部焊透，焊脚对称，外形美观，尺寸均匀、

无缺陷。

1. 管板垂直固定俯焊

（1）装配与定位焊　采取一点定位焊（时钟 12 点位置），将焊件放在焊接工作台上。采用与焊接焊件时相同牌号的焊丝进行定位焊，定位焊缝长度为 10～15mm；要求焊透，焊脚不能过高。管子应垂直于孔板，焊后对装配位置和定位焊质量进行检查。

（2）焊接要点　单层单道，左向焊法，管板垂直固定俯焊焊枪角度如图 3-22 所示。管板垂直固定俯焊焊接参数见表 3-22。

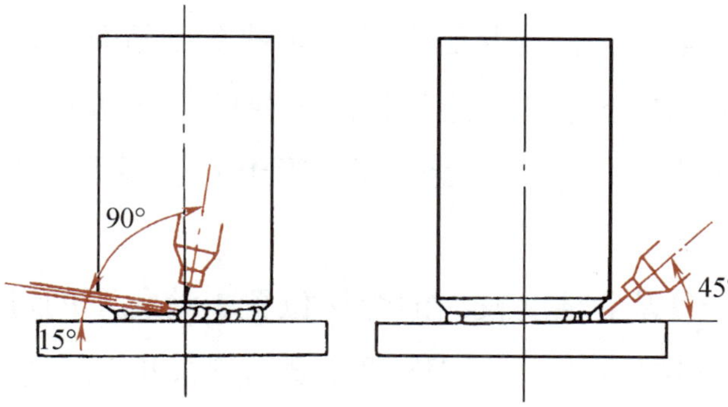

图 3-22　管板垂直固定俯焊焊枪角度

表 3-22　管板垂直固定俯焊焊接参数

焊接电流/A	电弧电压/V	氩气流量/(L/min)	钨极直径	焊丝直径	喷嘴直径	喷嘴与焊件间的距离
			mm			
90～100	11～13	6～8	2.5	2.5	8	≤12

焊接步骤如下。

1）调整钨极伸出长度。

2）引弧。在焊件右侧的定位焊缝上引弧，先不加焊丝，引弧后，焊枪稍作摆动，待定位焊缝开始熔化并形成熔池后，开始填加焊丝，并向左焊接。

3）焊接。在焊接过程中，电弧应以管子与孔板的顶角为中心开始横向摆动，摆动幅度要适当，使焊脚均匀，注意观察熔池两侧和前方。当管子和孔板熔化的宽度基本相等时，焊脚就可以认为是对称的。为了防止管子咬边，电弧可稍离开管壁，从熔池前上方填加焊丝，使电弧的热量偏向孔板。

4）接头。在收弧处右侧 15～20mm 的焊缝上引弧，电弧引燃后，将电弧迅速左移至原收弧处，先不填加焊丝，待接头处熔化并形成熔池后，开始填加焊丝，按正常速度焊接。

5）收弧。一圈焊缝快焊完时停止送丝，待原来的焊缝金属熔化，与熔池连成一体后再加焊丝，填满弧坑后断弧。通常这种封闭焊缝的最后接头处容易未焊透，焊接时必须用电弧加热根部，观察顶角处熔化后再加焊丝。如果焊不透，可将原来的焊缝接头部位磨成斜坡，这样更容易接好头。

（3）清理现场　训练结束后，必须整理工具设备；关闭电源，清理打扫场地。做到“工完场清”，并由值日生或指导教师检查，做好记录。

2. 管板垂直固定仰焊

（1）装配与定位焊　采取两点定位焊（时钟6点和时钟12点位置），将焊件放在焊接工作台上。采用与焊接焊件时相同牌号的焊丝进行定位焊，定位焊缝长度为10~15mm；要求焊透，焊脚不能过高。管子应垂直于孔板，焊后对装配位置和定位焊质量进行检查。

（2）焊接要点　仰焊是难度较大的焊接位置，熔化了的母材和焊丝熔滴易下坠，所以必须严格控制焊接热输入和冷却速度。焊接电流应稍小些，焊接速度应稍快些，送丝频率应稍加快，但要减少送丝量，氩气流量应适当加大，焊接时尽量压低电弧。焊缝采用两层三道，左向焊法焊接。管板垂直固定仰焊焊接参数见表3-23。

表3-23　管板垂直固定仰焊焊接参数

焊接电流/A	电弧电压/V	氩气流量/(L/min)	钨极直径	焊丝直径	喷嘴直径	喷嘴与焊件间的距离
			mm			
80~90	11~13	6~8	2.5	2.5	8	≤12

1）打底焊。打底焊应保证顶角处的熔深，其焊枪角度如图3-23所示。在右侧定位焊缝上引弧，先不加焊丝，并向左焊接。

焊接过程中要尽量压低电弧，电弧对准顶角向左焊接，保证坡口两侧熔合好，焊丝熔滴不能太大，当焊丝端部熔化形成较小的熔滴时，立即送入熔池中，然后退出焊丝，发现熔池表面下凸时，应加快焊接速度，待熔池稍冷却后再加焊丝。

2）盖面焊。盖面焊有两条焊道，其焊枪角度如图3-24所示。先焊下面的焊道，后焊上面的焊道。

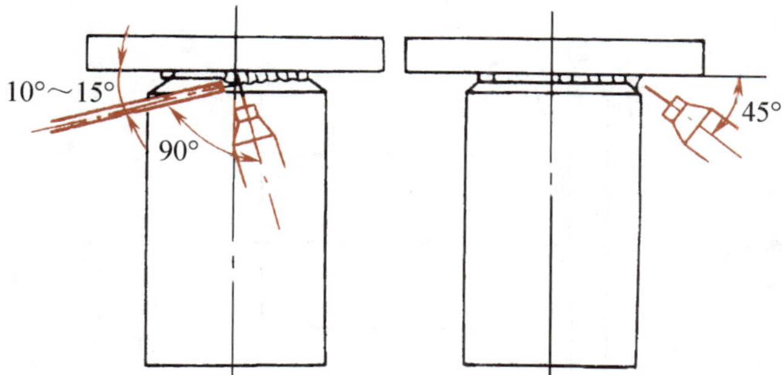

图 3-23　仰焊打底焊焊枪角度

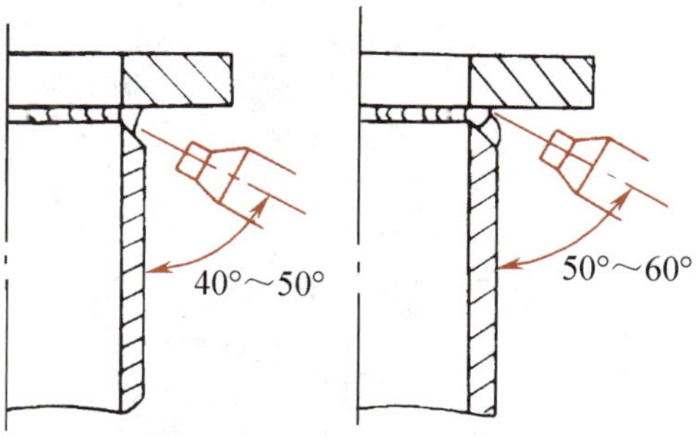

图 3-24　仰焊盖面焊焊枪角度

焊接步骤同打底焊。

（3）清理现场　训练结束后，必须整理工具设备；关闭电源，清理打扫场地。做到“工完场清”，并由值日生或指导教师检查，做好记录。

3. 管板水平固定全位置焊

（1）装配与定位焊　采取两点定位焊（时钟 5 点和时钟 11 点位置），将焊件放在焊接工作台上。采用与焊接焊件时相同牌号的焊丝进行定位焊，定位焊缝长度为 10～15mm；要求焊透，焊脚不能过高。管子应垂直于孔板，焊后对装配位置和定位焊质量进行检查。

（2）焊接要点　两层两道。每层都分成前、后两半周，依次焊接。管板水平固定全位置焊焊接参数见表 3-24。

表 3-24　管板水平固定全位置焊焊接参数

焊接电流/A	电弧电压/V	氩气流量/（L/min）	钨极直径	焊丝直径	喷嘴直径	喷嘴与焊件间的距离
			mm			
80～90	11～13	6～8	2.5	2.5	8	≤12

1）打底焊。将焊件管子轴线固定在水平位置，时钟 12 点处在正上方。

全位置焊焊枪角度如图 3-25 所示。在时钟 6 点处左侧 10～20mm 处引弧，先不加焊丝，待顶角处熔化形成熔池后，开始加焊丝，并按逆时针方向焊至时钟 12 点处左侧 10～20mm 处。

从时钟 6 点左侧 10～20mm 处引弧，先不加焊丝，电弧按顺时针方向移至焊缝端部预热，待焊缝端部熔化形成熔池后加焊丝，按顺时针方向焊至时钟 12 点左侧 10～20mm 处，停止送丝，待焊缝熔化时加焊丝，接完打底焊道的最后一个封闭接头。

视频 17
插入式铝合金管板水平固定全位置 TIG 焊

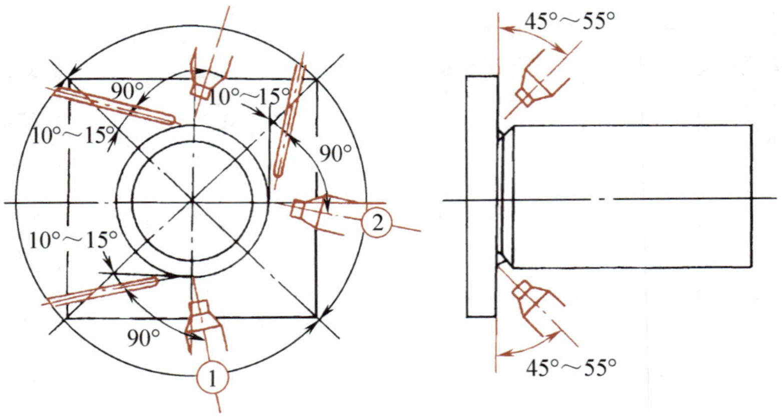

图 3-25 全位置焊焊枪角度

2）盖面焊。按打底焊的顺序焊完盖面焊道，焊接时摆动幅度稍宽，保证焊脚尺寸符合要求。

（3）清理现场 训练结束后，必须整理工具设备；关闭电源，清理打扫场地。做到“工完场清”，并由值日生或指导教师检查，做好记录。

三、骑座式管板焊接技能训练

骑座式管板焊接难度较大，既要保证单面焊双面成形，又要保证焊缝正面均匀美观，焊脚对称，再加上管壁薄、孔板厚、坡口两侧导热情况不同，需控制热量分布，这也增加了难度。通常都靠打底焊保证焊缝背面成形，靠填充焊和盖面焊保证焊脚尺寸和外观质量。

1. 管板垂直固定俯焊

（1）装配与定位焊 采取两点定位焊（时钟5点和时钟11点位置），将焊件放在焊接工作台上。采用与焊接焊件时相同牌号的焊丝进行定位焊，定位焊缝长度为10~15mm；要求焊透，焊脚不能过高。管子应垂直于孔板，焊后对装配位置和定位焊质量进行检查。

（2）焊接要点 两层两道，左向焊法焊接。俯焊焊枪角度如图3-22所示。管板垂直固定俯焊焊接参数见表3-25。

表 3-25 管板垂直固定俯焊焊接参数

焊接电流/A	电弧电压/V	氩气流量/(L/min)	钨极直径	焊丝直径	喷嘴直径	喷嘴与焊件间的距离
			mm			
90~100	11~13	6~8	2.5	2.5	8	≤12

焊前先调整焊接参数和钨极伸出长度。

1）打底焊。打底焊需保证焊缝根部焊透，焊道背面成形。

将焊件垂直固定在俯位处，一个定位焊缝在右侧。在右侧的定位焊缝上引弧，先不加焊丝，电弧在原位置稍作摆动，待定位焊缝熔化，形成熔池和熔孔后送焊丝，待焊丝端部熔化形成熔滴后，轻轻地将焊丝向熔池推一下，将液态金属送到熔池前端的熔池中，以提高焊道背面的高度，防止未焊透和背面焊道焊肉不够。

焊至其他的定位焊缝处时，应停止送丝，利用电弧将定位焊缝熔化并和熔池连成一体后，再送丝继续向左焊接。

焊接时要注意观察熔池，保证熔孔大小一致，防止管子烧穿。若发现熔孔变大，可通过适当加大焊枪与孔板间的夹角，增加焊接速度，减小电弧在管子坡口侧的停留时间，或减小焊接电流等方法，使熔孔变小；若发现熔孔变小，则采取与上述相反的措施，使熔孔增加。

收弧时，先停止送丝，随后断开控制开关，此时焊接电流衰减，熔池逐渐缩小，当电弧熄灭，熔池凝固冷却到一定温度后，才能移开焊枪，以防止收弧处焊缝金属被氧化。

接头时应在弧坑右方 10~20mm 处引弧，并立即将电弧移至接头处，先不加焊丝，待接头处熔化左端出现熔孔后再填加焊丝焊接。

焊至封闭处，可稍停送丝，待原焊缝接头处熔化时再送丝，以保证接头处熔合良好。

2）盖面焊。盖面焊必须保证熔合好，无缺陷。

焊前可先将打底焊道上局部凸起处打磨平整。

从右侧打底焊道上引弧，先不填加焊丝，待引弧处局部熔化形成熔池时，开始填充焊丝，并向左焊接。

盖面焊时，焊枪横向摆动幅度较大，需保证熔池两侧与管子外圆及孔板熔合好。其他操作要求同打底焊。

（3）清理现场　训练结束后，必须整理工具设备；关闭电源，清理打扫场地。做到“工完场清”，并由值日生或指导教师检查，做好记录。

2. 管板垂直固定仰焊

（1）装配与定位焊　采取两点定位焊（时钟 6 点和时钟 12 点位置），将焊件放在焊接工作台上。采用与焊接焊件时相同牌号的焊丝进行定位焊，定位焊缝长度为 10~15mm；要求焊透，焊脚不能过高。管子应垂直于孔板，焊后对装配位置和定位焊质量进行检查。

(2) 焊接要点　两层三道，焊道分布如图 3-26 所示，管板垂直固定仰焊焊接参数见表 3-26。

表 3-26　管板垂直固定仰焊焊接参数

焊接电流/A	电弧电压/V	氩气流量/(L/min)	钨极直径	焊丝直径	喷嘴直径	喷嘴与焊件间的距离
			mm			
80~90	11~13	6~8	2.5	2.5	8	≤12

1) 打底焊。焊枪角度如图 3-23 所示。

将焊件在垂直仰位处固定好，一个定位焊缝在右侧。

在右侧定位焊缝上引弧，先不填加焊丝，待坡口根部熔化并形成熔孔后，再填加焊丝向左焊接。

焊接时电弧尽可能短些，熔池要小，但要保证孔板和管子坡口面熔合好，根据熔孔和熔池表面情况调整焊枪角度和焊接速度。

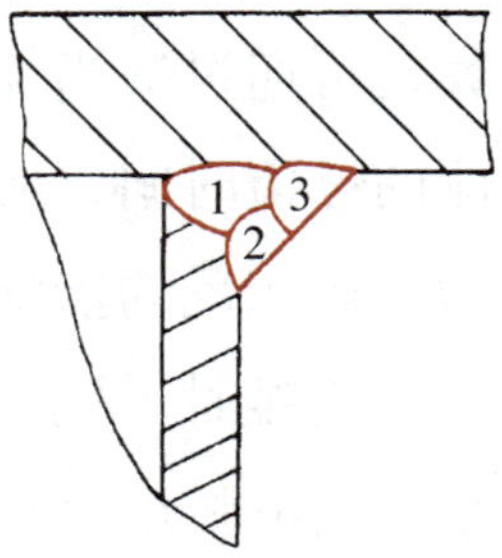

图 3-26　焊道分布

管子侧坡口根部的熔孔超过原棱边应小于 1mm，否则背面焊道太宽太高。

接头时，在接头处右侧 10~20mm 处引弧，先不填加焊丝，待接头处熔化形成熔孔后，再填加焊丝继续向左焊接。

2) 盖面焊。盖面焊有两条焊道，先焊下面的焊道，后焊上面的焊道。仰焊盖面焊焊枪角度如图 3-24 所示。

焊下面的焊道时，电弧对准打底焊道下沿，焊枪做小幅度锯齿形摆动，熔池下沿在超过管子坡口棱边 1~1.5mm 处，熔池上沿在打底焊道的 2/3~1/2 处。

焊上面的焊道时，电弧以打底焊道上沿为中心，焊枪做小幅度摆动，使其和下面的焊道圆滑地连接在一起。

(3) 清理现场　训练结束后，必须整理工具设备；关闭电源，清理打扫场地。做到"工完场清"，并由值日生或指导教师检查，做好记录。

3. 管板水平固定全位置焊

(1) 装配与定位焊　采取两点定位焊（时钟 5 点和时钟 11 点位置），将焊件放在焊接工作台上。采用与焊接焊件时相同牌号的焊丝进行定位焊，定位焊缝长度为 10~15mm；要求焊透，焊脚不能过高。管子应垂直于孔板，焊后对装配位置和定位焊质量进行检查。

（2）焊接要点　在掌握好平、立、仰焊技术的基础上才能焊好全位置的焊接。

将焊件用通过管子轴线的垂直平面将焊件分成两半周，并按时钟面将焊件分成 12 等分，时钟 12 点处在最上方，如图 3-25 所示。仰焊焊接参数见表 3-27。

表 3-27　仰焊焊接参数

焊接电流/A	电弧电压/V	氩气流量/(L/min)	钨极直径	焊丝直径	喷嘴直径	喷嘴与焊件间的距离
			mm			
80~90	11~13	6~8	2.5	2.5	8	≤12

焊道分布为两层两道。每层均分为两半，先按顺时针方向焊前半周，后按逆时针方向焊后半周。

1）打底焊。将焊件管子轴线固定在水平位置，时钟 12 点处在正上方。

焊枪角度和填丝位置有两种情况，用①、②区分，全位置焊枪角度如图 3-25 所示。

在时钟 6 点处左侧 10~15mm 处引弧，先不加填充焊丝，待坡口根部熔化并形成熔孔后，开始填加焊丝，并按逆时针方向焊至时钟 12 点左侧 10~20mm 处。

然后从时钟 6 点处引弧，先不填加焊丝，待焊缝开始熔化时，按顺时针方向移动电弧，当焊缝前端出现熔孔后，开始填加焊丝，并继续沿顺时针方向焊接。

焊至接近时钟 12 点处，停止送丝，待原焊缝处开始熔化时，迅速填加焊丝，使焊缝封闭。注意要防止烧穿和未熔合。

2）盖面焊。焊接顺序和要求同打底焊，但焊枪摆动幅度稍大。

（3）清理现场　训练结束后，必须整理工具设备；关闭电源，清理打扫场地。做到“工完场清”，并由值日生或指导教师检查，做好记录。

四、管板焊接时容易出现的缺陷及排除方法

管板焊接时容易出现的缺陷及排除方法见表 3-28。

表 3-28　管板焊接时容易出现的缺陷及排除方法

缺陷名称	产生原因	排除方法
接头处未焊透	（1）接头处厚度增大 （2）加热时间短	（1）先充分加热接头处，再加焊丝 （2）将接头处磨成斜坡

（续）

缺陷名称	产生原因	排除方法
焊脚尺寸小，且不对称	（1）焊接电流小 （2）操作不正确	（1）加大焊接电流，增加填充焊丝 （2）电弧应以焊脚根部为中心做横向摆动

第七节　管子对接技能训练

一、手工钨极氩弧焊管子对接焊缝质量检验项目及标准

手工钨极氩弧焊管子对接焊缝质量检验项目及标准见表3-29。

表3-29　手工钨极氩弧焊管子对接焊缝质量检验项目及标准

检验项目			标　准
焊缝外观检查	焊缝余高/mm		0~3
	焊缝余高差/mm		0~2
	焊缝每侧增宽/mm		0.5~2.5
	焊缝宽度差/mm		0~2
	咬边	深度/mm	≤0.5
		长度/mm（累计计算）	≤10
	未焊透、气孔、夹渣、未熔合、焊瘤		无
	通球（管内径85%）		通过
弯曲试验			按GB/T 2653—2008《焊接接头弯曲试验方法》规定

二、小径管对接技能训练

1. 水平转动小径管对接

（1）装配与定位焊　采取一点定位焊（时钟6点位置），将焊件放在焊接工作台上。采用与焊接焊件时相同牌号的焊丝进行定位焊，定位焊缝长度为10~15mm；要求焊透。焊后对装配位置和定位焊质量进行检查。

（2）焊接要点　定位焊缝可只焊一处，位于时钟6点处（相当于时钟位置），保证该处间隙为2mm。水平转动小径管对接焊焊接参数见表3-30。

表 3-30　水平转动小径管对接焊焊接参数

焊接电流/A	电弧电压/V	氩气流量/(L/min)	预热温度（最低）	层间温度（最高）	钨极直径	焊丝直径	喷嘴直径	喷嘴与焊件间的距离
			℃		mm			
90～100	10～12	6～10	15	250	2.5	2.5	8	≤10

焊道分布是两层两道，焊枪角度如图 3-27 所示。焊前将定位焊缝放在时钟 6 点处，保证时钟 12 点处间隙为 1.5mm。

1）打底焊。在时钟 12 点处引弧，管子不动，也不填加焊丝，待管子坡口熔化并形成熔孔后，管子开始转动并填加焊丝。

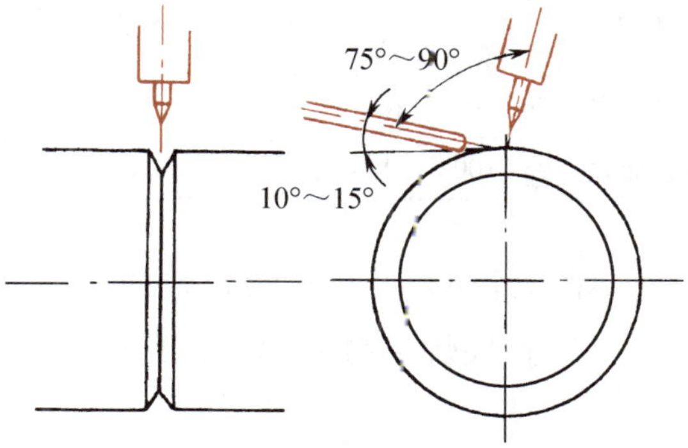

图 3-27　焊枪角度

在焊接过程中，焊接电弧始终保持在时钟 12 点处，始终对准间隙，可稍作横向摆动，应保证管子的转动速度和焊接速度一致。在焊接过程中，填充焊丝以往复运动方式间断地送入电弧内的熔池前方，成滴状滴入熔池。焊丝送进要有规律，不能时快时慢，这样才能保证焊缝成形美观。

在焊接过程中，管子、焊丝、喷嘴的位置要保持一定的距离，避免焊丝扰动气流及触到钨极。焊丝末端不得脱离氩气保护区，以免端部被氧化。

当焊至定位焊缝处时，应暂停焊接。收弧时，先将焊丝抽离电弧区，但不要脱离氩气保护区，同时切断控制开关，这时焊接电流衰减，熔池随之缩小，当电弧熄灭后，延时切断氩气时，焊枪才能离开。

将定位焊缝磨掉，在收弧处磨成斜坡并清理干净后，在斜坡上引弧，待焊缝开始熔化后，管子开始转动并填加焊丝，直至焊完打底焊缝为止。

打底焊道封闭前，先停止送进焊丝和转动，待连接处焊缝开始熔化时，再填加焊丝接头，填满弧坑后断弧。

2）盖面焊。除焊枪横向摆动幅度稍大外，其余操作步骤和要求同打底焊。

（3）清理现场　训练结束后，必须整理工具设备；关闭电源，清理打扫场地。做到“工完场清”，并由值日生或指导教师检查，做好记录。

2. 垂直固定小径管对接

（1）装配与定位焊　采取一点定位焊（时钟 12 点位置），将焊件放在焊接工作台上。采用与焊接焊件时相同牌号的焊丝进行定位焊，定位焊缝长度为10~15mm；要求焊透。焊后对装配位置和定位焊质量进行检查。

（2）焊接要点　定位焊缝可只焊一处，保证该处的间隙为2mm，与它对称点处间隙为1.5mm，将管子固定，使其轴线处于垂直位置，间隙小的一侧在右边。垂直固定小径管对接焊焊接参数见表3-31。

表3-31　垂直固定小径管对接焊焊接参数

焊接层次	焊接电流/A	电弧电压/V	氩气流量/(L/min)	电流极性	预热温度（最低）	层间温度（最高）	焊丝直径	钨极直径	喷嘴直径	喷嘴与焊件间的距离
					℃		mm			
打底焊	90~95	10~12	8~10	直流正接	15	250	2.5	2.5	8	≤8
盖面焊	95~100		6~8							

焊道分布是两层三道，盖面层上下两道。

1）打底焊。打底焊焊枪角度如图3-28所示。

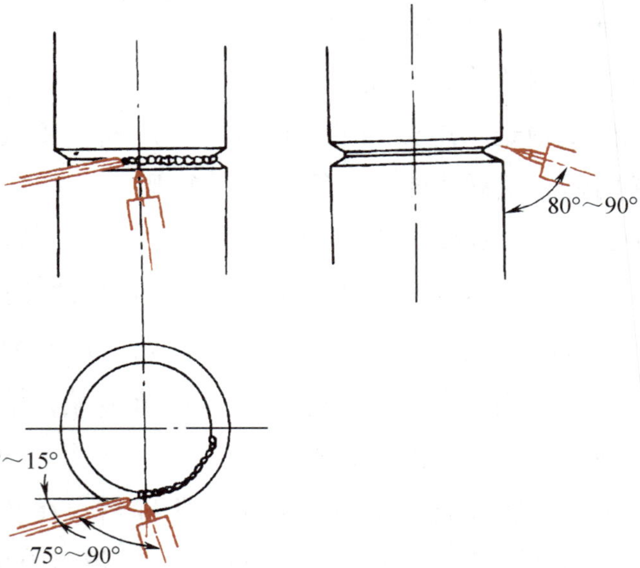

图3-28　打底焊焊枪角度

在右侧间隙最小处引弧，先不填加焊丝，待坡口根部熔化形成熔孔后送进焊丝，当焊丝端部熔化形成熔滴后，将焊丝轻轻地向熔池中推一下，并向管内摆动，将液态金属送到坡口根部，以保证背面焊缝的高度。填充焊丝的同时，焊枪小幅度做横向摆动并向左均匀移动。

在焊接过程中，填充焊丝以往复运动方式间断地送入电弧内的熔池前方，在熔池前呈滴状进入熔池。焊丝送进要有规律，不能时快时慢，这样才能保证焊缝成形美观。

当操作者要移动位置暂时停止焊接时，应按收弧要点进行操作。操作者再进行焊接时，焊前应将焊缝收弧处打磨成斜坡状并清理干净，在斜坡上引弧，移至离接头 8~10mm 处，焊枪不动，当获得清晰的熔池后，即可填加焊丝，继续从右向左进行焊接。

小管子垂直固定打底焊，电弧的热量要集中在坡口的下部，以防止上部坡口过热，母材熔化过多，产生咬边或焊缝背面的余高下坠。

2）盖面焊。盖面焊缝由上、下两道焊缝组成，先焊下面的焊道，后焊上面的焊道。盖面焊焊枪角度如图 3-29 所示。

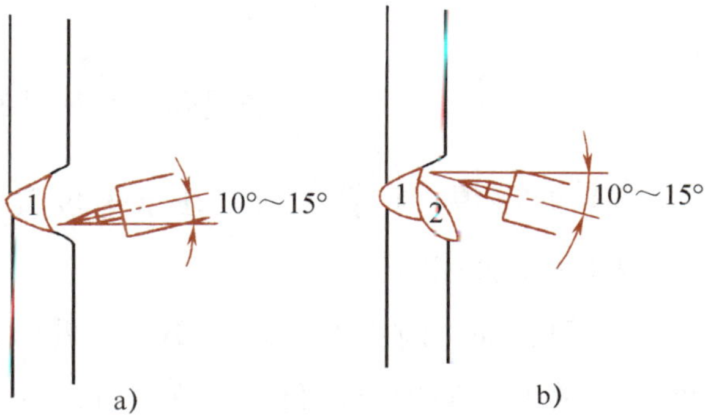

图 3-29　盖面焊焊枪角度

a）焊下面焊道时焊枪角度　b）焊上面焊道时焊枪角度

焊下面的盖面焊道时，电弧对准打底焊道下沿，使熔池下沿超出管子坡口棱边 0. 5~1. 5mm，使熔池上沿在打底焊道 2/3~1/2 处。

焊上面的盖面焊道时，电弧对准打底焊道上沿，使熔池上沿超出管子坡口 0. 5~1. 5mm，下沿与下面的焊道圆滑过渡，焊接速度要适当加快，送丝频率加快，适当减少送丝量，防止焊缝下坠。

（3）清理现场　训练结束后，必须整理工具设备；关闭电源，清理打扫场地。做到“工完场清”，并由值日生或指导教师检查，做好记录。

3. 水平固定小径管全位置焊

（1）装配与定位焊　采取一点定位焊（时钟 12 点位置），将焊件放在焊接工作台上。采用与焊接焊件时相同牌号的焊丝进行定位焊，定位焊缝长度为 10~15mm；要求焊透。焊后对装配位置和定位焊质量进行检查。

（2）焊接要点　定位焊缝可只焊一处，位于时钟 12 点。保证该处间隙为 2mm，与该点对称处间隙为 1. 5mm 左右。水平固定小径管全位置焊焊接参数见表 3-32。

表 3-32　水平固定小径管全位置焊焊接参数

焊接电流/A	电弧电压/V	氩气流量/(L/min)	预热温度（最低）	层间温度（最高）	钨极直径	焊丝直径	喷嘴直径	喷嘴与焊件间的距离
			℃		mm			
90~100	10~12	6~10	15	250	2. 5	2. 5	8	≤10

焊道分布是两层两道，小径管全位置焊焊枪角度如图3-30所示。

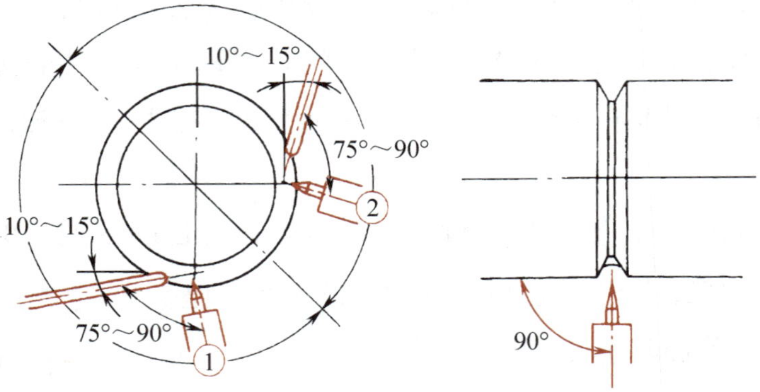

图3-30 小径管全位置焊焊枪角度

1）打底焊。将管子固定在水平位置，定位焊缝放在时钟12点位置处，间隙较小的一端放在时钟6点处。

在仰焊部位时钟6点左侧10mm处引弧，按逆时针方向焊接。焊接打底层要严格控制钨极、喷嘴与焊件焊缝的位置，即钨极应垂直于管子的轴线，喷嘴至两管的距离要相等。引弧后，焊枪暂时不动，当获得一定大小的熔池后，才可往熔池中填送焊丝。焊丝与通过熔池的切线成15°送入熔池前方，焊丝沿坡口的上方送到熔池后，要轻轻地将焊丝向熔池中推一下，并向管内摆动，从而能提高焊缝背面高度，避免凹坑和未焊透。在填丝的同时，焊枪逆时针方向匀速移动。在焊接过程中，填丝和焊枪移动速度要均匀，才能保证焊缝美观。

当焊至时钟12点处时，应暂时停止焊接。收弧时，应先将焊丝抽离电弧区，但不要脱离氩气保护区，然后切断控制开关，这时焊接电流衰减，熔池也相应地减小，当电弧熄灭后，延时切断氩气，焊枪才能移开。

水平小管子焊完一侧后，操作者转到管子另一侧位置。焊前，应先将定位焊缝除掉，将收弧处和引弧处打磨成斜坡状并清理干净后，在时钟6点斜坡处引弧移至左侧离接头8～10mm处，焊枪暂时不动，当获得清晰的熔池后填加焊丝，按顺时针方向焊至时钟12点处，接好最后一个接头，焊完打底焊道。

2）盖面焊。除焊枪摆动幅度稍大、焊接速度稍慢外，其余操作要求同打底焊。

（3）清理现场 训练结束后，必须整理工具设备；关闭电源，清理打扫场地。做到“工完场清”，并由值日生或指导教师检查，做好记录。

三、大径管对接技能训练

手工钨极氩弧焊焊接接头质量虽然较高，但生产率低，仅用于焊接薄件，很少用于焊接厚件，生产中通常用手工钨极氩弧焊作为打底焊。下面讲述大径管对接手工钨极氩弧焊打底焊的操作要点。

1. 水平固定大径管全位置焊

（1）装配与定位焊　采取三点定位焊（时钟 8、12、4 点位置），将焊件放在焊接工作台上。采用与焊接焊件时相同牌号的焊丝进行定位焊，定位焊缝长度为 10~15mm；要求焊透。焊后对装配位置和定位焊质量进行检查。

（2）焊接要点　定位焊缝三处均匀分布，一处在时钟 8 点位置，保证时钟 6 点处间隙为 3mm，时钟 12 点处间隙为 4mm。水平固定大径管全位置焊焊接参数见表 3-33。

表 3-33　水平固定大径管全位置焊焊接参数

焊接电流/A	电弧电压/V	氩气流量/(L/min)	预热温度（最低）	层间温度（最高）	钨极直径	焊丝直径	喷嘴直径	喷嘴与焊件间的距离
			℃		mm			
100~120	12~14	8~12	15	250	2.5	2.5	10	≤12

将所有定位焊缝两端打磨成斜面，使管子固定后轴线在水平位置。焊枪角度如图 3-30 所示。

先按逆时针方向焊前半周。在时钟 8 点处定位焊缝上引弧，先不填加焊丝，待定位焊缝右端熔化并形成熔孔后，从熔池后沿从左向右送进焊丝，当焊丝端部熔化，形成小熔滴，立即送入熔池。

焊至时钟 4 点处改变焊枪角度和送丝位置，焊丝改从熔池前沿送入。

在焊接过程中，电弧应以坡口间隙为中心做锯齿形横向摆动，在坡口两侧稍停留，保证坡口两侧熔合良好，避免打底焊道中间凸出。

焊至时钟 12 点左侧 10~20mm 处熄弧。

按顺时针方向焊后半周，在时钟 8 点处定位焊缝上引弧，先不填加焊丝，待定位焊缝左端熔化，形成熔孔后，从熔池前沿填加焊丝，然后按顺时针方向焊接，焊枪做小幅度锯齿形摆动，在坡口两侧稍停留，焊至封口处停止送丝，待原焊缝端部熔化后，再填加焊丝焊接完最后一个接头，填满弧坑后熄弧。

(3) 清理现场 训练结束后，必须整理工具设备；关闭电源，清理打扫场地。做到“工完场清”，并由值日生或指导教师检查，做好记录。

2. 垂直固定大径管焊接

(1) 装配与定位焊 采取三点定位焊（时钟8、12、4点位置），将焊件放在焊接工作台上。采用与焊接焊件时相同牌号的焊丝进行定位焊，定位焊缝长度为10~15mm；要求焊透。焊后对装配位置和定位焊质量进行检查。

(2) 焊接要点 定位焊缝三处均匀分布，每处10~15mm，管子垂直固定，一个定位焊缝在右侧，保证前面的间隙为3mm，后面的间隙为4mm。垂直固定大径管焊接参数见表3-34。

表3-34 垂直固定大径管焊接参数

焊接电流/A	电弧电压/V	氩气流量/(L/min)	预热温度(最低)	层间温度(最高)	钨极直径	焊丝直径	喷嘴直径	喷嘴与焊件间的距离
			℃		mm			
90~100	10~12	8~10	15	250	2.5	2.5	10	≤12

焊枪角度如图3-28所示。在右侧定位焊缝上引弧，先不填加焊丝，待定位焊缝左侧熔化并形成熔孔后，从熔池前沿填加焊丝，焊枪稍作横向摆动，在坡口两侧稍停留，保证焊缝根部熔合好，要使电弧热量稍偏向下面的管子，防止上坡口面咬边，如此从右向左施焊，直至焊完为止。

(3) 清理现场 训练结束后，必须整理工具设备；关闭电源，清理打扫场地。做到“工完场清”，并由值日生或指导教师检查，做好记录。

四、焊接时容易出现的缺陷及排除方法

焊接时容易出现的缺陷及排除方法见表3-35。

表3-35 焊接时容易出现的缺陷及排除方法

缺陷名称	产生原因	排除方法
咬边、焊瘤	(1) 熔化金属受重力作用下淌 (2) 操作技术不正确	(1) 调整焊枪角度，短弧焊接 (2) 完全熔透再填加焊丝
未焊透	未完全熔透时填加焊丝	掌握焊枪角度，观察熔池变化使其熔透

榜样的力量

大国工匠：秦毅

秦毅，中国船舶集团有限公司（以下简称中船公司）首席技师，获得中华技能大奖、全国技术能手、中央企业“百名杰出工匠”、中央企业劳动模范、全国优秀共青团员、中央企业青年成长成才身边的榜样、上海市五一劳动奖章、上海市十大工人发明家、上海工匠以及中船公司技术能手、中船公司劳动模范、中船公司优秀共产党员等荣誉，并先后申报成立上海市劳模技能创新工作室和上海市技能大师工作室，享受国务院政府特殊津贴。

2003 年，作为连续两届中船公司焊接冠军，秦毅参加了第六届“工程建设杯”全国焊接比赛，技冠群雄，夺得全国中央企业组第一名，成为中船公司最年轻的全国技术能手。兄弟单位都羡慕地说：“秦毅在，我们就只能争第二了”。

2004 年，24 岁的秦毅经过层层选拔，被选派前往日本三井造船厂学习当时国内还是空白的殷瓦钢焊接技术。殷瓦钢焊接通常一名优秀焊工练习 3 个月都难以通过培训考试，而秦毅在 1 个月就掌握和消化了此项本领，成为中国第一个合格殷瓦钢焊工。LNG 船用于运输零下 163℃的液化天然气，因其建造难度极大，被誉为造船“皇冠上的明珠”。殷瓦钢焊接更是核心建造难点，它是一种耐超低温不膨胀的特殊不锈钢材料，厚度仅 0.7mm，薄如纸片。全船殷瓦钢焊缝总长约 130km，焊后需进行 6 项严格密性试验，并保证 100% 无泄漏。

作为国内殷瓦钢焊接 G 证第一人的秦毅出任了全国第一批殷瓦钢焊工培训总教头，他编制了完整的培训方案，重基础、重创新，为中国第一艘 LNG 船成功建造提供了技术人才保障。同时他还将殷瓦钢自动焊、手工平焊、手工立焊、手工仰焊等不同工位的施焊方法整理成工艺规范和作业指导书，这是国内唯一的殷瓦钢焊接技术规范，是建造 LNG 船的“宝典”级教材。

第四章

埋 弧 焊

埋弧焊是利用焊丝和焊件之间在焊剂层下燃烧的电弧所产生的热量，熔化焊丝、焊剂和母材金属而形成焊缝，以达到连接焊件的目的。在埋弧焊中，颗粒状焊剂对电弧和焊接区起保护和合金化作用，而焊丝则作为填充金属。

第一节 概 述

一、埋弧焊的工作原理

图 4-1 所示为埋弧焊焊接过程示意图。焊接时，电源的两极分别接在导电嘴和焊件上，焊丝通过导电嘴与焊件接触，在焊丝周围撒上焊剂，然后接通电源，电流经过导电嘴、焊丝与焊件构成回路。焊接时，焊机的起动、引弧、送丝、机头（或焊件）移动等过程全部实现机械化控制，焊工只需要按动相应的按钮即可完成工作。

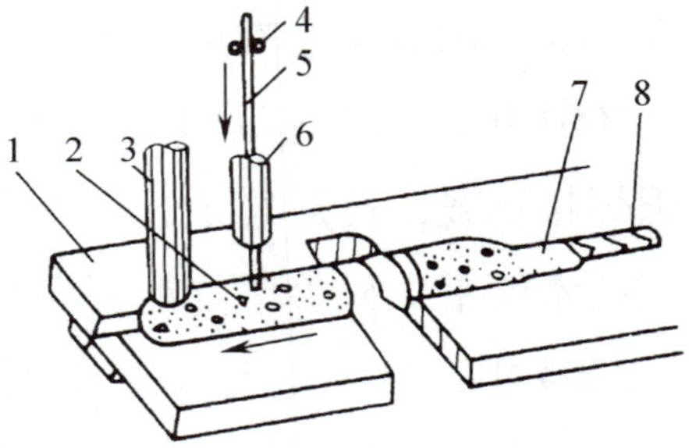

图 4-1 埋弧焊焊接过程示意图

1—焊件 2—焊剂 3—焊剂漏斗
4—送丝轮 5—焊丝
6—导电嘴 7—渣壳 8—焊缝

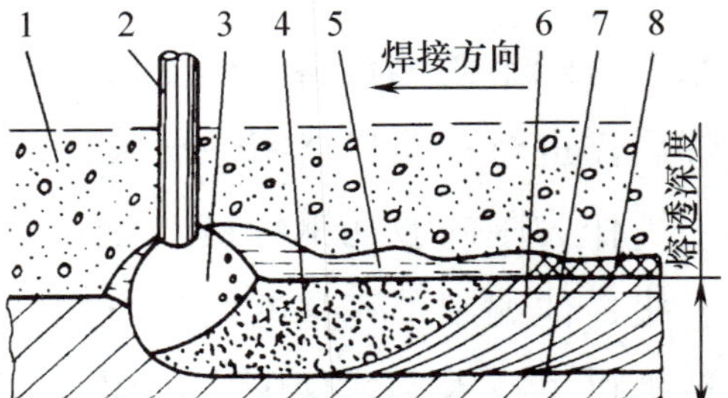

图 4-2 埋弧焊焊缝形成示意图

1—焊剂 2—焊丝 3—电弧
4—熔池金属 5—熔渣
6—焊缝 7—母材 8—渣壳

图 4-2 所示为埋弧焊焊缝形成示意图。焊接时电弧在焊丝与焊件之间燃烧。电弧的热量将焊丝端部及电弧附近的母材和焊剂熔化，熔化的金属形成熔池，熔化的焊剂成为熔渣。熔池受熔渣和焊剂的蒸气的保护，与外界空气隔离。电弧向前移动时，电弧力将熔池中的液体金属推向熔池的后方。在随后的冷却过程中，这部分液体金

属凝固成焊缝；熔渣则凝固成渣壳覆盖在焊缝表面。熔渣除了对熔池和焊缝金属起机械保护作用外，焊接过程中还与熔化金属发生冶金反应，从而影响焊缝金属的化学成分。

二、埋弧焊的特点

1. 埋弧焊的优点

1）生产率高。埋弧焊可采用比焊条电弧焊大的焊接电流。例如：焊条电弧焊使用ϕ4mm 的焊条焊接时，通常的焊接电流不超过250A，当焊接电流过大时，焊条熔化速度太快，焊条发红，焊缝容易产生缺陷，且不能正常焊接；而埋弧焊使用ϕ4～ϕ5mm的焊丝时，通常使用的焊接电流为600～800A，甚至可达到1000A，电流流过焊丝时产生的电阻热比焊条电弧焊大3倍以上，故埋弧焊电流对焊丝的预热作用比焊条电弧焊大得多，再加上电弧在密封的焊剂壳膜中燃烧，热效率极高，使焊丝的熔化系数增大、母材熔化快，提高了焊接速度。焊条电弧焊的焊接速度为10～13cm/min，而埋弧焊的焊接速度可达50～80cm/min。在特定的条件下，埋弧焊可实现20mm以下钢板开I形坡口一次焊透。另外，厚度较大的板材所开坡口也比焊条电弧焊所开坡口小，节省了焊接材料，提高了焊接生产率。

视频 18
埋弧焊
应用介绍

2）焊缝质量好。埋弧焊时，焊接区受到焊剂和渣壳的可靠保护，与空气隔离，这样大大减少了有害气体侵入的机会，同时熔池液体金属凝固速度较慢，使熔池液体金属与熔化的焊剂有较多的时间进行冶金反应，减少了焊缝中的气孔、夹渣、裂纹等缺陷。焊剂还可以向焊缝中补充一些合金元素，提高焊缝金属的力学性能。焊接质量对焊工操作技术水平的依赖程度比焊条电弧焊大大地降低了。

3）劳动条件好。由于实现了焊接过程机械化，操作比较方便，减轻了焊工的劳动强度，而且电弧是在焊剂层下燃烧，没有弧光的辐射，烟尘也较少，改善了焊工的劳动条件。

4）焊件变形小。由于埋弧焊的热量集中，焊接速度快，焊接层数少，因此，焊件的变形比焊条电弧焊小。

2. 埋弧焊的缺点

1）难以在空间位置施焊。因为埋弧焊采用颗粒状焊剂，而且埋弧焊的熔池比焊条电弧焊大得多，为保证焊剂、熔池金属和熔渣不流失，埋弧焊通常只用于平焊或倾斜度不大的位置的焊接。其他位置的埋弧焊需要采用特殊措施来保证焊剂能覆盖焊接区时才能进行焊接。

2）对焊件装配质量要求高。由于电弧在焊剂层下，焊工不能直接观察电弧与坡口的相对位置，当焊件装配质量不高时易焊偏而影响焊接质量。因此，埋弧焊时，焊件装配必须保证坡口间隙均匀、焊件平整、无错边现象。

3）不适合焊接薄板。由于埋弧焊电弧的电场强度较高，当焊接电流小于100A时，电弧的稳定性不高，故不适合焊接太薄的焊件。

4）不适合短焊缝的焊接。埋弧焊由于受焊接小车的限制，机动灵活性差，一般只适合焊接长直焊缝或大圆弧焊缝。对于焊接弯曲、不规则的焊缝或短焊缝则比较困难。

5）不适合焊接易氧化的金属材料。由于埋弧焊所用焊剂中通常含有SiO_2、MnO等氧化性较强的成分，因此，埋弧焊不能用于焊接易氧化的金属材料，如铝、钛等金属及其合金。

三、埋弧焊适用范围

埋弧焊熔深大、生产率高、机械化操作程度高，因而适用于焊接中厚结构的长焊缝，在造船、桥梁、锅炉与压力容器、工程机械、矿山冶金、铁路车辆等制造部门有着广泛的应用，是当今焊接生产中最普遍使用的焊接方法之一。

埋弧焊除了用于金属结构中构件的连接外，还用在基体金属表面堆焊耐磨、耐蚀等合金层，以提高这些结构的使用寿命。

随着焊接冶金技术与焊接材料生产技术的发展，埋弧焊能焊的材料从碳素结构钢到低合金结构钢、不锈钢、耐热钢等以及某些非铁金属，如镍合金、钛合金、铜合金等。

四、埋弧焊的焊接材料

埋弧焊的焊接材料包括焊丝和焊剂。

1. 焊丝

（1）焊丝的作用及要求　焊丝在焊接过程中的作用是与焊件之间产生电弧并熔化补充焊缝金属。为保证焊缝质量，对焊丝的要求很高，即对焊丝金属中各合金元素的含量做一定的限制，降低碳、硫、磷的含量，增加合金元素的含量，以保证焊后各方面的性能不低于母材金属。使用时，要求焊丝表面清洁，不应有氧化皮、铁锈及油污等。

（2）焊丝的牌号　埋弧焊所用的焊丝（实芯）与焊条电弧焊的焊芯同属一个国家标准。焊丝牌号前用“H”表示，末尾为“A”表示优质品，如H08MnA。随着埋弧焊应用范围的扩大，其焊丝的品种也在增加。目前已有碳素结构钢、合金结构钢、高合金钢、各种非铁金属焊丝以及堆焊用的特殊性能的焊丝。

埋弧焊常用的焊丝直径有2mm、3mm、4mm、5mm和6mm五种。

（3）焊丝的保管与使用　焊丝存放地应干燥，以防止焊丝生锈。焊丝装盘时，应将焊丝表面的油、铁锈和氧化皮等清理干净。领用焊丝时必须将空盘返回，凭料单领取焊丝，随取随用，在焊接场地不得存放多余的焊丝。

2. 焊剂

埋弧焊使用的焊剂是颗粒状可熔化的物质，其作用相当于焊条的药皮。

（1）焊剂的作用及要求　焊剂是埋弧焊过程中保证焊缝质量的重要材料，其作用如下。

1）焊剂熔化后形成熔渣，可以防止空气中的氧气、氮气等气体侵入熔池，起机械保护作用。

2）向熔池中过渡有益的合金元素，改善焊缝金属的化学成分，提高焊缝金属的力学性能。

3）焊剂能改善焊缝成形。

为保证焊缝的质量和成形良好，焊剂必须满足下列基本要求。

① 具有良好的冶金性能。与选用的焊丝相配合，通过适当的焊接工艺来保证焊缝金属获得所需要的化学成分、力学性能以及抗热裂和冷裂的能力。

② 具有良好的工艺性能。即要求具有良好的稳弧、造渣、成形、脱渣等性能，并且在焊接过程中生成的有毒气体少。

（2）焊剂的分类　焊剂的种类很多，主要按制造方法、化学成分及化学性质来分类。

1）按制造方法分类。

①熔炼焊剂。按配方比例称出所需原料，经干混均匀后进行熔化，随后注入冷水中或在激冷板上使之粒化，再经干燥、捣碎、过筛等工序而成。熔炼焊剂按其颗粒结构又可分为玻璃状焊剂（颗粒呈透明状）、结晶状焊剂（具有结晶特点）和浮石状焊剂（颗粒呈泡沫状）。

②烧结焊剂。将各种粉料组分按配方比例混拌均匀，加水玻璃调成湿料，在

750～1000℃温度下烧结，再经破碎、过筛而成。

③陶质焊剂。将各种粉料组分按配方比例混拌均匀，加水玻璃调成湿料，将湿料制成一定尺寸的颗粒，经350～500℃温度烘干即可使用。

2）按化学成分分类。

①按碱度分为碱性焊剂、酸性焊剂和中性焊剂。

②按主要成分含量（质量分数）分类的焊剂见表4-1。

3）按化学性质分类。

①氧化性焊剂。含大量SiO_2、MnO或FeO的焊剂。

②弱氧化性焊剂。含SiO_2、MnO、FeO等氧化物较少。

表4-1 按主要成分含量（质量分数）分类的焊剂

按SiO_2含量		按MnO含量		按CaF_2	
焊剂类型	含量	焊剂类型	含量	焊剂类型	含量
高硅	>30%	高锰	>30%	高氟	>30%
中硅	10%～30%	中锰	15%～30%	中氟	10%～30%
低硅	<10%	低锰	2%～15%	低氟	<10%
		无锰	<2%		

③惰性焊剂。含Al_2O_3、CaO、MgO、CaF_2等，基本上不含SiO_2、MnO、FeO等。

（3）焊剂型号编制方法 熔炼焊剂编制方法是由“HJ”表示熔炼焊剂，后加三个阿拉伯数字组成。第一位数字表示根据焊剂中MnO的含量（质量分数）的不同而区分的焊剂类型，4、3、2、1分别代表高锰型、中锰型、低锰型、无锰型；第二位数字表示焊剂中SiO_2和CaF_2的含量；第三位数字表示同一类型焊剂不同的牌号，按0、1、2、4、5、6、7、8、9顺序排列。对同一牌号焊剂生产两种颗粒度时，在细颗粒牌号后面加“x”字母。

例： HJ 4 3 1 x

x —— 表示焊剂粒度为细颗粒
1 —— 表示牌号编号为1
3 —— 表示焊剂为高硅低氟型
4 —— 表示焊剂为高锰型
HJ —— 埋弧焊及电渣焊用的熔炼焊剂

烧结焊剂编制方法是由“SJ”表示烧结焊剂，后加三个阿拉伯数字组成。第一位数字表示焊剂熔渣的渣系，其数字的意义为 1 表示氟碱型，2 表示高铝型，3 表示钙硅型，4 表示硅锰型，5 表示铝钛型，6 表示其他型渣系。第二位、第三位数字表示同一渣系类型焊剂中的不同牌号的焊剂，按 01、02、03、04、05、06、07、08、09 顺序排列。

例：

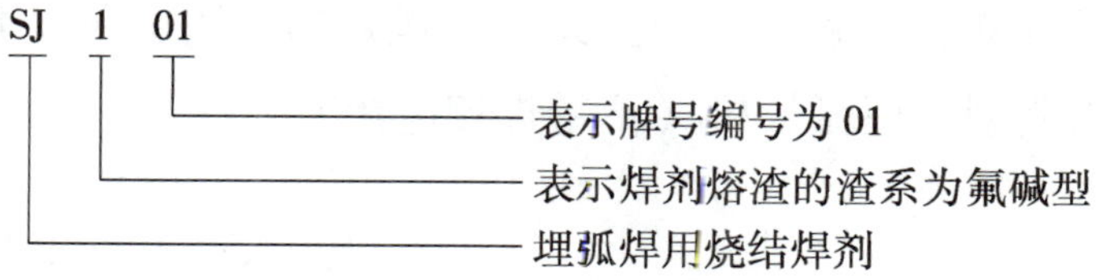

（4）焊剂的保管与使用　为了保证焊接质量，焊剂在保存时应注意防止受潮；搬运焊剂时，防止包装破损。使用前，必须按规定温度烘干并保温，酸性焊剂在 250℃烘干 2h，碱性焊剂在 300~400℃烘干 2h，焊剂烘干后应立即使用。使用中间回收的焊剂，应清除掉其中的渣壳、碎粉及其他杂物，与新焊剂混均匀后使用。

第二节　埋弧焊机的基本操作技术

一、埋弧焊的设备简介

1. 埋弧焊机的主要功能

电弧焊的焊接过程包括引弧、焊接和熄弧三个阶段。焊条电弧焊时，这几个阶段都是由焊工手工完成。埋弧焊时，这三个阶段是由机械自动完成。为了自动完成焊接工作，埋弧焊机应具有以下主要功能。

（1）引弧　一般先使焊丝与焊件接触，焊机起动时，焊丝自动回抽而引燃电弧。

（2）焊接　连续不断地向焊接区送进焊丝，并自动保持一定的弧长和焊接参数不变，使电弧稳定燃烧；使电弧沿着焊缝移动，并保持一定的行走速度；在电弧前方不断地向焊接区铺撒焊剂。

（3）熄弧　先停止焊丝送进，焊丝靠惯性缓慢下降，电弧逐渐拉长，再切断焊接电源。这样既可以使弧坑填满，又不至于使焊丝与弧坑黏住。

2. 埋弧焊机的分类

常用埋弧焊机可按下列方式分类。

（1）按用途分类　埋弧焊机可分为通用焊机和专用焊机。

（2）按送丝方式分类　埋弧焊机可分为等速送丝式焊机和变速送丝式焊机。

（3）按行走机构形式分类　埋弧焊机可分为小车式、门架式、悬臂式、悬挂式等，通用焊机大多采用小车式。

（4）按焊丝数目分类　埋弧焊机可分为单丝式、双丝式和多丝式。单丝式使用比较普遍，但为了提高生产率，双丝式及三丝式的使用也在逐渐得到推广。

图4-3所示为典型的埋弧焊机（不带焊接电源）。

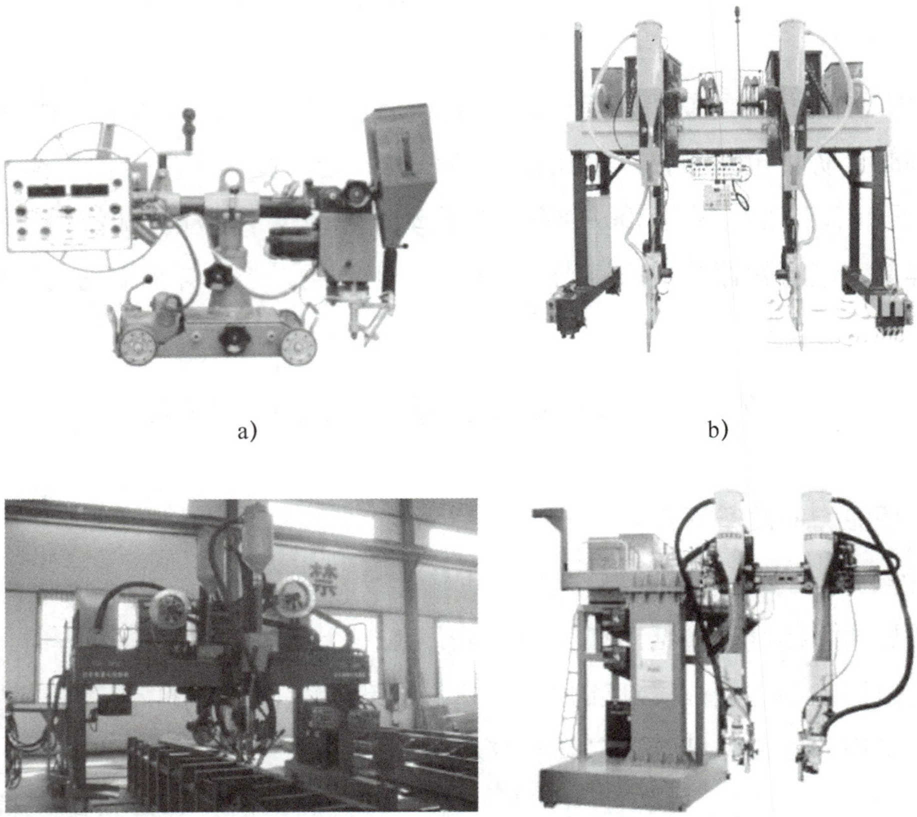

a)　b)　c)　d)

图4-3　典型的埋弧焊机

a）小车式　b）门架式　c）悬挂式　d）悬臂式

二、典型的埋弧焊机组成

视频19

埋弧焊设备组成及连接

现以MZC-1250F型埋弧焊机为例，介绍其组成及作用。它是一种多功能埋弧焊机，可以适应不同的焊接工艺，主要体现在：引弧方式包括回抽和划擦两种；送丝方式有等速送丝和变速送丝两种；可正极性或反极性焊接。各种方式之间的切换均可通过开关方便地实现。埋弧焊机主要由焊接小车、控制箱和焊接电源三部分组成，它们相互之间由焊接电缆和控制电缆连接在一起。

1. 焊接小车

焊接小车由行走机构、控制盘、送丝机构、焊丝矫直机构、导电嘴、机头调整机构、焊剂漏斗、焊缝跟踪显示器等组成。

（1）行走机构 行走机构由运行电动机、传动系统、行走轮及离合器等组成。行走轮一般采用橡胶绝缘轮，以免焊接电流经车轮而短路。离合器合上时，焊接小车的行走由电动机拖动；离合器脱离时，焊接小车可用手推动。

（2）控制盘 控制盘上装有焊接电流表和焊接电压表或焊接速度显示器，“焊接电流”和“焊接电压”旋钮，“送丝”和“退丝”旋钮，“焊接起动”和“焊接停止”按钮，电源的“开”和“关”旋钮，焊接方向选择开关，“丝径选择”旋钮，收弧时的“收弧电流”“收弧电压”和“回烧时间”按钮，焊接极性选择开关，引弧方式“回抽”和“划擦”选择开关等，如图 4-4 所示。

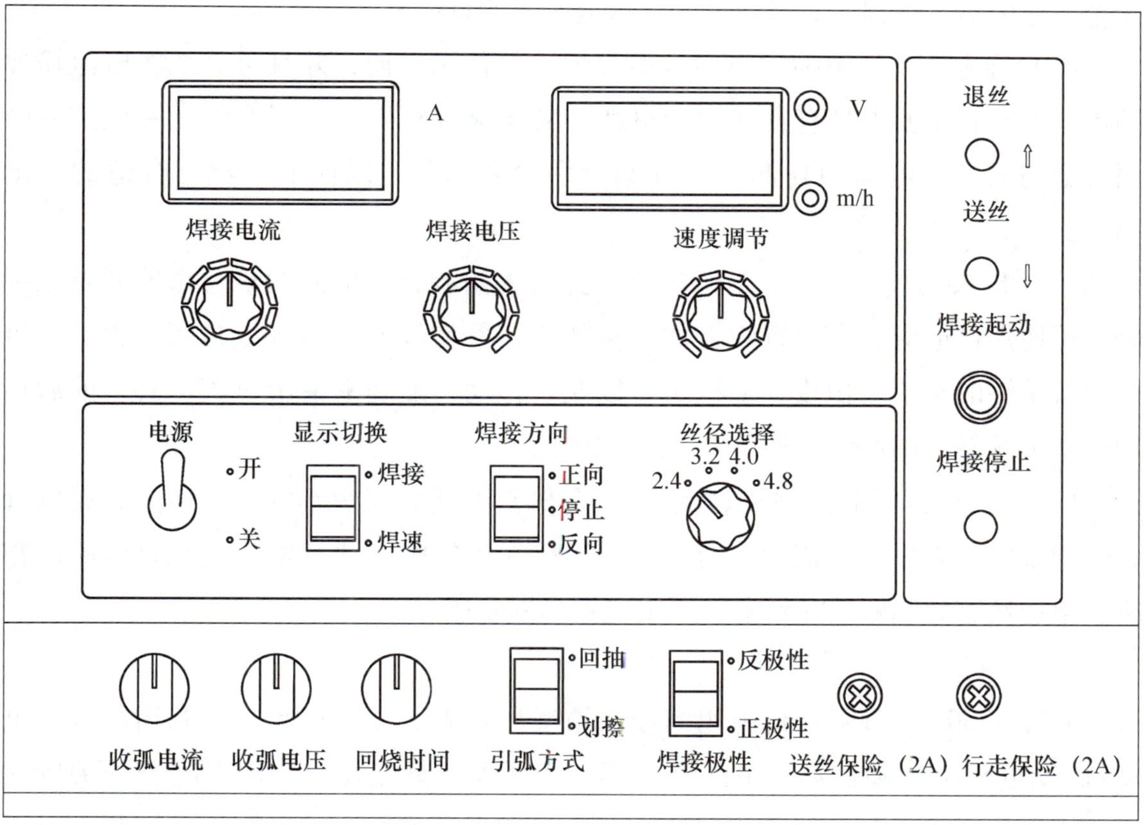

图 4-4 控制盘

（3）送丝机构 送丝机构应能可靠地送进焊丝并具有较宽的调速范围，以保证电弧稳定。标准焊机配有两种送丝轮，一种适用于直径为 $\phi2.0\sim\phi3.0$mm 的焊丝，另一种适用于直径为 $\phi3.2\sim\phi5.0$mm 的焊丝。使用不同焊丝时，应配相应的送丝轮，否则会影响焊接，甚至造成焊机损坏。送丝轮为消耗品，应定期对其进行检查，当磨损严重或焊接过程中出现送丝轮打滑而影响焊接时，应及时更换送丝轮。通过送丝压力调整螺钉调整送丝压力，以适用不同直径焊丝的需求。送丝压力的调整应适中，过松易打滑，使焊丝无法送进或送进不连贯而造成电弧电压不稳定，影响焊接效果；过紧易使焊丝送进不顺畅，同时会加大送丝轮、导电嘴等部件的磨损，还可能对送丝电动机造成损伤，影响送丝电动机的使用寿命。所以，送丝压力的调整应以焊丝能够正常送进而不打滑为准。另外，送丝轮锁紧螺母必须锁紧，否则易出现压紧轮压不紧、送丝轮打滑而影响正常焊接。

（4）焊丝矫直机构　焊丝矫直机构用于矫直焊丝，其矫直力要适中。矫直力过小，焊丝不能得到有效矫直，会出现焊缝不直、边缘不齐等现象而影响焊接质量；矫直力过大，则会使焊丝弯曲度加大，影响送丝的稳定性，另外还会加大送丝轮、导电嘴的磨损，对送丝电动机也会造成不良影响。

（5）导电嘴　导电嘴的作用是引导焊丝的传送方向，并且可靠地将电流输导到焊丝上。它既要求具有良好的导电性，又要求具有良好的耐磨性，一般由耐磨铜合金制成。导电嘴的高低可通过调节手轮来调节，以保证焊丝有合适的伸出长度。

（6）机头调整机构　机头调整机构分为纵向调整、横向调整及角度调整三部分，可使焊机适应各种位置焊缝的焊接要求，并使焊丝对准焊缝位置。为此，机头应有足够的调节自由度，如机头可以左右移动，围绕主轴做360°回转，前后移动或水平倾斜，以适应各种条件的工作需求。

（7）焊剂漏斗和焊缝跟踪显示器　在机头上还装有焊剂漏斗，通过金属软管将焊剂堆敷在焊件的焊道上。由于埋弧焊机在焊接时无法观察焊缝轨迹，所以在机头上还装有焊缝跟踪显示器，用来观察焊缝轨迹。

2. 控制箱

MZC-1250F型埋弧焊机配用的控制箱型号是MZC-1250F型。控制箱内装有电动机-发电机组、接触器、中间继电器、变压器、整流器、镇定电阻和开关等元件，用以和焊接小车上的控制元件相配合，实现送丝、焊接小车拖动控制及电弧电压反馈自动调节等功能。

3. 焊接电源

MZC-1250F型埋弧焊机可配用ZD5-1250B晶闸管控制电源。使用不同的极性将产生不同的工艺效果。当采用直流正极性时，焊丝的熔敷效率高；当采用直流反极性时，焊缝的熔深大。

三、安全操作规程

1. 当心触电

1）严禁触摸现场带电部分。

2）不能使用电流容量不够或有破损、导体露出的电缆。

3）不能使用破的或湿的手套，必须使用干的绝缘手套。

4）严禁带电移动焊接电源。

2. 防止弧光、噪声的危害

1）进行焊接操作或焊接观察时，应佩戴具有足够遮光度的眼镜或焊接面罩。

2）应在焊接场所的周围设置屏障，以避免弧光进入他人眼睛。

3）噪声很大的场合应使用防声保护用具。

3. 防止火灾、爆炸及破裂

1）移开可燃物，使飞溅接触不到可燃物。对于无法移开的场合，应用不可燃遮盖物遮盖在可燃物上。

2）不要在可燃物附近进行焊接。

3）不要将刚焊完的焊件靠近可燃物。

4）不要焊接内部通有气体的输气管道及被密封的罐体、管道。

5）为防止因过热引发的火灾和机器烧损，应使焊接电源和墙壁保持 20cm 以上的距离，与可燃物保持 50cm 以上的距离。

6）在焊接操作场所附近配置灭火器，以备使用。

4. 防止烟尘及气体的危害

1）为了防止气体中毒与窒息，应使用法规规定的局部排气设备或呼吸保护用具。

2）在狭窄场所进行焊接时，一定要进行充分换气。

3）不要在脱脂、清洗、喷雾作业的附近进行焊接操作，因为在这些作业场所周围进行焊接操作会产生有害气体。

4）进行涂层钢板的焊接时，会产生有害烟尘与气体，一定要进行充分换气或使用呼吸保护用具。

四、焊机的维护及故障排除

1. 埋弧焊机的维护

（1）焊机必须根据设备说明书进行安装　外接网路电压应与设备要求相一致，外部电气线路安装要符合规定，外接电缆要有足够的容量（按 5～7A/mm^2 计算）和良好的绝缘，连接部分的螺母要拧紧，带电部分的绝缘情况要经过检查。焊接电源、控制箱、焊机的接地线要可靠。若用直流焊接电源时，要注意电表极性及电动机的转向是否正确。线路接好后，先检查一遍接线是否正确，再通电检查各部分的动作是否正常。

（2）必须经常检查导电嘴与焊丝的接触情况　若接触不好，应进行调整或更换。定期检查送丝轮，发现明显磨损时，必须更换。还要定期检查送丝机构减速箱内各运动部件的润滑情况，并定期添加润滑油。

（3）经常保持焊机的清洁　避免焊剂、渣壳的碎末阻塞活动部件，影响焊接工作的正常进行。

（4）焊机的搬动应轻拿轻放　注意不要使控制电缆碰伤或压伤，防止电气仪表受振动而损坏。

（5）必须重视焊接设备的维护工作　要建立和实行必要的保养制度。

2. 埋弧焊机常见故障和排除方法

在焊接过程中出现故障时，应尽可能地及时检查并排除。埋弧焊机常见故障和排除方法见表 4-2。操作不当产生的问题和排除方法见表 4-3。

表 4-2　埋弧焊机常见故障和排除方法

故障现象	产生原因	排除方法
按焊丝向下、向上按钮时，焊丝动作不对或不动作	（1）控制线路有故障 （2）电动机方向接反 （3）电动机电刷接触不良	（1）查找故障位置对症排除 （2）改接电源线相序 （3）清理或修理电刷
按按钮后继电器不工作	（1）按钮损坏 （2）继电器回路有断路现象	（1）检查按钮 （2）检查继电器回路
按起动按钮，继电器工作，但接触器不工作	（1）继电器本身有故障，线包虽工作，但触点不工作 （2）接触器有故障 （3）电网电压太低	（1）检查继电器 （2）检查接触器 （3）改变变压器的接法

（续）

故障现象	产生原因	排除方法
按起动按钮，接触器动作，送丝电动机不转或不引弧	（1）焊接回路未接通 （2）接触器接触不良 （3）送丝电动机的供电回路不通	（1）检查焊接回路 （2）检查接触器触点 （3）检查电枢回路
按起动按钮，电弧不引燃，焊丝一直上抽（MZ1-1000）	（1）电源有故障，无电弧电压 （2）接触器的主触点未接触 （3）电弧电压采样电路未工作	（1）检查电源电路 （2）检查接触器触点 （3）检查电弧电压采样电路
按起动按钮，电弧引燃后立即熄灭，电动机转，只使焊丝上抽（MZ1-1000）	起动按钮触点有故障，其常闭触点不闭合	修理或更换
按停止按钮时，焊机不停	（1）中间继电器触点粘连 （2）停止按钮失灵	修理或更换
焊丝与焊件间接触时回路有电流	焊接小车与焊件间绝缘损坏	检查并修复绝缘

表 4-3 操作不当产生的问题和排除方法

现　　象	产生原因	排除方法
焊丝送进不均匀或正常送丝时电弧熄灭	（1）送丝机构中焊丝未夹紧 （2）送丝轮磨损 （3）焊丝在导电嘴中卡死	（1）调整压紧机构 （2）更换送丝轮 （3）调整导电嘴
焊接过程中机头及导电嘴位置变化不定	（1）焊接小车调整机构有间隙 （2）导电装置有间隙	（1）更换零件 （2）重新调整
焊机无机械故障，但常黏丝	网路电压太低，电弧过短	进行调节
焊机无机械故障，但常熄弧	网路电压太高，电弧过长	进行调节
焊剂供给不均匀	（1）焊剂漏斗中焊剂用完 （2）焊剂漏斗闸门卡死	（1）添加焊剂 （2）修理闸门
焊接过程中焊机突然停止行走	（1）离合器脱开 （2）有异物阻拦 （3）电缆拉得太紧 （4）停电或开关接触不良	（1）关紧离合器 （2）清理障碍 （3）放松电缆 （4）对症处理
焊缝粗细不均	（1）电网电压不稳 （2）导电嘴接触不良 （3）导线松动 （4）送丝轮打滑	对症处理

（续）

现　　象	产生原因	排除方法
焊接时焊丝通过导电嘴产生火花	（1）导电嘴磨损 （2）导电嘴安装不良 （3）焊丝有油污	（1）更换导电嘴 （2）重新安装导电嘴 （3）清理焊丝
导电嘴与焊丝一起熔化	（1）电弧太长 （2）焊丝伸出太短 （3）焊接电流太大	调节焊接参数
焊机停止时焊丝与焊件黏结	返烧过程控制不当，焊接电源停电过早	调整返烧过程
焊接电路接通，电弧未引燃，而焊丝与导电嘴焊合	焊丝与焊件接触太紧	调整焊丝与焊件的接触状态

第三节　平板对接埋弧焊技能训练

一、埋弧焊焊缝质量检验项目及标准

埋弧焊焊缝质量检验项目及标准见表4-4。

表4-4　埋弧焊焊缝质量检验项目及标准

检验项目		标　　准
焊缝外观检查	正面焊缝余高/mm	0～4
	背面焊缝余高/mm	0～4
	正、背面焊缝余高差/mm	0～2
	焊缝每侧增宽/mm	0.5～3.0
	焊缝宽度差/mm	0～2
	咬边、未焊透、气孔、裂纹、夹渣、内凹	无
	焊后角变形/(°)	0～3
焊缝内部质量检查		GB/T 3323.1～2—2019《焊缝无损检测　射线检测》

视频 20

I 形坡口板对接埋弧焊训练

二、焊前准备

埋弧焊在焊接前必须做好准备工作，包括焊件的坡口加工、待焊部位的表面清理、焊件的装配、焊丝表面的清理及焊剂的烘干等，对这些都应给予足够的重视，不然会影响焊接质量。

1. 焊件的坡口加工

关于埋弧焊的坡口形式与尺寸可查阅 GB/T 985.2—2008《埋弧焊的推荐坡口》。坡口加工可使用刨边机、车床、气割等设备，也可用碳弧气刨。加工后的坡口尺寸及表面粗糙度等，必须符合设计图样或工艺文件的规定。

2. 待焊部位的表面清理

钢板在长期存放后，表面会生锈，在加工过程中也经常被油污，或气割后在割口边缘留有大量的氧化皮。铁锈和油污等都含有一定的水分，是造成焊缝中产生气孔的主要原因，必须予以清除。

在焊前应将坡口及坡口两侧各 20~30mm 区域内的表面铁锈、氧化皮、油污等清理干净。对待焊部位的氧化皮及铁锈可采用砂纸、风动或电动砂轮、钢丝刷及喷丸处理等清理干净；油污可以采用有机溶剂，如酒精、丙酮等进行清理；水分可以采用火焰烘烤或压缩空气吹干。

3. 焊件的装配

焊件接头要求装配间隙均匀，高低平整，错边量小，定位焊用的焊条原则上应与焊缝等强度。定位焊缝应平整，不许有气孔、夹渣等缺陷，长度一般应大于 30mm。

对直焊缝焊件的装配要求在焊缝两端加装引弧板和引出板，待焊后除去引弧板和引出板，其目的是使焊接接头的始端和末端获得正常尺寸的焊缝截面，同时还可以除去引弧和熄弧时产生的缺陷。

4. 焊丝表面的清理及焊剂的烘干

埋弧焊用的焊丝和焊剂，直接参加焊接冶金反应，对焊缝金属的成分、组织和性能影响极大，因此焊前必须清理好焊丝表面和烘干焊剂。

焊丝在拉制成形后，应妥善保存，做到防锈、防蚀，必要时镀上防锈层，使用前要求焊丝的表面清洁情况良好，不应有氧化皮、铁锈及油污等。焊丝表面的清理，可在焊丝除锈机上进行，在除锈时还可矫直焊丝并装盘。现在市场销售普通镀铜的焊丝可以防锈并提高导电性。

为了保证焊接质量，焊剂在保存时应注意防潮，使用前必须按规定的温度烘干并保温。定位焊用的焊条在使用前也应烘干。

三、对接接头单面焊技能训练

对接接头埋弧焊时，焊件可以开坡口或不开坡口。开坡口有时是为了保证熔深，有时是为了达到其他的工艺目的。例如：焊接合金钢时，可以控制熔合比；而在焊接低碳钢时，可以控制焊缝余高等。在不开坡口的情况下，埋弧焊可以一次焊透20mm以下的焊件，但要求留有5~6mm的装配间隙，否则厚度超过14mm板材必须开坡口才能用单面焊一次焊透。

对接接头单面焊可采用以下几种方法：在焊剂垫上焊接、在焊剂铜垫板上焊接、在永久性垫板或锁底上焊接。下面分别叙述。

1. 在焊剂垫上焊接

用这种方法焊接时，焊缝成形的质量主要取决于焊剂垫托力的大小和均匀与否及装配间隙均匀与否。图4-5所示为焊剂垫托力与焊缝成形的关系。板厚2~8mm的对接接头在具有焊剂垫的电磁平台上焊接所用的参数列于表4-5。电磁平台在焊接中起固定板材的作用。

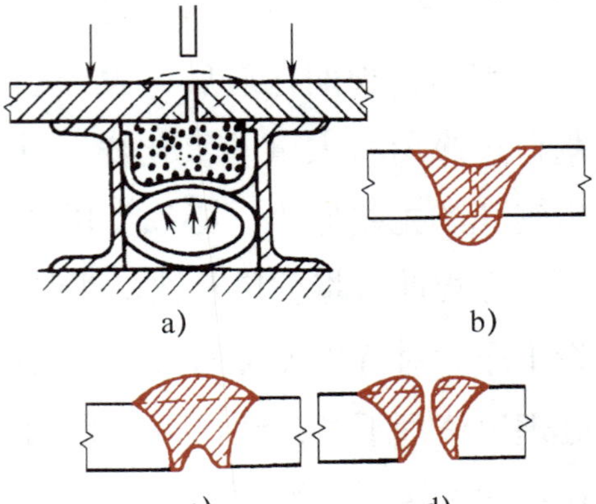

图4-5 焊剂垫托力与焊缝成形的关系

a）焊接情况 b）托力不足
c）托力很大 d）托力过大

板厚10~20mm的I形坡口对接接头预留装配间隙并在焊剂垫上进行单面焊的焊接参数列于表4-6。所用的焊剂应尽可能地选用细颗粒焊剂。

2. 在焊剂铜垫板上焊接

这种方法采用带沟槽的铜垫板，沟槽中铺撒焊剂。焊接时这部分焊剂起焊剂垫的作用，同时又保护铜垫板，免受电弧的直接作用，沟槽起焊缝背面成形作用。这种工艺对焊件的装配质量、垫板上焊剂托力均匀与否较不敏感。板材可用电磁平台固定，也可用龙门架固定。铜垫板的尺寸见图4-6和表4-7。在龙门架-焊剂铜垫板上单面焊的焊接参数见表4-8。

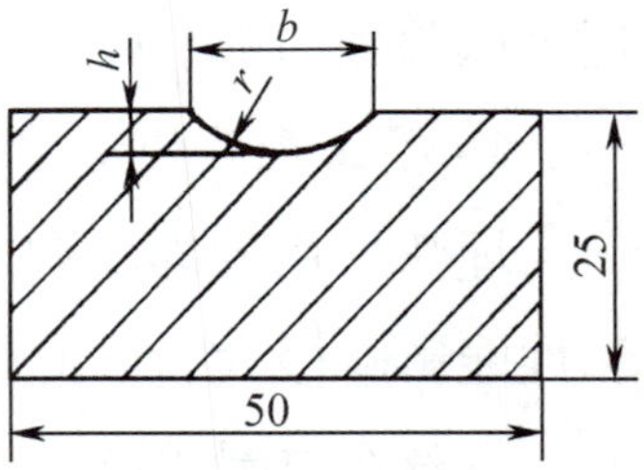

图4-6 铜垫板的尺寸

表4-5 板厚2~8mm的对接接头在具有焊剂垫的电磁平台上焊接所用的参数

板厚/mm	装配间隙/mm	焊丝直径/mm	焊接电流/A	电弧电压/V	焊接速度/(cm/min)	电流种类	焊剂垫中焊剂颗粒
2	0~1.0	1.6	120	24~28	73	直流反接	细小
3	0~1.5	1.6 2 3	275~300 275~300 400~425	28~30 28~30 25~28	56.7 56.7 117	交流	细小

（续）

板厚/mm	装配间隙/mm	焊丝直径/mm	焊接电流/A	电弧电压/V	焊接速度/(cm/min)	电流种类	焊剂垫中焊剂颗粒
4	0~1.5	2	375~400	28~30	66.7	交流	细小
		4	525~550	28~30	83.3		
5	0~2.5	2	425~450	32~34	58.3	交流	细小
		4	575~625	28~30	76.7		
6	0~3.0	2	475~500	32~34	50	交流	正常
		4	600~650	28~32	67.5		
7	0~3.0	4	650~700	30~34	61.7	交流	正常
8	0~3.5	4	725~775	30~36	56.7	交流	正常

表 4-6　板厚 10~20mm 的 I 形坡口对接接头预留装配间隙并在焊剂垫上进行单面焊的焊接参数

板厚/mm	装配间隙/mm	焊接电流/A	电弧电压/V		焊接速度/(cm/min)
			交流	直流	
10	3~4	700~750	34~36	32~34	50
12	4~5	750~800	36~40	34~36	45
14	4~5	850~900	36~40	34~36	42
16	5~6	900~950	38~42	36~38	33
18	5~6	950~1000	40~44	36~40	28
20	5~6	950~1000	40~44	36~40	25

表 4-7　铜垫板的尺寸　（单位：mm）

焊件厚度	槽　宽	槽　深	沟槽曲率半径
4~6	10	2.5	7.0
6~8	12	3.0	7.5
8~10	14	3.5	9.5
12~14	18	4.0	12

表 4-8　在龙门架-焊剂铜垫板上单面焊的焊接参数

板厚/mm	装配间隙/mm	焊丝直径/mm	焊接电流/A	电弧电压/V	焊接速度/(cm/min)
3	2	3	380~420	27~29	78.3
4	2~3	4	450~500	29~31	68
5	2~3	4	520~560	31~33	63
6	3	4	550~600	33~35	63
7	3	4	640~680	35~37	58
8	3~4	4	680~720	35~37	53.3

（续）

板厚/mm	装配间隙/mm	焊丝直径/mm	焊接电流/A	电弧电压/V	焊接速度/(cm/min)
9	3~4	4	720~780	36~38	46
10	4	4	780~820	38~40	46
12	5	4	850~900	39~41	38
14	5	4	880~920	39~41	36

3. 在永久性垫板或锁底上焊接

当焊件结构允许焊件焊后保留永久性垫板时，厚10mm以下的焊件可采用永久性垫板单面焊方法。永久性垫板的尺寸见表4-9。垫板必须紧贴在待焊板边缘上，垫板与焊件间的间隙不得超过1mm。

表4-9 永久性垫板的尺寸 （单位：mm）

板厚 t	垫板厚度	垫板宽度
2~6	$0.5t$	$4t+5$
6~10	$(0.3\sim0.4)t$	

厚度大于10mm的焊件，可采用锁底接头的焊接方法，如图4-7所示。此法用于小直径厚壁圆筒形焊件的环焊缝焊接。

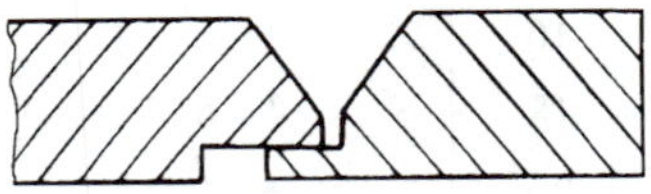

图4-7 锁底对接接头

四、对接接头双面焊技能训练

对于焊件厚度超过12mm的对接接头，通常采用双面焊。这种方法对焊接参数的波动和焊件装配质量都较不敏感，一般能获得较好的焊接质量。

焊接第一面时，所用技术与单面焊相似，但焊接第一面时不要求完全焊透，而是由反面焊接保证完全焊透。焊接第一面的工艺方法有悬空焊、在焊剂垫上焊接、在临时衬垫上焊接等。

1. 悬空焊

装配时不留间隙或只留较小的间隙（一般不超过1mm）。第一面焊接达到的熔深一般小于焊件厚度的50%。反面焊接的熔深要求达到焊件的厚度的60%~70%，以保证焊件完全焊透。不开坡口对接接头悬空焊的焊接参数见表4-10。

2. 在焊剂垫上焊接

焊接第一面时，采用预留间隙不开坡口的方法最为经济。第一面的焊接参数应保证熔深超过焊件厚度的60%～70%。焊完第一面后翻转焊件，进行反面焊接，其参数可以与正面的相同以保证焊件完全焊透。预留间隙双面焊的焊接条件，依焊件的不同而不同。表4-11列出了对接接头预留间隙双面焊的焊接参数。在预留间隙的I形坡口内，焊前均匀塞填焊剂，可减少产生夹渣的可能，并可改善焊缝成形。对于重要产品，在反面焊接前需要进行清根处理，此时焊接参数可适当减小。

表4-10 不开坡口对接接头悬空焊的焊接参数

焊件厚度/mm	焊丝直径/mm	焊接顺序	焊接电流/A	电弧电压/V	焊接速度/(cm/min)
6	4	正 反	380～420 430～470	30 30	58 55
8	4	正 反	440～480 480～530	30 31	50 50
10	4	正 反	530～570 590～640	31 33	46 46
12	4	正 反	620～660 680～720	35 35	42 41
14	4	正 反	680～720 730～770	37 40	41 38
15	5	正 反	800～850 850～900	34～36 36～38	63 43
16	5	正 反	850～900 900～950	35～37 37～39	60 43
18	5	正 反	850～900 900～950	36～38 38～40	60 40
20	5	正 反	850～900 900～1000	36～38 38～40	42 40
22	5	正 反	900～950 1000～1050	37～39 38～40	53 40

如果焊件需要开坡口，坡口形式按焊件厚度决定。焊件坡口形式及焊接条件见表4-12。

表 4-11 对接接头预留间隙双面焊的焊接参数

焊件厚度/mm	装配间隙/mm	焊丝直径/mm	焊接电流/A	电弧电压/V	焊接速度/(cm/min)
14	3~4	5	700~750	34~36	50
16	3~4	5	700~750	34~36	45
18	4~5	5	750~800	36~40	45
20	4~5	5	850~900	36~40	45

注：交流电、HJ431焊剂。

表 4-12 焊件坡口形式及焊接条件

焊件厚度/mm	坡口形式	焊丝直径/mm	焊接顺序	坡口尺寸 α/(°)	坡口尺寸 b/mm	坡口尺寸 p/mm	焊接电流/A	电弧电压/V	焊接速度/(cm/min)
14	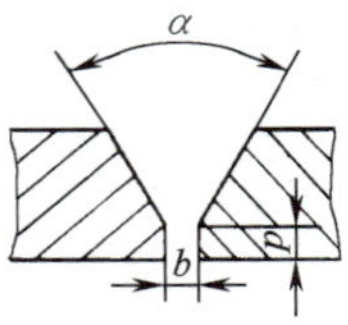	5	正	70	3	3	830~850	36~38	42
		5	反				600~620	36~38	75
16		5	正				830~850	36~38	33
		5	反				600~620	36~38	75
18		5	正				830~850	36~38	33
		5	反				600~620	36~38	75
22		5	正				1050~1150	38~40	30
		5	反				600~620	36~38	75
24	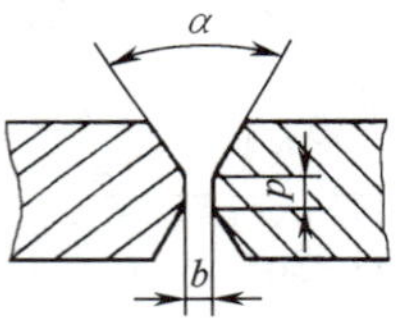	6	正	70	3	3	1100	38~40	40
		5	反				800	36~38	47
30		6	正				1000	36~40	30
		6	反				900~1000	36~38	33

3. 在临时衬垫上焊接

采用此法焊接第一面时，一般都要求接头处留有间隙，以保证焊剂能填满其中。临时衬垫的作用是托住间隙中的焊剂。平板对接接头的临时衬垫常用厚3~4mm、宽30~40mm的薄钢板，也可采用石棉板，如图4-8所示。焊完第一面后，去除临时衬垫及间隙中的焊剂和焊缝根部的渣壳，用同样的参数焊接第二面。要求每面熔深均达板厚的60%~70%。

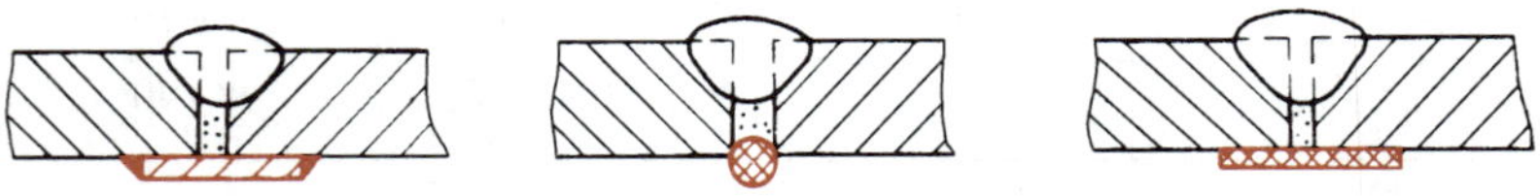

a)　　b)　　c)

图 4-8 在临时衬垫上焊接

a）薄钢板垫　b）石棉绳垫　c）石棉板垫

五、板厚 6mm 的 Q345 钢带焊剂垫的 I 形坡口对接技能训练

1. 焊前准备

焊丝选用 H08MnA，焊丝直径为 ϕ5mm，焊剂选用 HJ431，定位焊采用焊条电弧焊，焊条型号为 E5015，焊条直径为 ϕ4mm。焊前应对待焊部位进行清理，焊条、焊丝和焊剂要烘干。

装配要求如图 4-9 所示。

焊件装配必须保证间隙均匀，焊件的错边量不大于 1.2mm，反变形为 3°左右，在焊件两端加装引弧板和引出板，待焊后割掉，尺寸为 6mm×100mm×100mm。定位焊缝焊在焊件的引弧板和引出板处及待焊焊件的焊缝处，每段定位焊缝长 20mm，间距为 80~100mm。

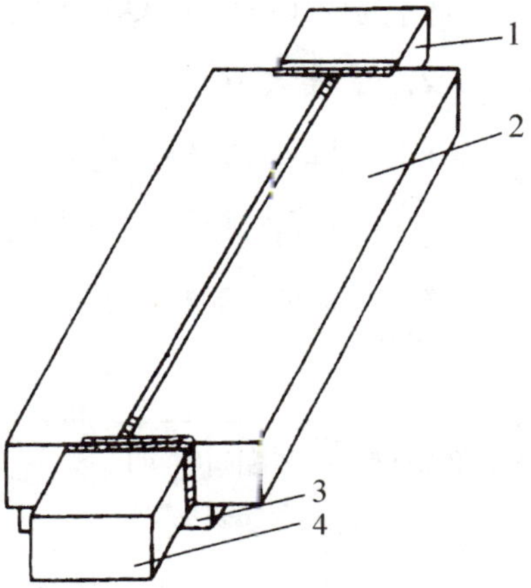

图 4-9 装配要求

1—引弧板 2—焊件

3—焊剂垫 4—引出板

2. 焊接要点

（1）焊接位置 焊件放在水平位置进行平焊。

（2）焊接顺序 单层单道一次焊完。

（3）焊接参数 见表 4-13。

表 4-13 焊接参数

焊件厚度/mm	装配间隙/mm	焊丝直径/mm	焊接电流/A	电弧电压/V	焊接速度/(cm/min)
6	0~1	4	600~650	33~35	38~40

（4）焊接步骤

1）测试焊接参数。先在废钢板上按表 4-13 中的规定调整好焊接参数。

2）装配好焊件。使焊件间隙与焊接小车轨道平行。

3）焊丝对中。调整好焊丝位置，使焊丝对准焊件间隙位置，但不接触焊件，然后往返拉动焊接小车几次，反复调整焊件位置，直到焊丝能在焊件上完全对中间隙为止。

4）准备引弧。将焊接小车拉到引弧板处，调整好焊接小车行走方向开关后，锁紧焊接小车的离合器，然后送丝使焊丝与引弧板处可靠接触，并撒焊剂。

5）引弧。按起动按钮，引燃电弧，焊接小车沿焊接方向行走，开始焊接。焊

接过程中要注意观察，并随时调整焊接参数。

6）收弧。当熔池全部达到引出板上时，准备收弧，结束焊接过程。注意要分两步按停止按钮，才能填满弧坑。

六、板厚14mm的Q345钢带焊剂垫的I形坡口对接技能训练

1. 焊前准备

同板厚6mm的Q345钢带焊剂垫的I形坡口对接。

2. 焊接要点

（1）焊接位置　将焊件放在水平面上进行平焊，两层两道双面焊。

（2）焊接顺序　先焊背面的焊道，再焊正面的焊道。

（3）焊接参数　见表4-14。

表4-14　焊接参数

焊件厚度/mm	装配间隙/mm	焊缝	焊丝直径/mm	焊接电流/A	电弧电压/V		焊接速度/(m/h)
					交流	直流反接	
14	2~3	背面	5	700~750	36~38	32~34	30
		正面		800~850			

（4）焊背面焊道

1）垫焊剂垫。焊背面焊道时，必须垫好焊剂垫，以防止熔渣和熔池金属的流失。

焊剂垫内的焊剂牌号必须与工艺要求的焊剂牌号相同，焊接时要保证焊件下面被焊剂垫贴紧，在整个焊接过程中，要注意防止因焊件受热变形与焊剂脱开，以致产生焊漏、烧穿等缺陷，特别要注意防止焊缝末端收尾处出现这种焊漏和烧穿。

2）焊丝对中。调整好焊丝位置，使焊丝对准焊件焊缝间隙，但不与焊件接触，往返拉动焊接小车几次，使焊丝在整个焊件上能对中间隙。

3）准备引弧。将焊接小车拉到引弧板处，调整好焊接小车行走方向的开关位置，锁紧焊接小车行走的离合器，一切工作完成后，按送丝及退丝按钮，使焊丝端部与引弧板可靠接触。最后将焊剂漏斗阀门打开，让焊剂覆盖住焊丝头。

4）引弧。按起动按钮，引燃电弧，焊接小车沿焊件间隙行走，开始焊接。此时要注意观察控制盘上的电流表和电压表，检查焊接电流和焊接电压与焊接参数

规定的参数是否相符，如果不符则迅速调整相应的按钮，直至参数符合规定为止。在整个焊接过程中，焊工都要始终注意观察电流数值、电压数值和焊接情况，焊接小车运行是否均匀，机头上的电缆是否妨碍焊接小车移动，焊剂是否足够，漏出的焊剂是否能埋住焊接区，焊接过程的声音是否正常等，直到焊接电弧走到引出板中部，焊接熔池已经全部到了引出板上为止。

5）收弧。当熔池全部到了引出板上后，准备收弧，先将停止按钮按下一半，此时焊接小车停止前进，但电弧仍在燃烧，待熔化了的焊丝将熔池填满后，继续将停止按钮按到底，此时电弧熄灭，焊接过程结束。

收弧时特别注意要分两步按停止按钮，先按下一半，焊接小车停止前进，但电弧仍在燃烧，熔化了的焊丝用来填满弧坑。若按的时间太短，则弧坑填不满；若按的时间太长，则弧坑填得太高，也不好。要恰到好处，必须不断总结经验才能掌握。估计弧坑已填满后，立即将停止按钮按到底。

6）清渣。待焊缝金属及熔渣完全凝固并冷却后，敲掉焊渣，并检查背面焊道外观质量。要求背面焊道熔深达到焊件厚度的40%~50%。如果熔深不够，则需加大间隙，增加焊接电流或减小焊接速度。

（5）焊正面焊道　经外观检验背面焊道合格后，将焊件正面朝上放好，开始焊正面焊道，焊接步骤与焊背面焊道完全相同，但需注意以下两点。

1）为了防止未焊透或夹渣，要求焊正面焊道的熔深达到板厚的60%~70%。为此可以用增大焊接电流或减小焊接速度来实现。用增大焊接电流的方法来增加熔深更方便些，这就是焊正面时用的焊接电流比较大的原因。

2）焊正面焊道时，因为背面焊道托住熔池，故不用焊剂垫，可直接进行悬空焊。此时可以观察熔池背面焊接过程中的颜色变化来估计熔深。若熔池背面为红色或淡黄色，表示熔深符合要求，且焊件越薄，颜色越淡；若焊件背面接近白亮时，说明将要烧穿，应立即减小焊接电流或增加焊接速度；若熔池背面看不见颜色或为暗红色，则熔深不够，需增加焊接电流或减小焊接速度。这些经验只适用于双面焊能焊透的情况，当板厚太大，需采用多层多道焊才能焊好时，是不能用这个方法估计熔深的。

通常焊正面焊道时也不换地方，仍在焊剂垫上焊接，正面焊道的熔深主要靠焊接参数保证，这些参数都是通过做工艺性试验确定的，因此每次焊接前都要先在钢板上调整好参数后才能焊接焊件。

七、板厚25mm的Q345钢板V形坡口对接技能训练

1. 焊前准备

焊丝选用H08MnA、ϕ4mm，焊剂选用HJ431。定位焊用E5015、ϕ4 mm焊条。焊前对焊接材料及焊件待焊部位按焊接要求进行清理。

V形坡口的接头形式如图4-10所示。V形坡口装配间隙及定位焊缝的要求如图4-11所示。装配间隙不大于2mm，错边量不大于1.5mm，反变形为3°~4°。焊件两端加装引弧板和引出板，其规格为10mm×100mm×100mm。

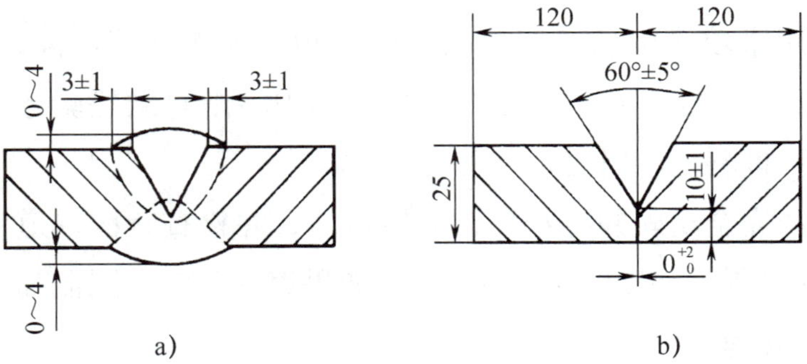

图4-10 V形坡口的接头形式

a）坡口与间隙 b）接头形式

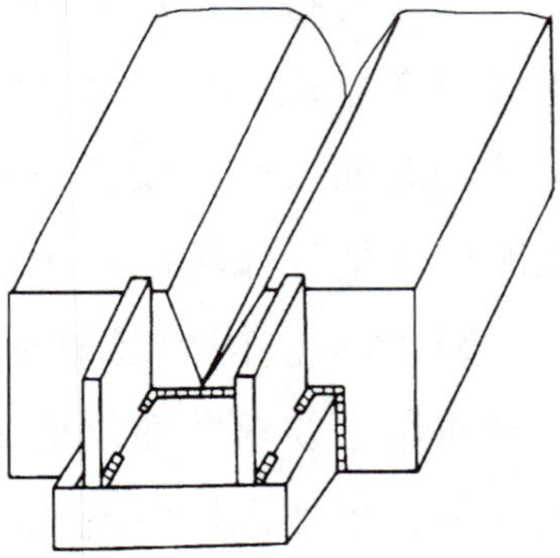

图4-11 V形坡口装配间隙及定位焊缝的要求

2. 焊接要点

（1）焊接位置 焊件放在水平位置进行平焊，两面多层多道焊。

（2）焊接顺序 先焊V形坡口面，焊完清渣后，将焊件翻身，清根后焊封底焊道。

（3）焊接参数 见表4-15。

表4-15 焊接参数

焊件厚度/mm	装配间隙/mm	焊丝直径/mm	焊接电流/A	电弧电压/V	焊接速度/(m/h)	电流种类极性
25	0~2	4	600~700	34~38	25~30	直流反接

（4）焊正面 正面为V形坡口，采用多层多道焊，每层的操作步骤都是一样的，每焊一层，重复下述步骤一遍。

焊接开始前先在钢板上调整好焊接参数，按下述步骤焊接。

1）焊丝对中。

2）引弧焊接。

3）收弧。

4）清渣。焊完每一层焊道后，必须打掉渣壳，检查焊道，即要求焊道不能有缺陷，同时还要求焊道表面平整或稍下凹，两个坡口面的熔合应均匀，焊道表面不能上凸，特别是两个坡口面处不能有死角，否则容易产生未熔合或夹渣等缺陷。

如果发现层间焊道熔合不好，则应重新对中焊丝，增加焊接电流、电弧电压或减慢焊接速度。下一层施焊时层间温度不高于200℃。盖面焊道边缘要熔合好。

（5）清根　将焊件翻身后，用碳弧气刨在焊件背面间隙刨一条宽8~10mm、深4~5mm的U形槽，将未焊透的地方全部清除掉，然后用角向磨光机将U形槽内的焊渣及氧化皮全部清除。

（6）封底焊　按焊正面焊道的步骤和要求焊接完封底焊道。

八、埋弧焊焊接时容易产生的缺陷及排除方法

埋弧焊焊接时容易产生的缺陷及排除方法见表4-16。

表4-16　埋弧焊焊接时容易产生的缺陷及排除方法

缺陷名称	产生原因	排除方法
气孔	（1）坡口表面或焊丝表面有油、锈等脏物 （2）焊剂受潮 （3）回收焊剂中有刷子毛 （4）焊剂覆盖量不够，空气侵入熔池	（1）清理坡口及焊丝表面 （2）在250~300℃烘干1~1.5h，除去焊剂中的水分 （3）用钢丝刷回收焊剂 （4）适当增加焊剂输送量
未焊透	（1）焊接参数不当，如电流过小、电压过高或焊接速度过快 （2）焊丝偏离坡口中心线	（1）调整焊接参数 （2）使焊丝对准坡口中心线
夹渣	（1）熔渣超前 （2）多层焊时层间清渣不彻底 （3）等速送丝埋弧焊网路电压波动	（1）放平焊件或加快焊接速度 （2）每道焊缝彻底清渣 （3）采用变速送丝埋弧焊
咬边	（1）焊接速度过快 （2）电流与电压匹配不当 （3）焊丝距坡口边缘距离不正确	（1）降低焊接速度 （2）调整焊接参数使其匹配 （3）焊丝距坡口边缘距离约等于焊丝直径

第四节 对接环焊缝焊接技能训练

一、焊前准备

视频21

埋弧焊管道焊接

对于圆筒体焊接结构的对接环焊缝，可以配备辅助装置和可调速的焊接滚轮架，以焊接小车固定、焊件转动的形式来进行埋弧焊，如图4-12所示。常用的坡口形式有I形坡口、V形坡口、X形坡口和VU形组合坡口，可根据不同情况选用，如图4-13所示。

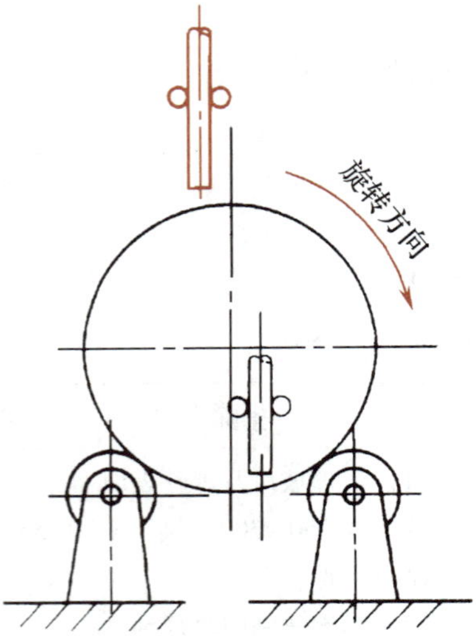

图4-12 环焊缝焊接示意图

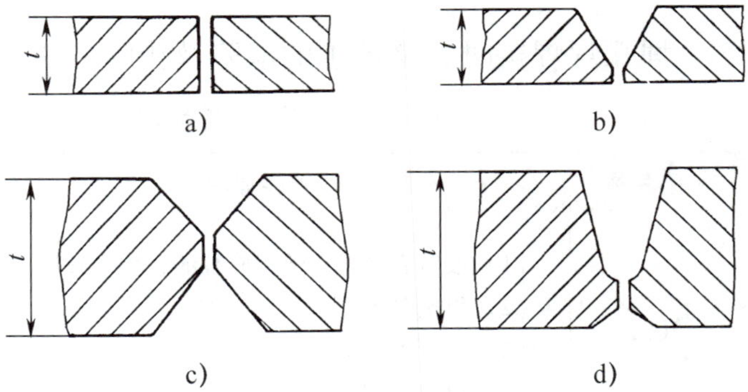

图4-13 常用的坡口形式

a）I形坡口（$t=6\sim24$mm） b）V形坡口（$t=10\sim24$mm）
c）X形坡口（$t=24\sim60$mm） d）VU形组合坡口（$t>30$mm）

当筒体壁较薄时（6~16mm），可选用I形坡口，正面焊一道，反面清根后再焊一道，这样既能保证质量，又能提高生产率。对于厚度在18mm以上的板，为保证焊接质量，应当开坡口。由于装配后的小型容器内部焊接通风条件差，环焊缝的主要焊接工作应放在外侧进行，应尽量选用X形坡口（大开口在外侧）、V形坡口或VU形组合坡口。

为保证焊接质量，环焊缝坡口的错边量不许大于板厚的15%加1mm，并且不超过6mm。

二、焊接要点

对于筒体的环焊缝焊接，可根据焊件厚度，采用双面埋弧焊，氩弧焊打底加埋弧焊焊接，焊条电弧焊打底清根后加埋弧焊焊接。

1. 焊接顺序

筒体内外环焊缝的焊接顺序是一般先焊内环焊缝，后焊外环焊缝。双面埋弧焊焊接内环焊缝时，焊机可放在筒体底部，配备滚轮架，或使用内伸式焊接小车，配备滚轮架进行焊接，如图 4-14 所示。筒体外侧配备圆盘式焊剂垫、带式焊剂垫或螺旋推进器式焊剂垫。焊接外环焊缝时，可使用立柱式操作机、平台式操作机或龙门式操作机，配备滚轮架进行焊接。

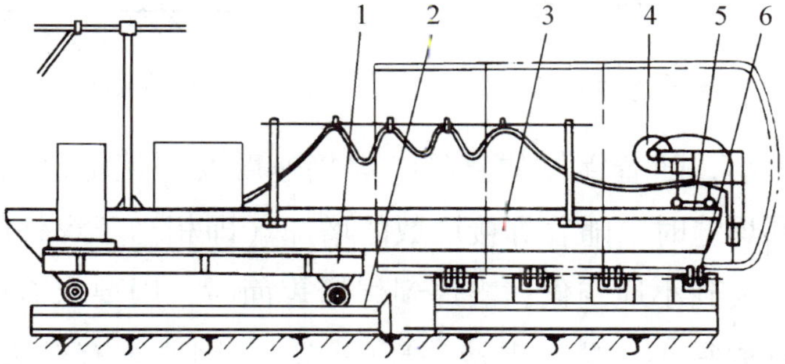

图 4-14 内伸式焊接小车

1—行车 2—行车导轨 3—悬臂梁 4—焊接小车 5—小车导轨 6—滚轮架

2. 偏移量的选择

埋弧焊焊接环焊缝时，除焊接参数对焊接质量有影响外，焊丝与焊件的相对位置也起着重要作用。当筒体直径大于 2m 时，若焊丝位置不当，常会造成焊缝成形不良。焊内环焊缝时，若将焊丝调在环焊缝的最低点，如图 4-15 所示，在焊接过程中，随着焊件的转动，熔池处在电弧的左上方，相当于下坡焊，结果使熔池变浅，焊缝宽度增大而余高减小，严重时将造成焊缝中部下凹。焊接外环焊缝时，若将焊丝调在环焊缝的最高点，熔池处在电弧的右下方，相当于上坡焊，结果熔深较大，焊缝余高增加而焊缝宽度减小。环焊缝直径越小，上述现象越突出。

为避免上述问题的出现，保证焊缝成形良好，在环焊缝埋弧焊时，焊丝应逆焊件旋转方向相对于焊件中心有一个偏移量，如图 4-16 所示，以保证焊接内外环焊缝时的焊接熔池大致处于水平位置时凝固，从而得到良好的焊缝成形。

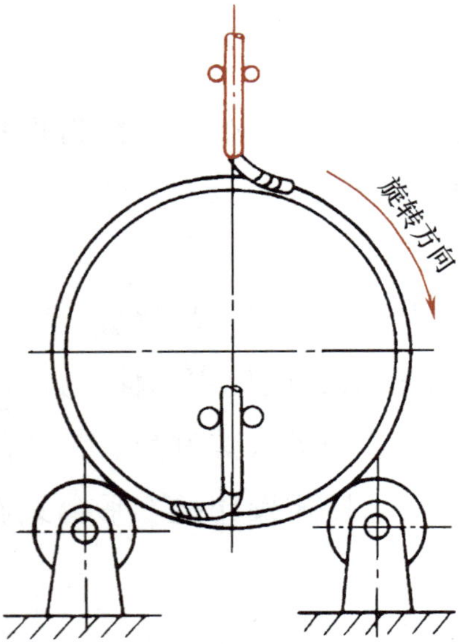

图 4-15 焊丝正对中心

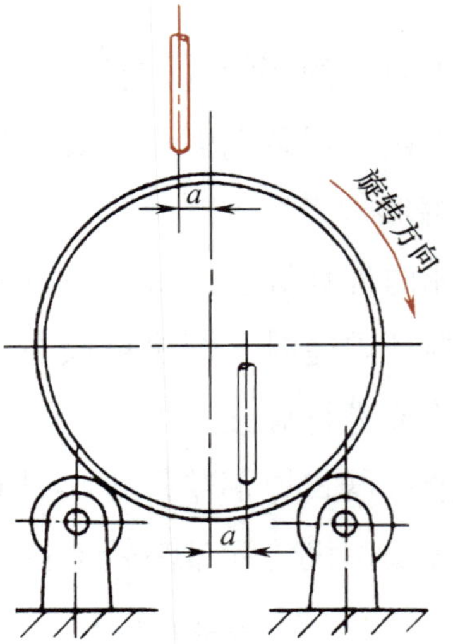

图 4-16 焊丝偏移量

偏移量值的大小，随着筒体的直径、焊接速度及焊接电流的不同而不同。一般地说，焊接内环焊缝时，随着焊接层数的增加（即相当于焊件的直径减小），焊丝偏移量的值应由大到小地变化；当焊到焊缝表面时，因要求有较大的焊缝宽度，这时偏移量的值可取得小一些。焊接外环焊缝时，因要求有较大的焊缝宽度，这时偏移量的值可取得大一些。

偏移量值的大小可根据筒体直径，参照表 4-17 进行选择。不过最佳偏移量值还应根据焊缝成形的好坏做相应的调整。

表 4-17 焊丝偏移量

筒体直径/m	0.6~0.8	0.8~1.0	1.0~1.5	1.5~2.0	>2.0
焊丝偏移量/mm	15~30	25~35	30~50	35~55	40~75

3. 层间清渣

埋弧焊操作时，一般要有两人同时进行，一人操作焊机，另一人负责清渣工作。

焊接厚度较大的筒体环焊缝时，由于坡口较深，焊层较多，所以焊接过程要特别注意每层焊道的排列应平满均匀，焊肉与坡口边缘要熔合好，尽量不出现死角，以防止产生未熔合或夹渣等缺陷。层间的清渣工作往往比较困难，必要时可采用风铲协助清渣。

焊接结束时，环焊缝的始端与尾端应重合 30~50mm。

三、高压除氧器筒体环焊缝的焊接实例

1. 焊前准备

筒体的材料为 Q345 钢，厚度 25mm，坡口形式及尺寸如图 4-17 所示。

筒体装配时，应避免十字焊缝，筒节与筒节、筒节与封头，相邻的纵缝应错开，错开间隙应大于筒体壁厚的 3 倍，且不少于 100mm。定位焊缝长度为 30～40mm，间距为 300mm，用 E5015 焊条。装配间隙要符合要求。

将焊缝坡口及两侧各 20～30mm 内的铁锈、氧化皮等清除干净，并露出金属光泽。焊条和焊剂要按规定烘干。

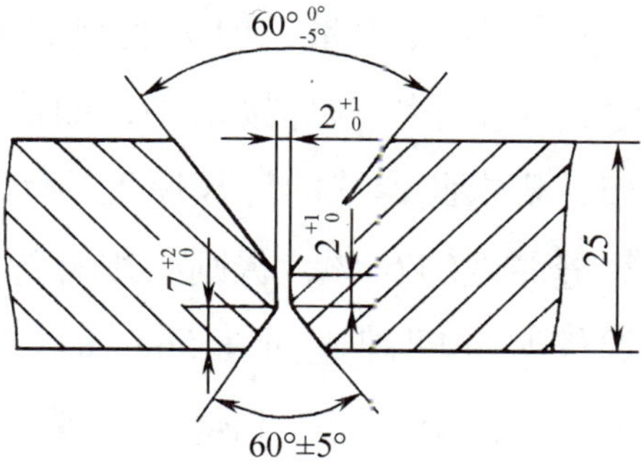

图 4-17 坡口形式及尺寸

2. 焊接

先采用焊条电弧焊焊接内环焊缝，焊接参数见表 4-18。焊后用碳弧气刨清根，再用埋弧焊方法焊接外环焊缝。采用焊丝为 H10Mn2，配 HJ431 焊剂，焊接参数见表 4-19。

表 4-18 焊条电弧焊的焊接参数

层　次	焊条直径/mm	焊接电流/A	电流种类及极性
首层	4	160～180	直流反接
其他各层	5	210～240	

表 4-19 埋弧焊的焊接参数

层　次	焊丝直径/mm	焊接电流/A	电弧电压/V	焊接速度/(m/h)	电流种类及极性
首层	4	650～700	34～38	25～30	直流反接
其他各层	4	600～700	34～38	25～30	

在焊接过程中，应做好层间清理，以防止产生夹渣等缺陷。

第五节 角焊缝焊接技能训练

角焊缝主要出现在 T 形接头和搭接接头中，按其焊接位置可分为船形焊和横角焊两种。

一、船形焊

船形焊的焊接形式如图4-18所示。焊接时，由于焊丝处在垂直位置，熔池处在水平位置，熔深对称，焊缝成形好，能保证焊接质量，但易得到凹形焊缝，对于重要的焊接结构，如锅炉钢架，要求此焊缝的计算厚度应不小于焊缝厚度的60%，否则必须补焊。当焊件装配间隙超过1.5mm时，容易发生熔池金属流失和烧穿等现象。因此对装配质量要求较严格。当装配间隙超过1.5mm时，可在焊缝背面用焊条电弧焊封底，用石棉垫或焊剂垫等来防止熔池金属的流失。在确定焊接参数时，电弧电压不能太高，以免焊件两边产生咬边。

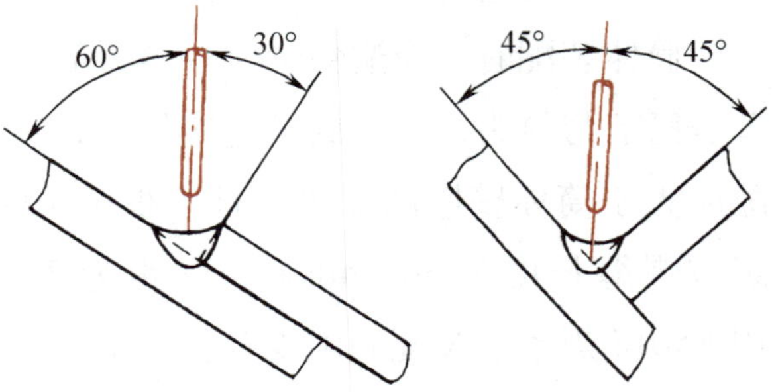

a) b)

图4-18 船形焊的焊接形式

a）搭接接头船形焊 b）T形接头船形焊

视频22

埋弧焊船形焊

船形焊的焊接参数见表4-20。

表4-20 船形焊的焊接参数

焊脚/mm	焊缝层数	焊缝道数	焊丝直径/mm	焊接电流/A	电弧电压/V	焊接速度/(m/h)	焊丝伸出长度/mm	电流种类
8	1	1	4	600~650	36~38	25~30	35~40	交流
10	1	1		650~700	36~38			
12	1	1		700~750	36~39			
		2		650~700	36~38			
14~16	1	1		700~750	37~39			
	2	1		700~750	37~39			
		2		650~700	36~39			

二、横角焊

横角焊的焊接形式，如图4-19所示。由于焊件太大，不易翻转或其他原因不能在船形焊位置上进行焊接，才采用横角焊，即焊丝倾斜。横角焊的优点是对焊件装配间隙敏感性较小，即使间隙较大，一般也不会产生金属溢流等现象。横角焊的缺点是单道焊缝的焊脚最大不能超过8mm。当焊脚要求大于8mm时，必须采用多道焊或多层多道焊。角焊缝的成形与焊丝和焊件的相对位置关系很大。当焊丝位置不当时，易产生咬边、焊偏或未熔合等现象。因此焊丝位置要严格控制，一般焊丝与水平板的夹角 α 应保持在 75°～45°，通常为 70°～60°，并选择距竖直面适当的距离。电弧电压不宜太高，这样可使焊剂的熔化量减少，防止熔渣溢流。使用细焊丝能保证电弧稳定，并可以减小熔池的体积，以防止熔池金属溢流。横角焊的焊接参数见表 4-21。

视频 23
埋弧焊横角焊

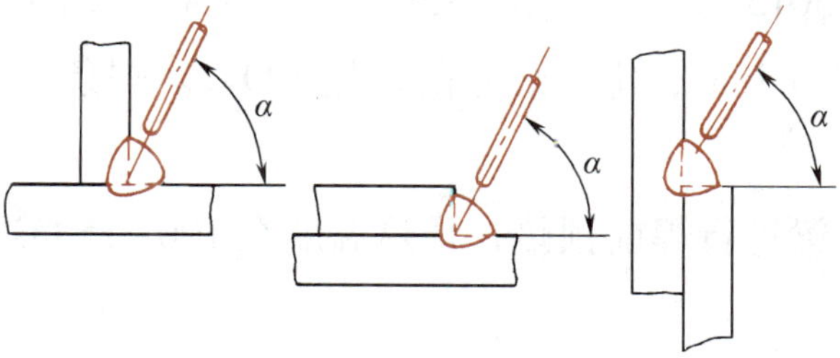

图 4-19 横角焊的焊接形式

表 4-21 横角焊的焊接参数

焊脚/mm	焊丝直径/mm	焊接电流/A	电弧电压/V	焊接速度/(m/h)
4	3	350～270	28～30	53～55
6	3	450～470		54～58
	4	480～500		58～60
8	3	500～530	30～32	44～46
	4	670～700	32～34	48～50

三、板梁的焊接工艺

1. 焊前准备

板梁材料为 Q345 钢，板厚 $t \geqslant 60$mm，焊脚为 14mm，板梁外形如图 4-20 所示。

焊接材料选用见表 4-22。

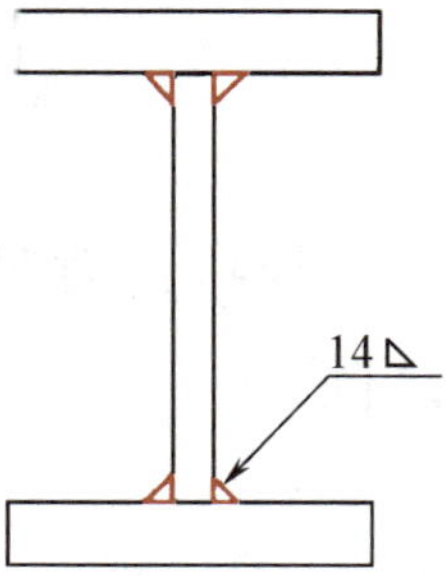

图 4-20 板梁外形

表 4-22 焊接材料选用

名 称	型号或牌号	规格直径/mm	用 途
焊条	E5015	4	补焊
		5	定位焊

（续）

名　称	型号或牌号	规格直径/mm	用　途
焊丝	H08MnA	4	焊第一层
	H08MnMoA	4	焊第二层
焊剂	HJ431	—	焊第一层
	HJ350	—	焊第二层

焊前应将坡口及两侧20~30mm区域内的油污、氧化膜等清理干净。

定位焊缝采用E5015焊条，定位焊缝长度在100mm左右，间隔在300mm左右，定位焊缝的焊脚为8mm，定位焊之前预热100℃。焊条、焊剂在使用前必须按规定烘干。

焊接之前，对板梁进行焊前预热，预热温度在100~150℃。

2. 焊接

角焊缝首层焊接在水平位置并进行横角焊，其余各层均在船形焊位置进行船形焊。焊接顺序为①~⑧，如图4-21所示。

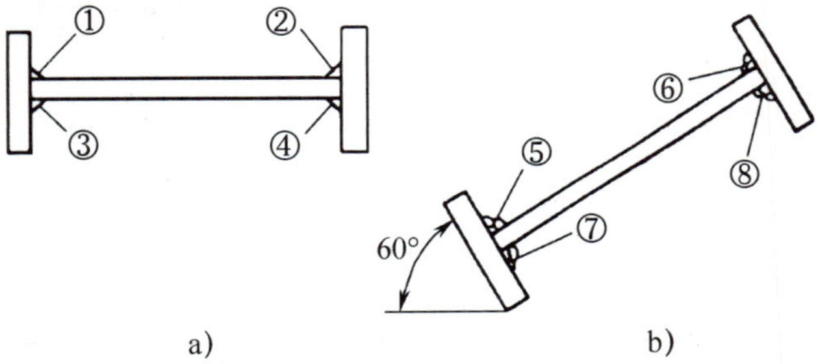

图4-21　焊接顺序
a）横角焊　b）船形焊

焊接参数见表4-23。在焊接过程中，应控制层间的温度在100~200℃之间。

表4-23　焊接参数

焊脚/mm	层数	道数	焊丝直径/mm	焊接电流/A	电弧电压/V	焊接速度/(m/h)	电流种类
14	2	1	4	650~700	36~38	25~30	交流
		2					

第六节 典型埋弧焊工艺技术

一、平板拼接I形对接悬空双面埋弧焊

1. 产品结构和材料

某结构中一平板是四块钢板拼接而成，如图4-22所示。材质为低碳钢Q235，板厚为12mm。采用I形坡口对接，间隙为0~1mm，焊接方法为悬空双面埋弧焊。

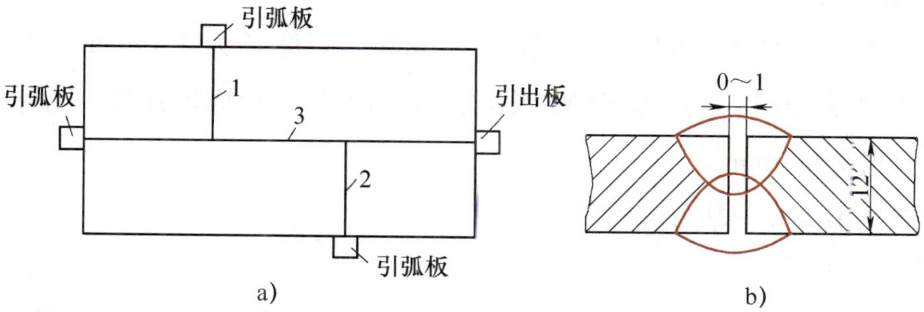

图4-22 拼板的焊接顺序及坡口

a）焊接顺序 b）坡口

1、2—短焊缝 3—长焊缝

焊丝选用H08A，焊剂选用HJ431。

2. 焊接工艺

1）清理钢板坡口和两侧20mm范围内油污、铁锈和氧化物等。

2）对钢板接缝进行定位焊，采用ϕ4mm的E4315焊条，定位焊缝长度30~50mm，间距150~250mm。

3）在接缝的外伸部位上焊引弧板和引出板，尺寸为150mm×150mm。

4）采用直径为5mm的H08A焊丝，HJ431焊剂（焊前250℃烘干，保温2h），直流反接，焊接参数见表4-24。正面焊接电流略小些，熔深接近板厚的50%。

表4-24 拼接I形对接缝的焊接参数

板厚/mm	坡口形式	焊接顺序	焊丝直径/mm	送丝速度/(m/h)	焊接电流/A	电弧电压/V	焊接速度/(m/h)	备注
12	I形对接间隙0~1mm	1（正）	5	52	500~550	36~38	34	直流反接 焊丝H08A 焊剂HJ431
		2（反）		68	650~700	38~40		

5）正面焊接结束后，焊反面接缝，焊接电流略大些，焊接参数见表4-24，保证两面焊缝相交2mm以上。

6）为了减小焊接应力和变形，按图4-22所示的顺序进行焊接。拼板接缝的顺序原则是先焊短焊缝，后焊长焊缝。短焊缝焊接结束后，应将短焊缝和长焊缝接缝交叉处高出钢板的焊缝磨平，否则会影响到后焊的长焊缝的焊缝成形。

7）焊后对焊缝进行超声波探伤。

二、水箱筒体纵焊缝焊剂垫双面埋弧焊

1. 产品结构和材料

一水箱筒体内径为1200mm，壁厚为12mm，筒体长为1500mm，工作压力为0.6MPa。材质为Q235钢。焊接筒体纵焊缝采用焊剂垫双面埋弧焊。选用不开坡口I形对接，间隙为3mm。

焊丝选用H08A，焊剂选用HJ431。

2. 焊接工艺

1）清理筒体纵焊缝坡口及两侧20mm范围内的油污、铁锈和氧化物等。

2）用直径为4mm的E4315焊条进行定位焊，定位焊缝长度约为50mm，间距约为200mm，并在纵焊缝两端装焊引弧板和引出板。焊条焊前烘干300~350℃，保温1~2h。

3）选取20槽钢，长度超过筒体长度，平放在平台上，槽钢铺满HJ431焊剂。

4）将筒体吊装在槽钢内焊剂上，纵焊缝对准铺设的焊剂的中部。借筒体自重压紧焊剂，并在接缝间隙中也塞入细焊剂，如图4-23所示。

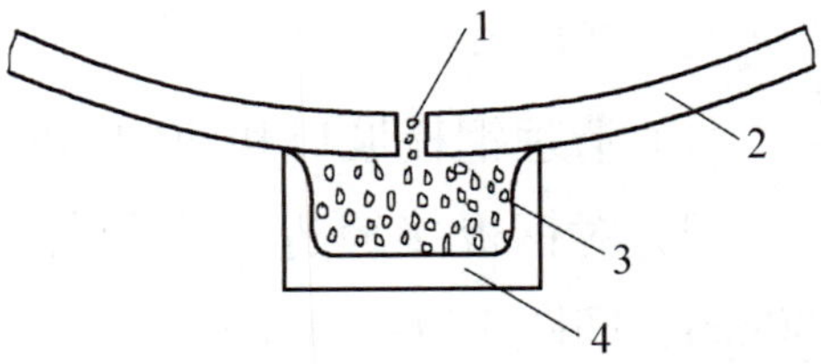

图4-23 筒体纵焊缝焊剂垫埋弧焊

1—筒体纵焊缝 2—筒体 3—焊剂 4—槽钢

5）使用埋弧焊机，按表4-25中的焊接参数焊接焊剂垫上的内纵焊缝。

表4-25 水箱筒体纵焊缝焊剂垫双面埋弧焊的焊接参数

板厚/mm	间隙/mm	焊道	焊丝直径/mm	焊接电流/A	电弧电压/V	焊接速度/(m/h)	送丝速度/(m/h)	电流种类
12	3	1（内）	5	650~700	36~38	34.5	68.5	交流
		2（外）		700~750	38~40	29~35		

6）将筒体吊离，放置在普通的工作台上，使纵焊缝转到上方位置，用碳弧气

刨进行清根。

7）按表4-25中的焊接参数，焊接外纵焊缝。

8）整个水箱筒体焊好后，进行水压试验，试验压力为0.75MPa，若发现泄漏，用焊条电弧焊修补。

三、板梁盖板的焊条电弧焊封底的埋弧焊

1. 产品结构和材料

锅炉板梁盖板的拼接，采用板厚为36mm、材质为20g锅炉用钢。采用焊条电弧焊封底的埋弧焊，其坡口和焊缝如图4-24所示。正面U形坡口采用埋弧焊，反面V形坡口采用焊条电弧焊。钝边为3mm是防止焊条电弧焊烧穿。

焊条为E4315，焊丝为H08MnA，焊剂为HJ431。

2. 焊接工艺

1）焊前清理坡口及坡口两侧各20mm范围内的油污、铁锈和氧化物等。

2）用直径为4mm的E4315焊条对接缝坡口进行定位焊，定位焊缝长度约为30mm，间距约为150mm。在接缝的两端装焊上引弧板和引出板。焊前焊条应进行烘干。

3）先用焊条电弧焊焊V形坡口，第一层用直径为4mm焊条，焊接电流160~180A，保证焊透；第二层及第三层以上用直径为5mm焊条，焊接电流为200~220A，多层焊焊满V形坡口，焊缝余高为0~3mm。层间应仔细清渣。

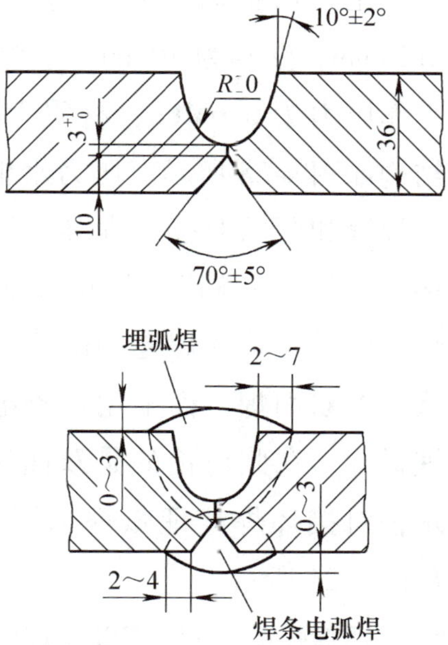

图4-24 焊条电弧焊封底的埋弧焊坡口和焊缝

4）将焊件翻身，用碳弧气刨清根，并打磨刨槽。

5）按表4-26中的焊接参数进行埋弧焊，多层焊把U形坡口焊满，焊缝余高为0~3mm。层间应仔细清渣。

6）焊接过程中，层间温度应小于300℃。

7）焊后应对焊缝进行射线检测。

8）焊后对焊件进行高温回火，消除焊接应力和改善焊接接头金属的力学性能。回火温度为610~630℃，保温1.5h。

表 4-26 焊条电弧焊封底的埋弧焊的焊接参数

板厚/mm	焊接顺序	焊接方法	焊丝或焊条直径/mm	焊接电流/A	电弧电压/V	焊接速度/(m/h)	送丝速度/(m/h)	电流种类及极性
36	1	焊条电弧焊	4	160~180	23~25	—	—	直流反接
			5	200~220	24~26			
	2	埋弧焊	4	580~620	34~38	25~30	83~108	

四、压力水柜对接环焊缝的双面埋弧焊

1. 产品结构和材料

压力水柜筒体直径为1200mm，长为2120mm，壁厚为10mm，水柜容量为2m³，工作压力为0.6MPa，材质为Q235钢，其结构如图4-25所示。压力水柜有一条筒体纵焊缝和两条对接环焊缝（筒体与封头对接）。其中一条环焊缝可以实施双面埋弧焊，而另一条环焊缝则由于容器的封闭无法实施双面焊，而采用焊条电弧焊封底的埋弧焊。在此讨论的是双面埋弧焊。压力水柜对接环焊缝埋弧焊选用I形对接坡口，如图4-26所示。

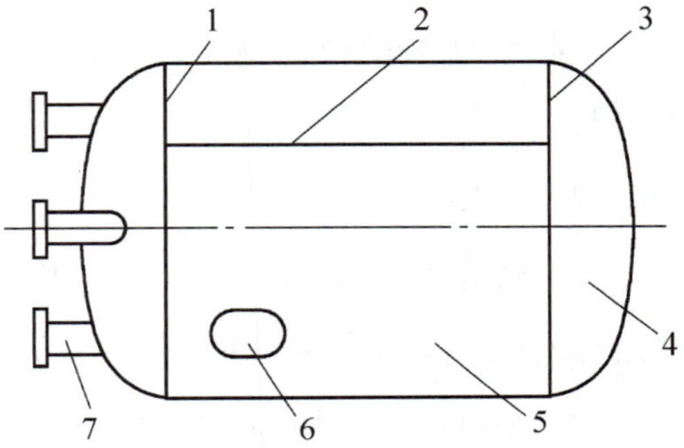

图 4-25 压力水柜结构

1、3—环焊缝 2—纵焊缝 4—封头 5—筒体 6—人孔 7—座脚

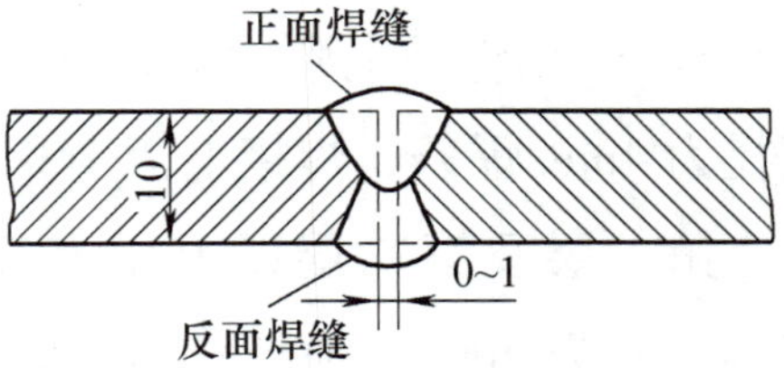

图 4-26 压力水柜对接环焊缝的双面埋弧焊坡口

埋弧焊的材料：H08A焊丝、HJ431焊剂。

2. 焊接工艺

1）焊前清理环焊缝坡口及两侧20~30mm范围内的油污、铁锈和氧化物等。

2）将筒体（纵焊缝已焊好）竖立在平台上，封头安装在筒体上，用直径为4mm的E4315焊条进行定位焊，定位焊缝长度约为50mm，间距约为200mm。

3）将装配好的筒体和封头吊装上滚轮架，在一端安装，以防止轴向移动装置。

4）将埋弧焊机伸入到筒体内环焊缝处，调整好焊机位置和焊丝位置（偏移中心距离）。

5）焊内环焊缝，焊接参数见表 4-27，遇到间隙较大处，焊接电流调小一些，以防止烧穿。

表 4-27 压力水柜对接环焊缝的双面埋弧焊焊接参数

壁厚及坡口	焊丝直径/mm	焊缝	焊接电流/A	电弧电压/V	焊接速度/(m/h)	焊丝偏移中心距离/mm	备注
壁厚 10mm，I 形对接坡口，间隙 0~1mm	5	内	600~650	33~35	37~38	45	交流、焊丝 H08A、焊剂 HJ431
		外	650~700	34~36	34~35		

6）将埋弧焊机移到筒体外上方，置于外环焊缝处，调整好焊丝位置。

7）焊外环焊缝，焊接参数见表 4-27，焊接电流稍大，保证两面熔深有 2mm 的交叉。

8）再装配焊接另一条环焊缝，采用焊条电弧焊封底的埋弧焊。

9）焊后压力水柜焊缝外表检验后，进行液压试验，试验压力为 0.875MPa。

五、容器环焊缝焊条电弧焊封底的埋弧焊

1. 产品结构和材料

一压力容器筒体直径为 2400mm，有两条筒体和封头连接的环焊缝，一端环焊缝对接采用双面埋弧焊已焊好，另一端环焊缝由于埋弧焊机无法进入容器内部，选用焊条电弧焊封底的埋弧焊。筒体和封头壁厚均为 46mm，材料为低合金结构钢 14MnMoVG，坡口及焊缝如图 4-27 所示，容器内侧环焊缝开 V 形坡口，进行焊条电弧焊，容器外侧环焊缝开 U 形坡口，进行埋弧焊。由于母材强度等级高、厚度大，因此焊前需要预热并保持层间温度。

焊条电弧焊的焊接材料为 E6015 焊条，埋弧焊的焊接材料为 H08Mn2Mo 焊丝和 HJ350 焊剂。

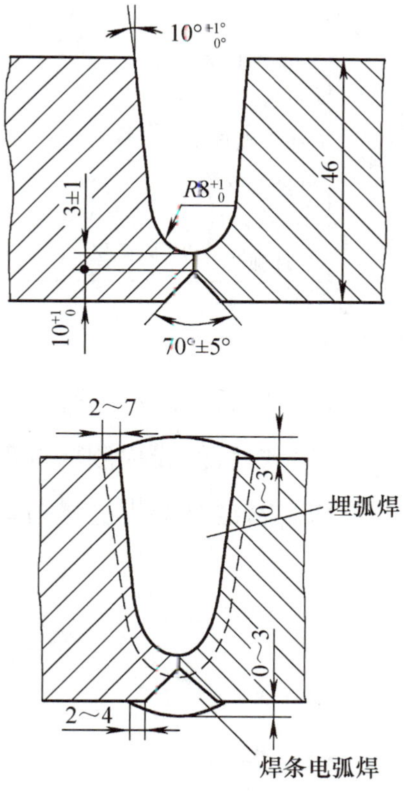

图 4-27 环焊缝焊条电弧焊封底的埋弧焊坡口及焊缝

2. 焊接工艺

1）焊前清理坡口及坡口两侧 20~30mm 范围

内的油污、铁锈和氧化物等。

2）对环焊缝进行局部加热，加热范围为坡口两侧各200mm，温度为150~200℃。

3）用直径为4mm的E6015焊条在容器外侧进行定位焊，焊接参数见表4-28，同第一层焊缝的焊接参数。定位焊缝长度约为30mm，间距约为150mm。

4）定位焊后，继续对环焊缝局部加热，保持预热温度为150~200℃。

5）焊工进入容器，用焊条电弧焊焊接V形坡口内侧环焊缝，焊接参数见表4-28，焊满V形坡口，余高达0~3mm。层间清渣。

6）在容器外，用碳弧气刨清根并打磨。

7）继续对容器环焊缝预热，保持预热温度为150~200℃。

8）将埋弧焊机置于操作机上，焊接U形外侧环焊缝，调整好焊丝和坡口相对位置及焊丝偏移距离，按表4-28中的焊接参数进行埋弧焊，焊缝余高0~3mm。

表4-28 容器环焊缝焊条电弧焊封底的埋弧焊焊接参数

<table>
<tr><th>壁厚/mm</th><th>坡口及焊接方法</th><th>焊层序号</th><th>焊条或焊丝直径/mm</th><th>焊接电流/A</th><th>电弧电压/V</th><th>焊接速度/(m/h)</th><th>送丝速度/(m/h)</th><th>焊丝偏移中心距离/mm</th><th>电流种类及极性</th></tr>
<tr><td rowspan="4">46</td><td rowspan="2">内侧环焊缝V形坡口，焊条电弧焊</td><td>第一层</td><td>4</td><td>170~190</td><td>23~25</td><td>—</td><td>—</td><td>—</td><td rowspan="4">直流反接</td></tr>
<tr><td>以后层</td><td>5</td><td>200~240</td><td>23~25</td><td>—</td><td>—</td><td>—</td></tr>
<tr><td rowspan="2">外侧环焊缝U形坡口，埋弧焊</td><td>第一层</td><td>4</td><td>550~570</td><td>33~35</td><td>22~25</td><td>93~95</td><td rowspan="2">50</td></tr>
<tr><td>以后层</td><td>4</td><td>600~650</td><td>34~37</td><td>25~30</td><td>95~105</td></tr>
</table>

9）层间清渣，层间温度为150~300℃。

10）焊后立即进行焊后热处理，温度为150~200℃，保温2h。

11）焊后射线检测。局部缺陷可由焊条电弧焊修补。

12）容器全部焊缝进行焊后热处理，温度为560~580℃，保温3h。

第七节 埋弧焊的辅助设备

一、焊剂垫

利用一定厚度的焊剂作为焊缝背面的衬托装置，称为焊剂垫。焊剂垫可保证焊缝背面成形，并能防止焊件烧穿。

1. 橡皮膜式焊剂垫

橡皮膜式焊剂垫如图 4-28 所示。工作时在气室 5 内通入压缩空气，橡皮膜 3 即向上凸起，因此焊剂被顶起紧贴焊件的背面起衬托作用。这种焊剂垫常用于纵焊缝的焊接。

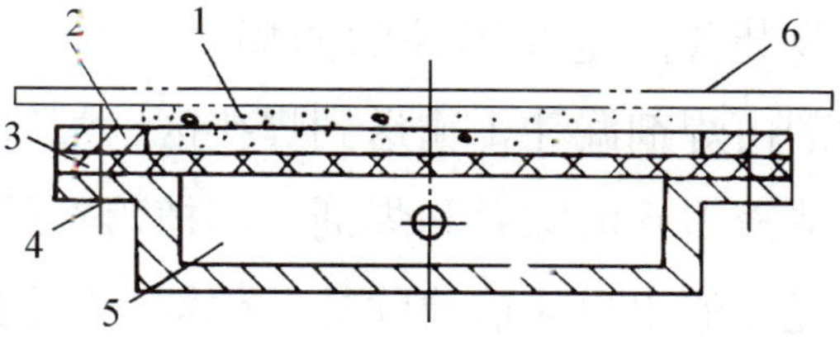

图 4-28 橡皮膜式焊剂垫

1—焊剂 2—盖板 3—橡皮膜 4—螺栓 5—气室 6—焊件

2. 软管式焊剂垫

软管式焊剂垫如图 4-29 所示。压缩空气使充气软管 3 膨胀，使焊剂 1 紧贴焊件。整个装置由气缸 4 的活塞撑托在焊件下面。这种焊剂适用于长纵焊缝的焊接。

3. 圆盘式焊剂垫

圆盘式焊剂垫如图 4-30 所示。装满焊剂 2 的圆盘在气缸 4 的作用下紧贴焊件背后，依靠滚动轴承 3 并由焊件带动回转，适用于环焊缝的焊接。

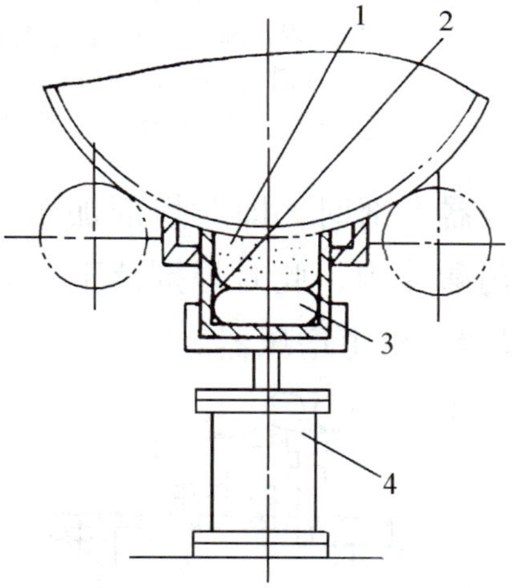

图 4-29 软管式焊剂垫

1—焊剂 2—帆布 3—充气软管 4—气缸

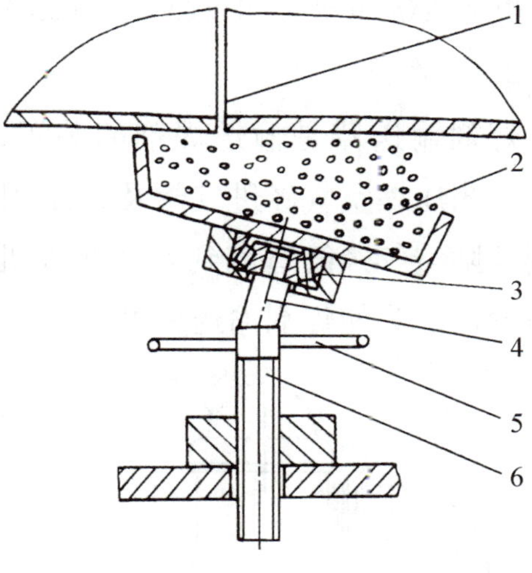

图 4-30 圆盘式焊剂垫

1—筒体环焊缝 2—焊剂 3—滚动轴承 4—气缸 5—手把 6—丝杠

二、焊剂输送和回收装置

埋弧焊时，撒落在焊缝上及其周围的焊剂很多。焊后这些焊剂与渣壳往往混合在一起，需要经过回收、过筛等多道工序才能重复使用。焊剂输送和回收装置是一套自动化装备，可以在焊接过程中同时输送焊剂并回收焊剂，因而减轻了辅助工作的劳动强度，提高了工作效率。

视频 24

埋弧焊焊剂回收

1. 焊剂循环系统

焊剂循环系统是指焊剂从输送到回收的整个过程，分为固定式和移动式两种。

（1）固定式循环系统　整个焊剂输送和回收装置固定在焊件的四周，如图 4-31 所示。焊剂由焊剂漏斗 1 输送到焊接区，焊缝上的渣壳经清渣刀 6 清除后和焊剂一起掉落在筛网 5 上，渣壳经渣出口 4 被清除掉，焊剂经筛网 5 落入焊剂槽 3 中，用斗式提升机 2 提升至上面漏斗口处，准备再次使用。这种系统只适用于产品较小、产量大或焊机不需移动的情况。

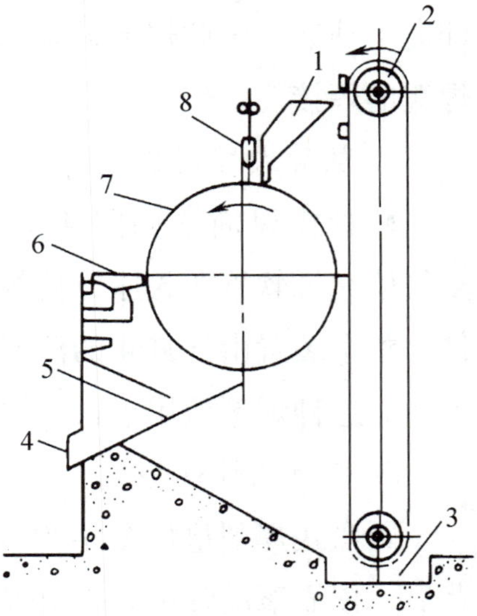

图 4-31　固定式循环系统

1—焊剂漏斗　2—斗式提升机
3—焊剂槽　4—渣出口　5—筛网
6—清渣刀　7—焊件　8—焊丝

（2）移动式循环系统　整个焊剂输送和回收装置装在自动焊机机头上，与焊接小车同时移动，在距电弧 300mm 处，回收焊剂，如图 4-32 所示。

2. 焊剂输送器

焊剂输送器是输送焊剂的装置，如图 4-33 所示。当压缩空气经进气管及减压阀，通入输送器上部时，即对焊剂加压，并使焊剂伴随空气经管道流到安装在焊机头上的焊剂漏斗内，此时焊剂落下，空气自上口逸出。为使焊剂输送更可靠，可在出口处设置一管道增压器。

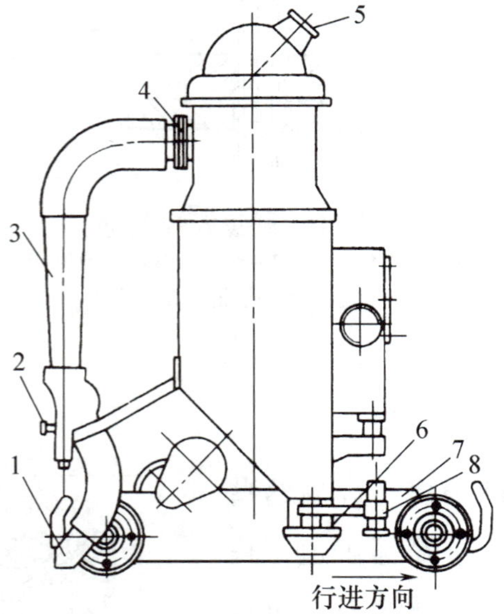

图 4-32　移动式循环系统

1—焊剂回收嘴　2—进气嘴　3—喷射器
4—焊剂箱进料口　5—出气孔　6—焊剂箱出料口
7—焊接小车　8—坡口位置指示灯

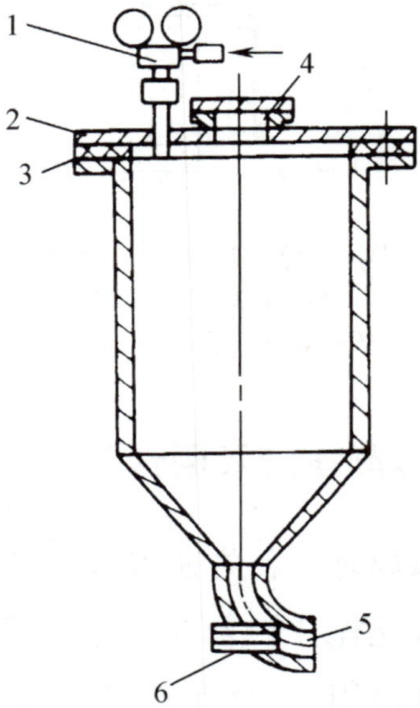

图 4-33　焊剂输送器

1—进气管及减压阀　2—桶盖　3—胶垫
4—焊剂进口　5—焊剂出口　6—管道增压器

采用压缩空气输送焊剂时，必须装设气水分离器，以除净压缩空气中的水分。

3. 焊剂回收器

焊剂回收器有电动吸入式、气动吸入式、吸压式和组合式四种形式，其作用是回收焊剂。

三、焊接变位机

焊接变位机可将焊件回旋、倾斜，使焊缝处于水平、船形等易焊的位置，以便于焊接。常用的 3t 焊接变位机如图 4-34 所示，其工作台用于紧固焊件，常见台面有方形、圆形、八角形和十字形。一般台面上开有 T 形槽，可安装夹紧装置或附加支臂，装焊轻而大的焊件。焊接变位机的倾斜角度为 0°~135°。回转机构采用机械传动；倾斜机构采用液压传动。工作台的回转可采用无级调速，多用于球体的拼焊和球面的堆焊等。

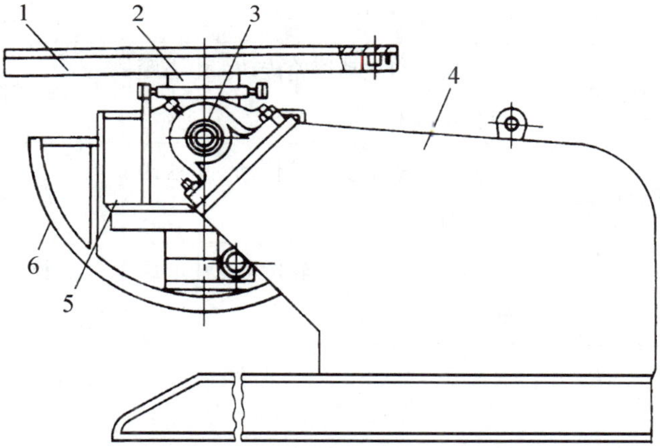

图 4-34 常用的 3t 焊接变位机

1—工作台 2—回转主轴 3—倾斜轴 4—机座 5—回转机构 6—倾斜大齿轮

四、回转台

回转台是没有倾斜机构的变位机，用来焊接平面上的圆焊缝或切割封头的余边，如图 4-35 所示。还有一种椭圆轨迹的回转台，可以焊接水平面的椭圆焊缝，保持整个椭圆轨迹的焊接速度不变。

五、滚轮架

滚轮架是一种借助焊件与主动滚轮间的摩擦力来带动圆筒形焊件旋转，是焊接环焊缝的装备，如图 4-36 所示。滚轮架的分类见表 4-29。

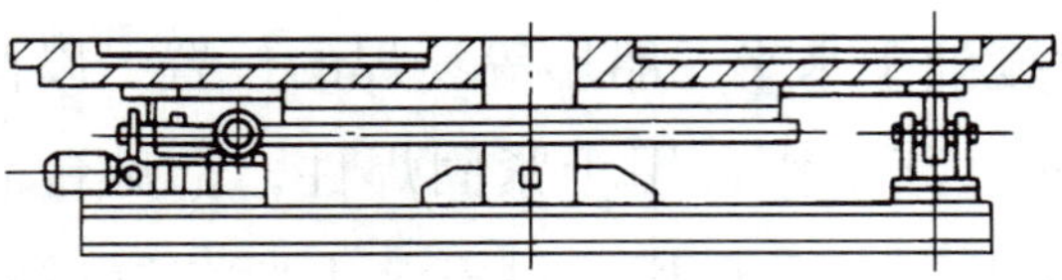

图 4-35　回转台

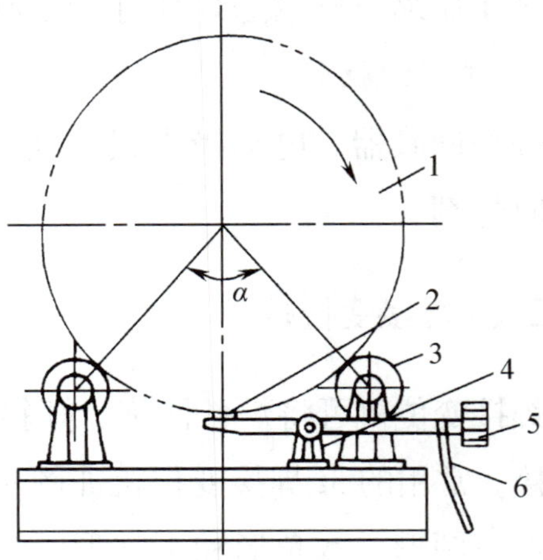

图 4-36　滚轮架

1—焊件　2—纯铜滑块　3—滚轮架
4—滑块支架　5—配重　6—地线

表 4-29　滚轮架的分类

类　别		特　点	适用范围
组合式滚轮架	自调式	径向一组主动滚轮传动，中心距可自动调节	一般圆筒形焊件
	非自调式	径向一对主动滚轮传动，中心距可调节	一般圆筒形焊件
长轴式滚轮架		轴向一排主动滚轮传动，中心距可调节	细长焊件焊接及多段筒节的装焊

1. 滚轮

滚轮是滚轮架的承载部分，要求有较大的刚性，并与焊件之间有较大的摩擦力，使传动平稳，在工作过程中不打滑。常见的滚轮结构见表 4-30。

表 4-30　常见的滚轮结构

滚轮结构	特　点	适用范围
钢轮	承载能力强，制造简单	用于重型焊件
胶轮	钢轮外包橡胶，传动平稳，摩擦力大，橡胶易压坏	用于 50t 以下的焊件
组合轮	钢盘与橡胶组合，承载能力比胶轮高，传动平稳	用于 50~100t 的焊件
履带轮	大面积履带和焊件接触，有利于防止薄壁件变形，传动平稳，但制造较复杂	用于轻型薄壁大直径的焊件

2. 传动与调速

组合式滚轮架的传动与调速有两种方式：一是采用一台直流电动机经两组两

级蜗杆减速器来带动两个主动滚轮；二是采用两台直流电动机分别通过一级蜗杆减速器和一级小齿差行星齿轮减速器或行星摆线针轮减速器，来带动两个主动滚轮。

滚轮架的调速范围为 3∶1 和 10∶1，大都采用无级调速，并设有空程快速。

3. 中心距的调节

焊件中心与两个支承滚轮中心连线的夹角为 α，一般应取 50°~90°，但常用的为 50°~60°。滚轮架中心距的调节方法为有级调节式、自调式和丝杠式三种，如图 4-37 所示。有级调节式是通过变换可换传动轴的长度来进行调节的；自调式是靠滚轮副的自由摆动，在规定范围内自动调节；丝杠式是利用丝杠调节把手转动双向丝杠，使滚轮中心距得到无级调节。

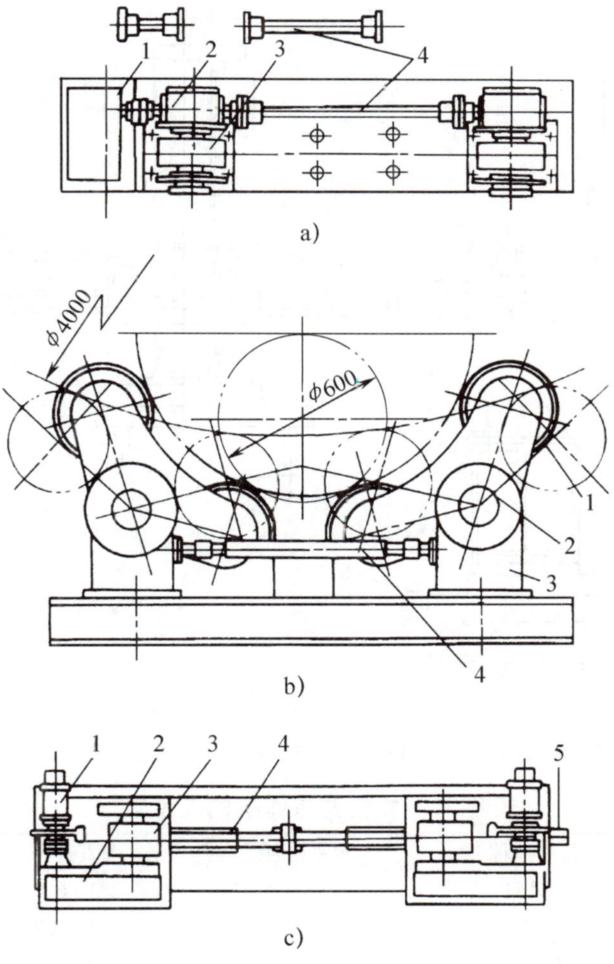

图 4-37 滚轮架中心距的调节方法

a）有级调节式 1—一级减速箱 2—二级减速箱 3—滚轮 4—可换传动轴

b）自调式 1—滚轮副 2—滚轮轴承座 3—变速箱 4—传动轴

c）丝杠式 1—电动机 2—减速箱 3—滚轮 4—双向丝杠 5—丝杠调节把手

六、操作机

操作机的作用是将焊机机头准确地送到并保持在待焊位置上，或以选定的焊接速度沿规定的轨迹移动焊机。操作机、变位机和滚轮架等配合使用，可完成纵焊缝、环焊缝和螺旋焊缝的焊接和封头内表面堆焊等工作。

1. 立柱式操作机

立柱式操作机如图 4-38 所示。焊机装在横臂一端。横臂可做垂直等速运动和水平无级调速运动，立柱可做±180°回转，可以完成纵、环焊缝多工位的焊接。立柱式操作机的技术数据见表 4-31。

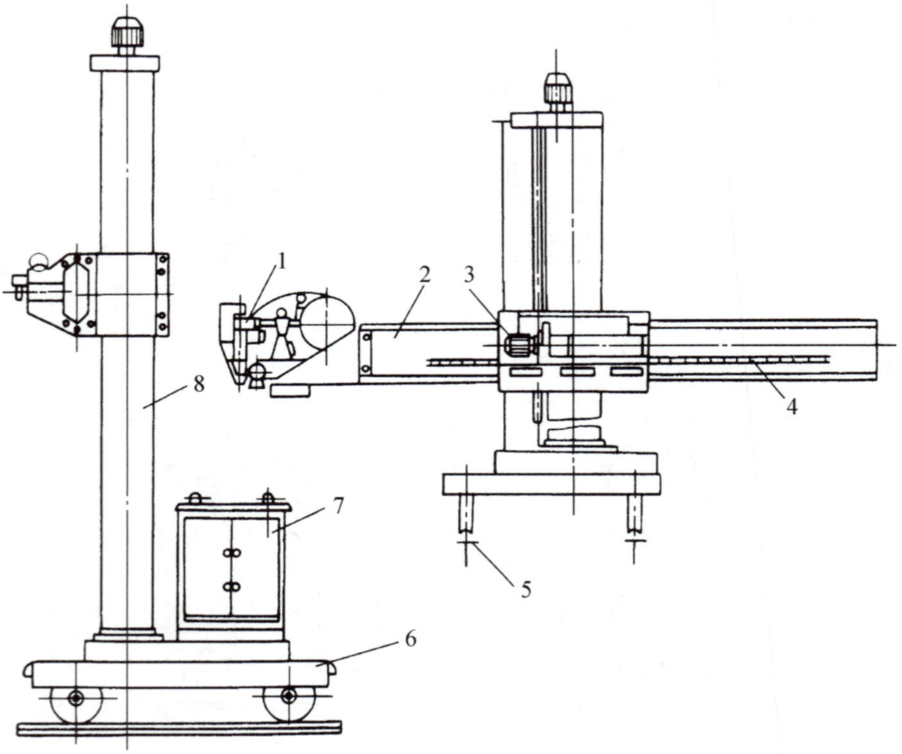

图 4-38 立柱式操作机

1—自动焊小车 2—横臂 3—横臂进给机构 4—齿条 5—钢轨 6—行走台车 7—焊接电源及控制箱 8—立柱

表 4-31 立柱式操作机的技术数据 （单位：mm）

型　号	名　称	水平伸缩	垂直升降	筒体直径
DWHJ	大外环	1.8~5.5	2.1~6.0	2~4.5
ZRHJ	中环纵	1.0~4.2	1.4~4.9	2~3.5
Z34	小环纵	≤3.4	≤3.0	0.8~3

2. 平台式操作机

平台式操作机如图 4-39 所示。焊机在操作平台上工作，平台能升降，台车能移动，适用于外纵焊缝、外环焊缝的焊接。

平台式操作机的技术数据见表 4-32。

表 4-32 平台式操作机的技术数据

焊接最大直径/mm		4500
平台伸出长度/mm		3500
焊嘴中心距立柱距离	最大/mm	3000
	最小/mm	1000
平台升降行程/mm		1500~5700
平台升降速度/(m/h)		30
平台升降电动机功率/kW		2.2（交流）
小车行走电动机功率/kW		3（交流）

3. 龙门式操作机

龙门式操作机如图 4-40 所示。焊机在龙门架上做横向移动及升降，龙门架可沿轨道纵向移动，适用于外纵焊缝和外环焊缝的焊接。

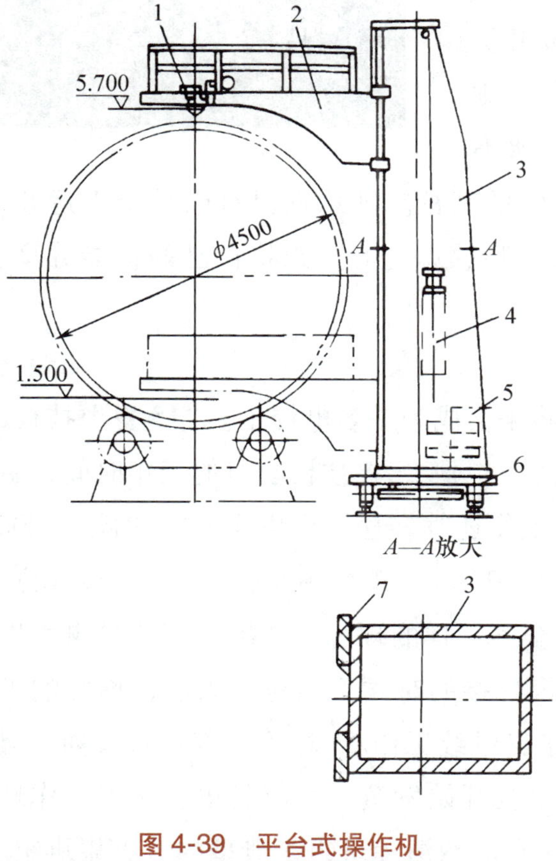

图 4-39 平台式操作机

1—焊机 2—操作平台 3—立柱 4—配重
5—压重 6—焊接小车 7—立柱平轨道

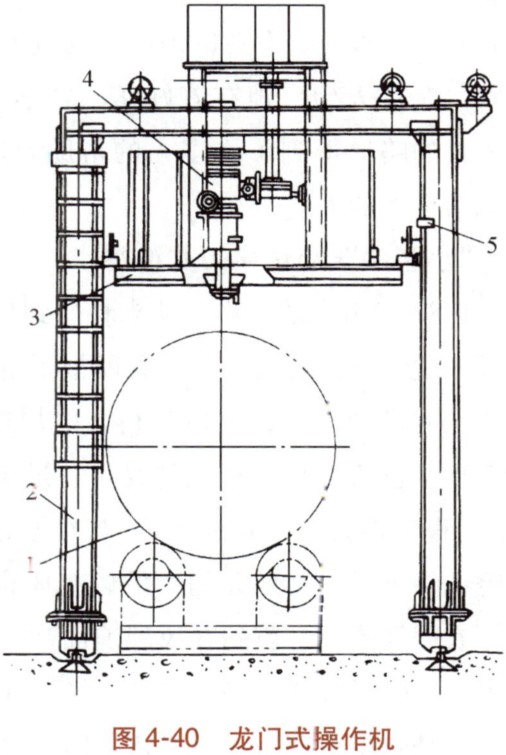

图 4-40 龙门式操作机

1—焊件 2—龙门架 3—操作平台
4—焊机和调整装置 5—限位开关

榜样的力量

大国工匠：易冉

易冉，女，1982年出生，湖南省株洲市荷塘区人，高级电焊技师，中国中车资深“高铁工匠”，全国首届“十佳最美职工”，全国劳动模范，被德国媒体亲切地称为“中国电焊花木兰”。她的事迹被收入由国资委、中车工会编著的《一线英雄传》《高铁脊梁》两本书中。

自2000年参加工作起，她把一个女孩子最美丽的时光，献给了她钟情的电焊事业。她用焊枪作画，画出了自己灿烂的人生轨迹。在她身上体现了现代劳模、现代产业工人的美丽新姿和优秀品质：将平凡的劳动做到极致，对待工作，她有着乐业、敬业、专业的态度；前进的脚步永不停歇，对待人生，她有着好学、勤学、善学的精神。她总觉得自己是个幸运儿，在成长的路上得到了许多人的帮助。怀着一颗感恩之心，她将自己的技能分享、传承给更多的人。

“小丫头”小试牛刀露锋芒

1982年出生的易冉，从未料想到自己将来会成为一名电焊工。“15岁上技校，家里人说学电焊好找工作，我就报了电焊这个专业。”在技校学习的三年时间，由于实操的机会不多，易冉觉得，电焊这份工作还算轻松。可事实并非如此。2000年7月，正值如花般年纪的易冉，进入到了430厂（现为中车长江株洲分公司）。“车间噪声很大，还非常热。”与在学校完全不一样的环境，初出茅庐的易冉心里咯噔了一下。“大夏天的，虽然有风扇，可焊接的时候不能对着人吹，怕影响工艺，衣服汗湿了，就站在风扇前面吹，干了又继续工作。”尽管穿着长衣长袖，但被高温、强光炙烤，易冉脸上、脖子上的皮肤开始发黄，甚至脱皮。除了工作环境，劳动强度也非常大。刚进厂时，易冉所在的欧清莲班组是典型的苦脏累班组。她们焊1台车需要连续蹲一个半小时，每天要焊5台车，每次间歇时间不到10分钟。“晚上上夜班，我妈来接我下班，由于脸上灰太多，都没认出我。”易冉回忆说，刚参加工作一个月，当她准备打退堂鼓的时候，厂里组队参加株洲市电焊工大赛，按组委会规定，参赛队员中必须有1名年轻队员，她幸运入选，和两名强将到培训基地进行为期一周的强化训练。到第四天，易冉的训练试件就从最差的Ⅳ级片，一跃达到最完美的Ⅰ级片，并稳定保持到3天后的大赛。结果，她轻取气体保护焊第三名，一时间技惊四座。

参加工作不到半年，易冉被选派到电焊骨干集训队，师从湖南省技能大师杨卫东。

“平时要上班，所以只能利用业余时间参加集训队培训，所以一放假我就去集训队，几乎没有休息过。”易冉告诉记者，在集训队的一年日子里，她通常是下了晚班后一大早就赶到培训基地上课、练习，苦练气体保护焊、手把焊硬功，焊接技能有了长足进步。最终，在当年全厂技术运动会上，她以理论实作均超93分的厂级比赛史上最优异成绩一举夺冠，被授予“电焊铜星”。随后她一鼓作气，连续两届“披金挂银”，实现了别人需要努力10年以上的金银铜星“三级跳”，成了430厂设立该奖项20年来用时最短“跑完全程”的选手。

“电焊花木兰”国际赛场放光彩

然而，年少成名也为易冉带来了不少烦恼。“2003年的时候，厂里有一个返工车，因为我在比赛中多次获奖，返工车就交到了我手里，要把它从废品变成一个合格产品，焊接的难度非常大，我尽了自己最大的努力，却没有做好。”这次打击让易冉意识到，自己的水平还远远不够，还需要提升。

一方面不断补充理论知识，一方面在集训队潜心向前辈们取经。“即便后来也有几次返工车产品没处理好，但我没有退却，失败了就当积累经验，结果就是成功率越来越高，只要有返工车，领导就会让我来处理，得到的锻炼机会越多，技能水平就提升越快。”易冉说。

2005年后，厂里出口订单猛增，易冉调入组装车间新产品试制班，被领导亲自“点将”——参与了3支点矿石漏斗车、C80BH、澳大利亚五联平车、巴西车、安格纳车、FMG敞车等所有国际国内新产品车辆的试制。她不仅掌握了国际通用的焊接标准，而且成为备受赞誉的“国际焊工”，先后摸索出一系列具有国际先进水平的焊接技巧……

艺高人胆大，这句话形容易冉再合适不过了。在同事的眼里，没有易冉解决不了的难题。

2007年6月，厂里开始试制当时世界上最大轴重的澳大利亚FMG敞车。客户要求所有焊缝咬边为零，大焊角、坡口不能有弧坑，这样的精度相当于机械手。就在同事望而却步时，易冉站了出来。她经过一个星期的日夜琢磨，反复优化焊接方法，终于达到了澳方严苛的标准，外方监造竖起了大拇指，并将她所焊的焊缝标记出来，当作“示范焊缝”展示。她为中国铁路货车产品在海外树立了品质标杆，赢得了口碑。

2011年10月，易冉被国家选派与另外三位男同志一起赴德国，参加在德国吕内堡举行的国际焊接比赛。在德国，没有女人从事电焊职业，赛场上出现一个柔弱的中国女孩，已经让德国同行感到惊奇，而易冉的出色表现，让比赛组委会专门为她颁发了唯一的“特别奖”。她参赛的立焊、平焊板作品获德国DVS证书并被公开展示。德国当地媒体还以《中国的“电焊花木兰”》为题对她进行了专题报道。

此后，这个娇小的株洲女孩有了一个响亮的外号——“电焊花木兰”。

第五章

焊接机器人

工业机器人的出现将人类从繁重单一的劳动中解放出来，而且它还能够从事一些不适合人类甚至超越人类极限的劳动，实现生产的自动化，避免工伤事故和提高生产率。工业机器人已经广泛地应用于智能制造、电力、新能源、汽车、食品饮料、医药制造、钢铁、铁路、航空航天等众多领域。

焊接机器人是工业机器人中的一种，是在焊接生产领域代替焊工从事焊接任务的工业机器人。据不完全统计，全世界在役的工业机器人中大约有一半的工业机器人用于各种形式的焊接加工领域。对焊接作业而言，焊接机器人是能够自动控制、可重复编程、多功能、多自由度的焊接操作机。

目前，在焊接生产中使用的主要是点焊机器人、弧焊机器人、钎焊机器人和激光焊接机器人，其中应用最普遍的是点焊机器人和弧焊机器人。

第一节　概　　述

工业机器人是面向工业领域的多关节机械手或多自由度的机器装置。它能自动执行工作，是靠自身动力和控制能力来实现各种功能的一种机器。它是在机械手的基础上发展起来的，国外称为 Industrial Robot。

一、工业机器人

1. 工业机器人的概念

“机器人”一词最早出现于1920年捷克剧作家卡雷尔·凯培克（Karel Kapek）一部幻想剧《罗萨姆的万能机器人》（《Rossums Universal Robots》）中，“Robot”是由斯洛伐克语“Robota”衍生而来的。

1950年，美国科幻小说家加斯卡·阿西莫夫（Jassc Asimov）在他的小说《我

是机器人》中，提出了著名的“机器人三守则”，即

1）机器人不能危害人类，不能眼看人类受害而袖手旁观。

2）机器人必须服从于人类，除非这种服从有害于人类。

3）机器人应该能够保护自身不受伤害，除非为了保护人类或者人类命令它做出牺牲。

这三条守则给机器人赋予伦理观。至今，机器人研究者都以这三条守则作为开发机器人的准则。

目前，虽然机器人已被广泛应用，但世界上对机器人还没有一个统一、严格、准确的定义，不同国家、不同研究领域给出的定义不尽相同。尽管定义的基本原则大体一致，但仍然有较大区别。国际上主要有以下几种定义。

美国机器人协会（RIA）的定义：机器人是一种用于移动各种材料、零件、工具或专用装置的，通过可编程的动作来执行种种任务的并具有编程能力的多功能机械手。这个定义叙述具体，更适用于对工业机器人的定义。

美国国家标准局（NBS）的定义：机器人是一种能够进行编程并在自动控制下执行某些操作和移动作业任务的机械装置。这也是一种比较广义的工业机器人的定义。

日本工业机器人协会（JIRA）的定义：工业机器人是一种能够执行与人体上肢（手和臂）类型动作的多功能机器；智能机器人是一种具有感觉和识别能力，并能控制自身行为的机器。

英国简明牛津字典的定义：机器人是貌似人的自动机器，具有智力的和顺从于人但不具有人格的机器，这是一种对理想机器人的描述。

国际标准化组织（ISO）的定义较为全面和准确，其定义涵盖如下内容。

1）机器人的动作机构具有类似于人或其他生物体某些器官（肢体、感官等）的功能。

2）机器人具有通用性，工作种类多样，动作程序灵活易变。

3）机器人具有不同程度的智能性，如记忆、感知、推理、决策、学习等。

4）机器人具有独立性，完整的机器人系统在工作中可以不依赖于人的干预。

广义地说：工业机器人是一种在计算机控制下的可编程的自动机器。它具有4个基本特征：特定的机械机构；通用性；不同程度的智能；独立性。

2. 工业机器人的分类

工业机器人的分类，国际上没有制定统一的标准，可按技术等级、机构特征、

负载重量、控制方式、自由度、结构、应用领域等分类。

（1）按工业机器人的技术等级分类

1）示教再现机器人。第一代工业机器人能够按照人类预先示教的轨迹、行为、顺序和速度重复作业，示教可由操作员手把手进行或通过示教器完成。

2）感知机器人。第二代工业机器人具有环境感知装置，能在一定程度上适应环境的变化，目前已经进入应用阶段。

3）智能机器人。第三代工业机器人具有发现问题，并且能自主地解决问题的能力，尚处于试验研究阶段。

（2）按工业机器人的机构特征分类（图 5-1）

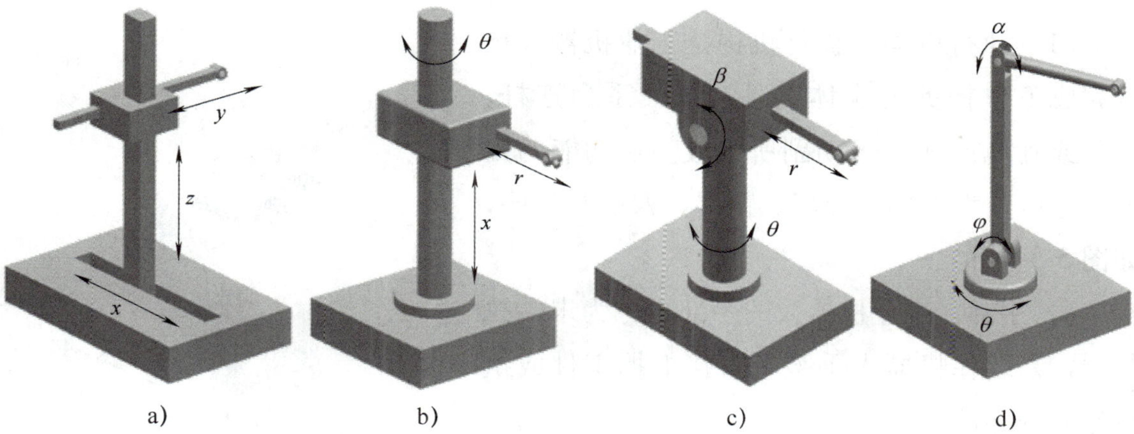

图 5-1　工业机器人

a）直角坐标机器人　b）柱面坐标机器人　c）球面坐标机器人　d）垂直多关节机器人

1）直角坐标机器人。它具有空间上相互垂直的多个直线移动轴，通过直角坐标方向的 3 个独立自由度确定其手部的空间位置，其动作空间为一长方体。

2）柱面坐标机器人。它主要由旋转基座、垂直移动轴和水平移动轴组成，具有 1 个回转和 2 个平移自由度，其动作空间为圆柱形。

3）球面坐标机器人。它的空间位置分别由旋转、摆动和平移 3 个自由度确定，动作空间形成球面的一部分。

4）垂直多关节机器人。它模拟人手臂功能，由垂直于地面的腰部旋转轴、带动小臂旋转的肘部旋转轴以及小臂前端的手腕等组成，手腕通常有 2~3 个自由度，其动作空间近似一个球体。

3. 工业机器人系统的基本构成

工业机器人通常由执行机构、驱动系统、控制系统和传感系统 4 部分组成。

工业机器人各组成部分之间的相互作用关系如图5-2所示。

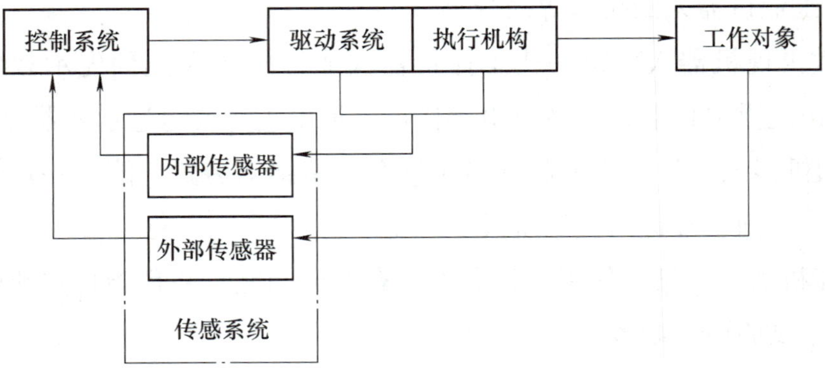

图5-2 工业机器人各组成部分之间的相互作用关系

（1）执行机构　执行机构是工业机器人赖以完成工作任务的实体，通常由一系列连杆、关节或其他形式的运动副所组成。从功能的角度，它可分为手部、腕部、臂部、腰部和机座，如图5-3所示。

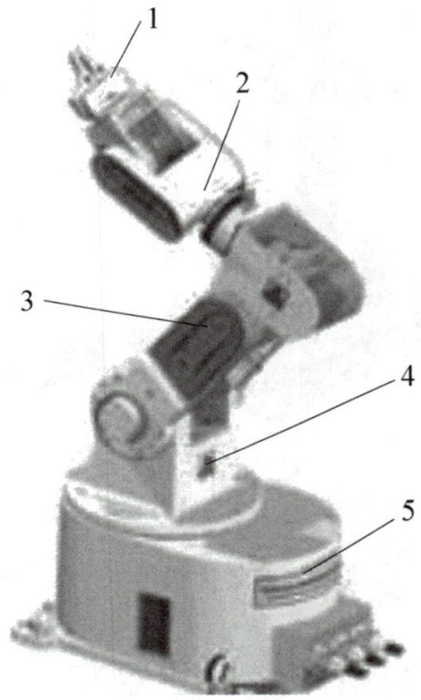

图5-3 工业机器人执行机构示意图
1—手部 2—腕部 3—臂部
4—腰部 5—机座

1）手部。工业机器人的手部也称为末端执行器，是装在机器人手腕上直接抓握工件或执行作业的部件。

2）腕部。工业机器人的腕部是连接手部和臂部的部件，起支承手部的作用。机器人一般具有6个自由度才能使手部达到目标位置和处于期望的姿态，腕部的自由度主要是实现所期望的姿态，并扩大臂部运动范围。

3）臂部。工业机器人的臂部是连接腰部和腕部的部件，用来支承腕部和手部，实现较大运动范围。臂部一般由大臂、小臂（或多臂）组成。

4）腰部。腰部是连接臂部和机座的部件，通常是回转部件。由于它的回转，再加上臂部的运动，就能使腕部做空间运动。

5）机座。机座是整个工业机器人的支持部分，有固定式和移动式两类。

（2）驱动系统　工业机器人的驱动系统是向执行机构各部件提供动力的装置，包括驱动器和传动机构两部分，它们通常与执行机构连成一体。驱动器通常有电动、液压、气动装置以及把它们结合起来应用的综合系统。常用的传动机构有谐波传动、螺旋传动、链传动、带传动以及各种齿轮传动等机构。

（3）控制系统　控制系统的任务是根据工业机器人的作业指令程序以及从传感器反馈回来的信号支配工业机器人的执行机构完成固定的运动和功能。若工业机器人不具备信息反馈特征，则为开环控制系统；若工业机器人具备信息反馈特征，则为闭环控制系统。

工业机器人的控制系统主要由主控计算机和关节伺服控制器组成。工业机器人通常具有示教再现和位置控制两种方式。工业机器人的位置控制方式有点位控制和连续路径控制两种。

（4）传感系统　传感系统是工业机器人的重要组成部分，按其采集信息的位置，一般可分为内部和外部两类传感器。

内部传感器是完成工业机器人运动控制所必需的传感器，如位置、速度传感器等，用于采集工业机器人内部信息，是构成工业机器人不可缺少的基本元件。

外部传感器检测工业机器人所处环境、外部物体状态或工业机器人与外部物体的关系。常用的外部传感器有力觉传感器、触觉传感器、视觉传感器等。一些特殊领域应用的工业机器人还可能需要具有温度、湿度、压力、滑动量、化学性质等感觉能力方面的传感器。

4. 工业机器人的应用

视频 25
搬运机器人

工业机器人的典型应用包括焊接、涂装、组装、采集和放置（如包装、码垛和 SMT）、产品检测和测试等；所有工作的完成都具有高效性、持久性、速度和准确性。常用工业机器人包括搬运、码垛、焊接、涂装、装配机器人。

二、焊接机器人

焊接机器人是在工业机器人的末轴法兰上装接焊钳或焊（割）枪，使之能进行焊接和切割。目前焊接机器人是最大的工业机器人应用领域，占工业机器人总数的 45%左右。

1. 焊接机器人系统组成

完整的焊接机器人系统一般由机械手、变位机、控制器、焊接系统（专用焊接电源、焊枪或焊钳等）、焊接传感器、中央控制计算机和相应的安全设备等组成，如图 5-4 所示。

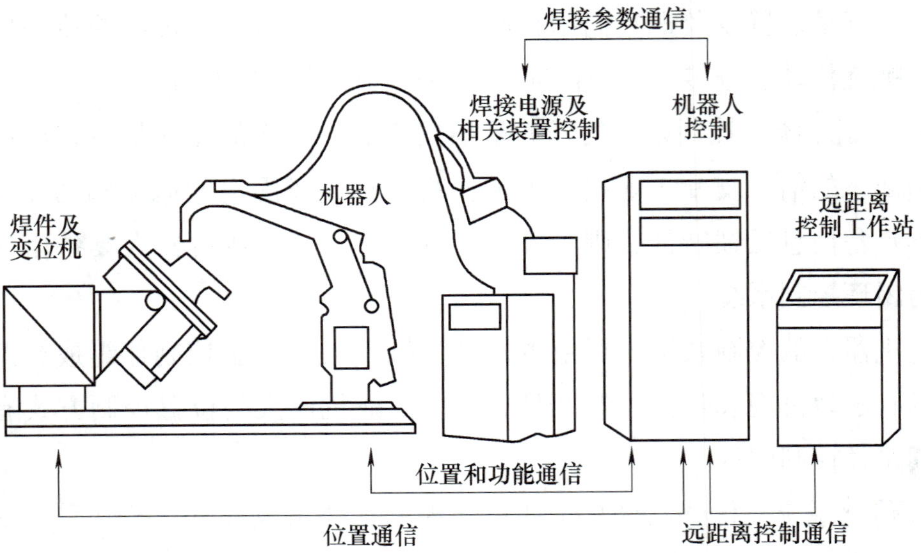

图 5-4 焊接机器人系统组成

2. 焊接机器人的主要结构形式

焊接机器人基本上都属于关节式机器人，绝大部分有 6 个轴。其中，4、5、6 轴可将末端工具送到不同的空间位置，而 1、2、3 轴解决工具姿态的不同要求。不同机器人具体轴的命名不同。焊接机器人的主要结构形式如图 5-5 所示。

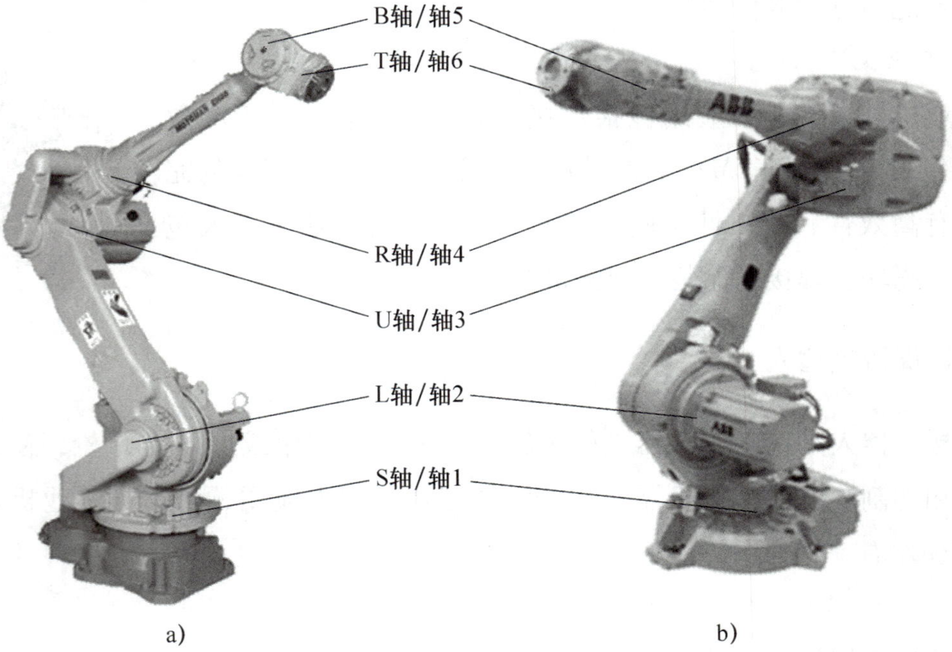

图 5-5 焊接机器人的主要结构形式

a）摩托曼机器人 b）ABB 机器人

3. 焊接机器人的基本原理

现在广泛使用的焊接机器人绝大部分属于第一代工业机器人，其基本工作原理是“示教-再现”。

“示教”也称为导引，即由操作者直接或间接导引机器人，一步步按实际作业要求告知机器人应该完成的动作和作业的具体内容，机器人在导引过程中以程序的形式将其记忆下来，并存储在机器人控制装置内。

“再现”则是通过存储内容的回放，机器人就能在一定精度范围内按照程序展现所示教的动作和赋予的作业内容。程序是把机器人的作业内容用机器人语言加以描述的文件，用于保存示教操作中产生的示教数据和机器人指令。

4. 点焊机器人

点焊机器人（Spot Welding Robot）是用于点焊自动作业的工业机器人。

（1）点焊机器人的组成和基本功能　点焊机器人由机器人本体、控制柜、示教器和点焊系统几部分组成，如图 5-6 所示。点焊机器人本体一般具有 6 个自由度：腰转、大臂转、小臂转、腕转、腕摆及腕捻。点焊机器人驱动方式有液压驱动和电气驱动两种，其中电气驱动应用更为广泛。

视频 26
点焊机器人

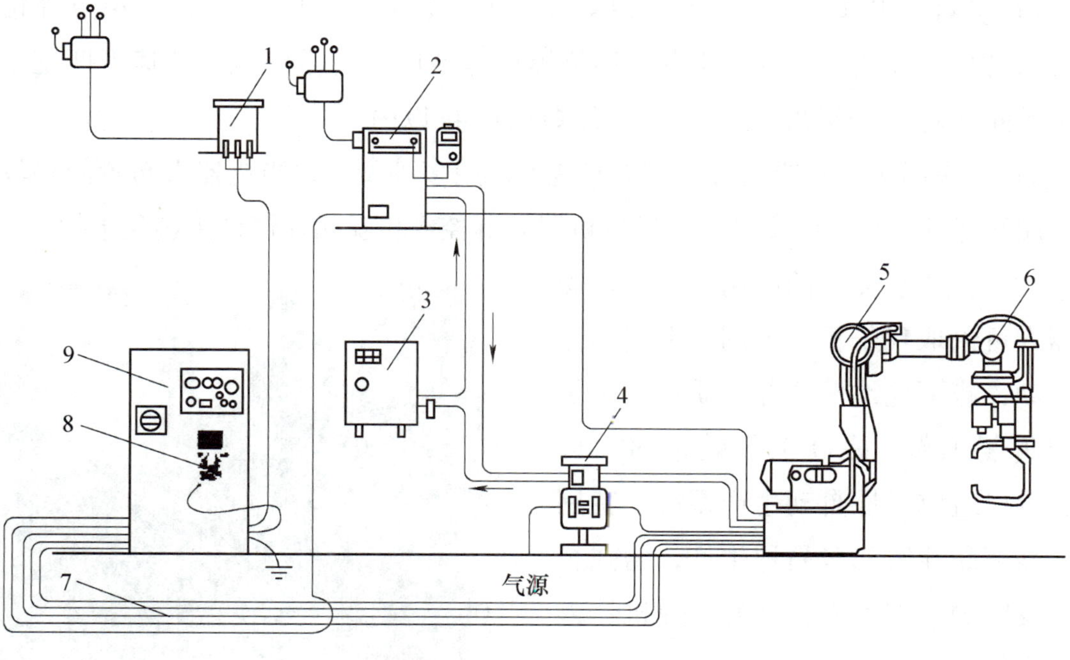

图 5-6　点焊机器人的组成

1—机器人变压器　2—焊接控制器　3—水冷机　4—气/水管路组合体　5—机器人本体　6—点焊钳
7—供电及控制电缆　8—示教器　9—控制柜

点焊作业对所用机器人的要求不是很高。因为点焊只需点位控制，对焊钳在点与点之间的移动轨迹没有严格要求，这也是机器人最早只能用于点焊的原因。点焊机器人需要有足够的负载能力，而且在点与点之间移位时速度要快捷，动作要平稳，定位要准确，以减少移位的时间，提高工作效率。

（2）点焊工艺对机器人的基本要求

1）点焊作业一般采用点位控制（PTP），其重复定位精度为±1mm。

2）点焊机器人工作空间必须大于焊接所需的空间（由焊点位置及焊点数量确定）。

3）按焊件形状、种类、焊缝位置选用焊钳。

4）根据选用的焊钳结构、焊件材质与厚度以及焊接电流波形（工频交流、逆变式直流等）来选取点焊机器人额定负载，一般在 50~120kg 之间。

5）机器人应具有较高的抗干扰能力和可靠性（平均无故障工作时间应超过 2000h，平均修复时间不大于 30min）；具有较强的故障自诊断功能，如可发现电极与焊件发生“黏结”而无法脱开的危险情况，并能做出电极沿焊件表面反复扭转直至故障消除。

6）机器人示教记忆容量应大于 1000 点。

7）机器人应具有较高的点焊速度（如 60 点/min 以上），以保证单点焊接时间（含加压、焊接、维持、休息、移位等点焊循环）与生产线物流速度匹配，且其中 50mm 短距离移动的定位时间应缩短在 0.4s 以内。

8）需采用多台机器人时，应研究是否选用多种型号；当机器人布置间隔较小时，应注意动作顺序的安排，可通过机器人群控或相互间连锁作用避免干扰。

（3）点焊机器人的应用　引入点焊机器人可以取代笨重、单调、重复的体力劳动；能更好地保证焊点质量；可长时间重复工作，提高工作效率 30%以上；可以组成柔性自动生产系统，特别适合新产品开发和多品种生产，增强企业应变能力。图 5-7 所示为点焊机器人应用实例。

图 5-7　点焊机器人应用实例

5. 弧焊机器人

弧焊机器人（Arc Welding Robot）是用于进行自动弧焊的工业机器人。

（1）弧焊机器人的组成和基本功能　弧焊机器人一般由机器人本体、控制柜、示教器、自动送丝装置、焊接电源等部分组成，如图 5-8 所示。弧焊机器人本体通常采用关节式机械手。虽然从理论上讲，有 5 个轴的机器人就可以用于电弧焊，但是对复杂形状的焊缝，需选用 6 轴机器人。它的驱动方式多采用直流或交流伺服电动机驱动。

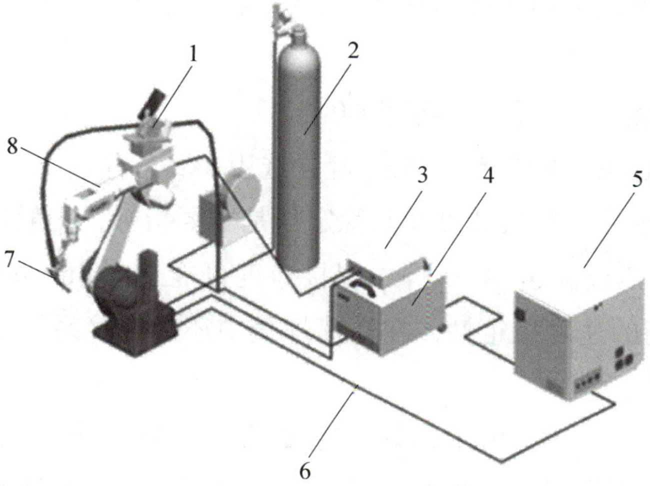

图 5-8　弧焊机器人的组成

1—自动送丝装置　2—气瓶　3—示教器　4—焊接电源
5—控制柜　6—供电及控制电缆　7—焊枪　8—机器人本体

弧焊过程比点焊过程要复杂得多，工具中心点（TCP），也就是焊丝端部的运动轨迹、焊枪姿态、焊接参数都要求精确控制。所以，弧焊机器人应能实现连续轨迹控制，并可以利用直线插补和圆弧插补功能焊接由直线及圆弧所组成的空间焊缝，还应具备不同摆动样式的软件功能，供编程时选用，以便进行摆动焊，而且摆动到每一周期中的停顿点处，机器人也应自动停止向前运动，以满足工艺要求。此外，它还应有接触寻位、自动寻找焊缝起点位置、电弧跟踪及自动再引弧功能等。

（2）弧焊工艺对机器人的基本要求

1）弧焊作业均采用连续路径控制（CP），其定位精度为±0. 5mm。

2）弧焊机器人可达到的工作空间必须大于焊接所需的工作空间。

3）按焊件材质、焊接电源、弧焊方法选择合适种类的机器人。

4）正确选择周边设备，组成弧焊机器人工作站。弧焊机器人仅仅是柔性焊接作业系统的主体，还应有行走机构及移动机架，以扩大机器人的工作范围。同时，还应有各种定位装置、夹具及变位机。多自由度变位机应能与机器人协调控制，使焊缝处于最佳焊接位置。

5）弧焊机器人应具有防碰撞及焊枪矫正、焊缝自动跟踪、熔透控制、焊缝始端检出、定点摆焊及摆动焊接、多层焊、清枪剪丝等相关功能。

6）机器人应具有较高的抗干扰能力和可靠性（平均无故障工作时间应超过2000h，平均修复时间不大于30min；在额定负载和工作速度下连续运行120h，工作应正常），并具有较强的故障自诊断功能（如“黏丝”“断弧”故障显示及处理等）。

7）机器人示教记忆容量应大于5000点。

8）机器人的抓重一般为5~20kg，经常选用8kg左右。

9）在弧焊作业中，焊接速度及其稳定性是重要指标，一般情况下焊接速度取为5~50mm/s，在薄板高速MAG焊中焊接速度可能达到4m/min以上。因此，机器人必须具有较高的速度稳定性，在高速焊接中还对焊接系统中电源和送丝机构有特殊要求。

视频 27

弧焊机器人

10）由于弧焊工艺复杂，示教工作量大，现场示教会占用大量生产时间，因此弧焊机器人必须具有离线编程功能，其方法为：①在生产线外另安装一台主导机器人，用它模仿焊接作业的动作，然后将生成的示教程序传送给生产线上的机器人；②借助计算机图形技术，在显示器（CRT）上按焊件与机器人的位置关系对焊接动作进行图形仿真，然后将示教程序传给生产线上的机器人，目前已经有多种这方面商品化的软件包可以使用，如ABB公司提供的机器人离线编程软件Program Maker。由于计算机技术发展，后一种方法将越来越多地应用于生产中。

（3）弧焊机器人的应用　弧焊机器人的应用范围很广，除了汽车行业之外，在通用机械、金属结构、航天、航空、机车车辆及船舶等行业都有应用，图5-9所示为弧焊机器人应用实例。

图 5-9　弧焊机器人应用实例

第二节　焊接机器人的基本操作技术

在国内使用的主流焊接机器人品牌比较多，国外品牌主要有松下 Panasonic（日本）、ABB（瑞士）、摩托曼 MOTOMAN（日本）、发那科 FANUC（日本）、igm（奥地利）、库卡 KUKA（德国）等；国产品牌主要有华恒（昆山）、开元松下（唐山）、新松（沈阳）、杰瑞（上海）等。下面以松下焊接机器人 TA-1400 为例对焊接机器人的基本操作技术进行介绍。

一、焊接机器人操作基础

1. TA-1400 型弧焊机器人的组成

TA-1400 型弧焊机器人的组成如图 5-10 所示。它由控制柜、焊接电源、示教器、机器人本体 4 个部分组成。

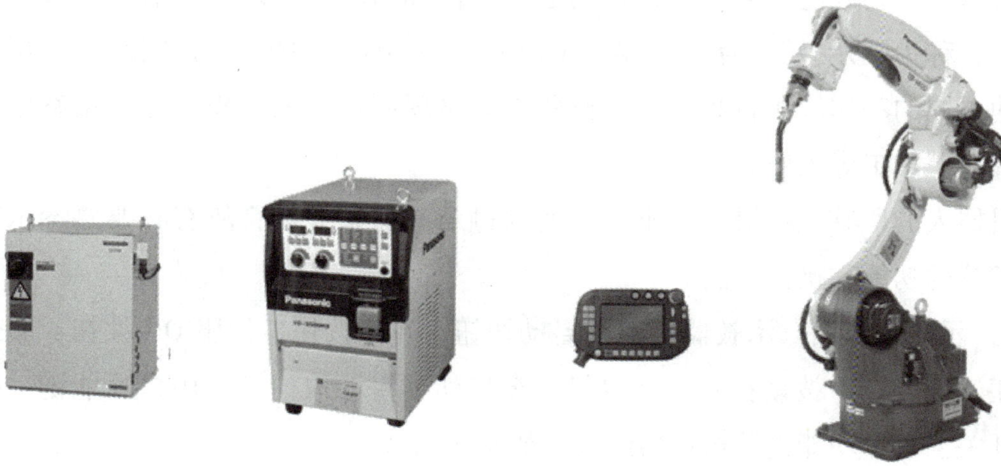

a)　　b)　　c)　　d)

图 5-10　TA-1400 型弧焊机器人的组成

a）控制柜　b）焊接电源　c）示教器　d）机器人本体

（1）机器人本体　TA-1400 型弧焊机器人属于关节型机器人，共有 6 个轴，如图 5-11 所示。它能完成腰部旋转、上举、前伸、手腕旋转、手腕弯曲及手腕扭转动作，充分体现焊接机器人的操作灵活性和焊接可达性。各轴的名称及其作用见表 5-1。

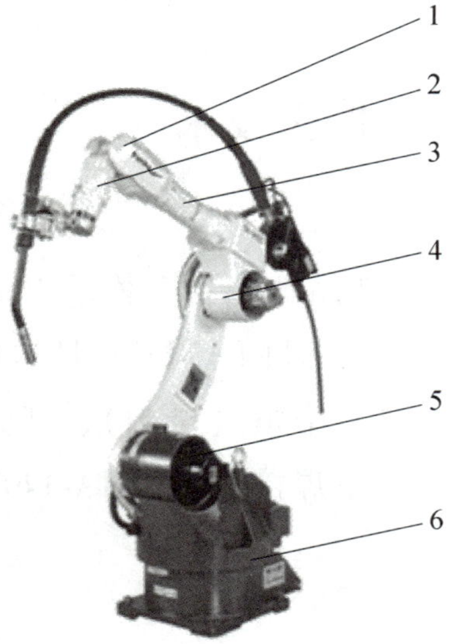

图 5-11 TA-1400 型弧焊机器人本体

1—BW 轴 2—TW 轴 3—RW 轴
4—FA 轴 5—UA 轴 6—RT 轴

表 5-1 各轴的名称及其作用

轴 名	作 用
RT 轴（Rotate Turn）	旋转
UA 轴（Upper Arm）	上举
FA 轴（Front Arm）	前伸
RW 轴（Rotate Wrist）	手腕旋转
BW 轴（Bent Wrist）	手腕弯曲
TW 轴（Twist Wrist）	手腕扭转

（2）示教器 松下机器人是一种示教再现型的机器人。机器人一边实际运行一边进行记忆，并能够再现所记忆的运行动作称为示教再现。机器人边移动边记忆动作，称为“示教”。存储机器人示教的连串动作的单位称为“程序”，用来区分其他不同的动作。执行程序时，机器人会再现所记忆的动作，能够正确地重复进行焊接、加工等工作。

机器人的所有在线操作基本上均要通过示教器来完成，故有必要熟悉示教器各个部分的功能和操作方法。

1）示教器正面。示教器正面由启动按钮、暂停按钮、伺服 ON 按钮、紧急停止按钮、+/- 键、拨动按钮、登录键、窗口切换键、取消键、用户功能键、模式切换开关、动作功能键及窗口所组成，如图 5-12 所示。

示教器正面各部分的功能如下。

①启动按钮。在运行（AUTO）模式下，启动或重启机器人。

②暂停按钮。在伺服电源开的状态下暂停机器人运行。

③伺服 ON 按钮。打开伺服电源。

④紧急停止按钮。按下紧急停止按钮后机器人立即停止，且伺服电源关闭，顺时针方向旋转后，解除紧急停止状态。

⑤+/- 键。它代替拨动按钮，连续移动机器人手臂。

⑥拨动按钮（简称为拨钮）。通过拨动按钮可完成机器人手臂的移动、外部轴

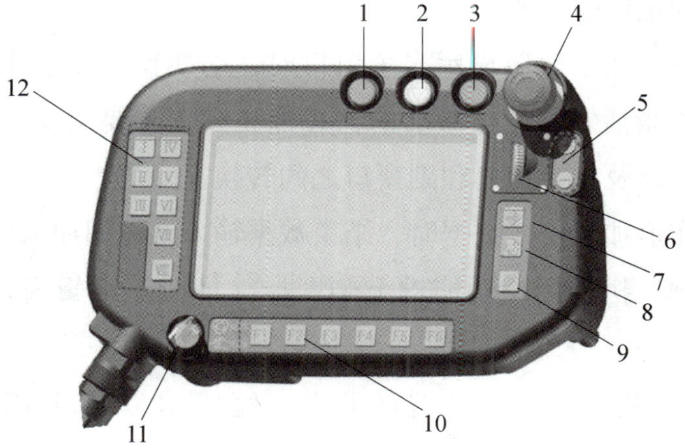

图 5-12　示教器正面

1—启动按钮　2—暂停按钮　3—伺服 ON 按钮　4—紧急停止按钮　5—+/-键　6—拨动按钮　7—登录键　8—窗口切换键　9—取消键　10—用户功能键　11—模式切换开关　12—动作功能键

的旋转、光标的移动、数据的移动及选定。

拨动按钮 3 个不同的操作，如轻微移动该拨动按钮，按住拨动按钮（即侧击），按住拨动按钮的同时向上或向下轻微移动（即拖动），见表 5-2。

表 5-2　拨动按钮操作

操作类型	图　示	功能作用
向上/向下微动	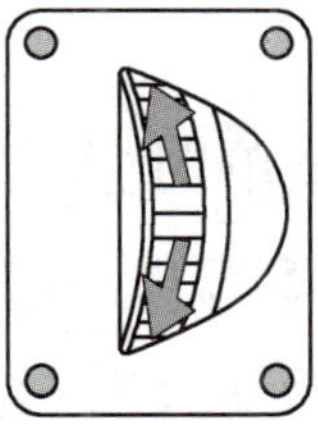	移动机器人手臂或外部轴。当向上微动时，移动机器人手臂或外部轴向“+”方向转动；反之向“-”方向转动 移动荧屏上的光标 改变数据或选择一个选项
侧击	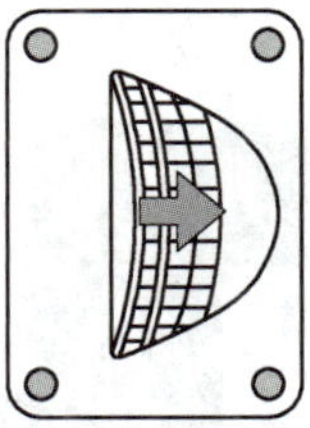	指定选择的项目并保存它
拖动	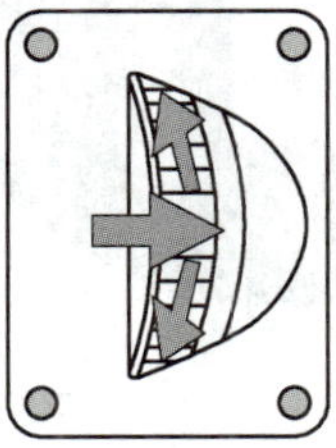	保持机器人手臂的当前操作 按下后的拨动按钮旋转量决定变化量 运动的方向与“向上/向下微动”相同

⑦登录键（又称为回车键）。它用于保存或指定一个选择。在示教时登录示教

点，以及登录、确定窗口上的项目。

⑧窗口切换键。在示教器显示多个窗口时，切换窗口。使用该键在多个窗口中选择一个窗口并激活它，使被激活的窗口加亮。它主要实现在菜单图标栏与编辑窗口之间转换，以及在主窗口和副窗口之间转换。

⑨取消键。在追加或修改数据时，结束数据输入，返回原来的界面。

⑩用户功能键。执行用户功能键上侧图标（即位于编辑窗口上的下侧图标）所显示的功能。

⑪模式切换开关。一个两位置的开关，完成示教（TEACH）模式和运行（AUTO）模式的切换操作。例如：开关置于示教模式，即可对机器人进行示教操作。

⑫动作功能键。可以选择或执行动作功能键右侧图标（即位于编辑窗口上的左侧图标）所显示的动作功能。

示教器正面的动作功能键区和用户功能键区具有多个功能键。动作功能键区共有Ⅰ、Ⅱ、Ⅲ、Ⅳ 等 8 个动作功能键，分别与编辑窗口上的左侧 8 个动作功能图标一一对应，在不同示教器工作状态下，具有相应的动作功能。用户功能键区包括 6 个用户功能键，分别为 F1、F2、F3、F4、F5、F6，与动作功能键一样，要与编辑窗口上的下侧 6 个用户功能图标一一对应，在不同示教器工作状态下，具有相应的用户编辑或操作功能。

示教器窗口主要分成动作功能图标栏、菜单图标栏、标题栏、程序编辑区、信息提示窗、用户功能图标栏和状态栏，如图 5-13 所示。图标栏由若干工具图标组成，作用类似下拉菜单。菜单图标栏常用图标定义及功能，见表 5-3。

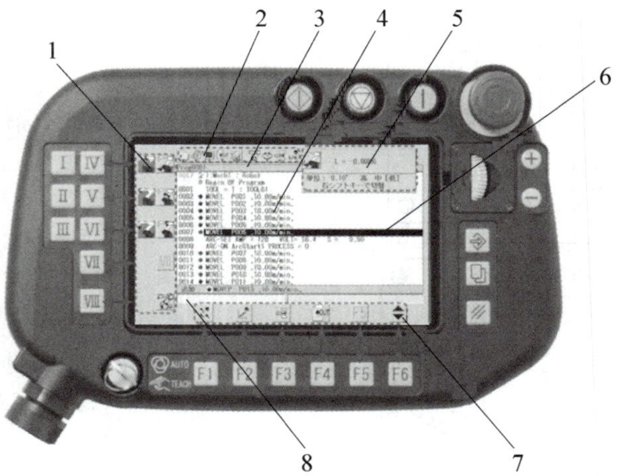

图 5-13 示教器窗口

1—动作功能图标栏 2—菜单图标栏 3—标题栏 4—程序编辑区
5—信息提示窗 6—光标 7—用户功能图标栏 8—状态栏

表 5-3　菜单图标栏常用图标定义及功能

图　标	定　义	功　能
	文件	用于程序文件的新建、保存、发达、删除等操作
	编辑	用于对程序命令进行剪切、复制、粘贴、查找、替换等操作
	视图	用于显示各种状态信息，如位置坐标、状态输入和输出、焊接参数等
	追加命令	用于在程序中追加次序指令、焊接指令、运算指令等
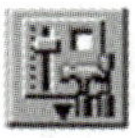	设定	用于设定机器人、控制器、示教器、弧焊电源等设备参数

2）示教器背面。示教器背面左右对称两个黄色键为安全开关，其功能相同；而左右对称的两个白色键分别称为左右切换键，如图 5-14 所示。背面各部分功能如下。

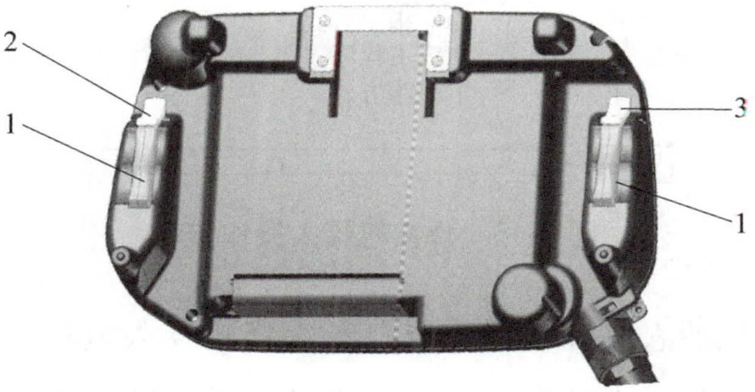

图 5-14　示教器背面

1—安全开关　2—右切换键　3—左切换键

①安全开关。同时松开两个安全开关，或用力握住任何一个，伺服电源立即关闭，保证安全。按下伺服 ON 按钮后，再次接通伺服电源。

②右切换键。它用于缩短功能选择及转换数值输入列。对拨动按钮的移动量

进行“高、中、低”切换。

③左切换键。它用于切换坐标系的轴及转换数值输入列。轴的切换是按照基本轴→手腕轴→外部轴的顺序（外部轴只限连接了外部轴时）。

2. 焊接机器人操作步骤

通常，将焊接机器人调试安装完毕后，按如图 5-15 所示的焊接机器人操作步骤进行各项操作，完成如示教、编程、运行等工作任务。

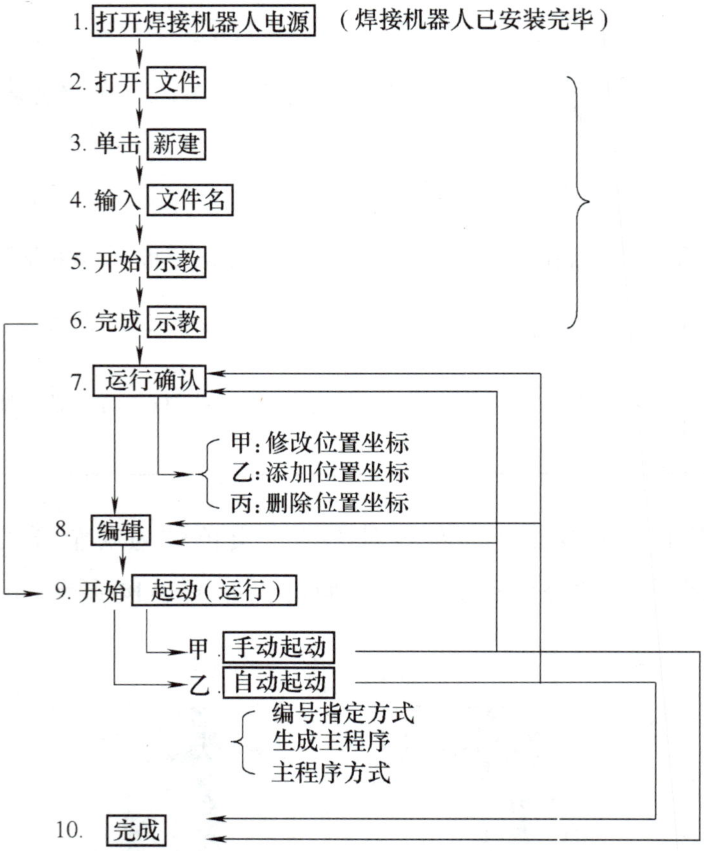

图 5-15 焊接机器人操作步骤

（1）打开焊接机器人电源 首先要打开焊接机器人电源，其具体操作步骤和顺序如下：打开电源设备的开关→打开焊机以及附属设备的电源（电源内藏时无须打开）→打开机器人控制装置的电源→输入用户 ID 和口令（当自动登录被设定好之后，打开电源时就无须输入用户 ID 和口令了）。至此，焊接机器人电源即被打开。打开电源后的示教器窗口界面，如图 5-16 所示。

1）设定用户 ID 和口令。为了便于管理机器人，可为机器人设定用户 ID 和口令，具体操作如下。

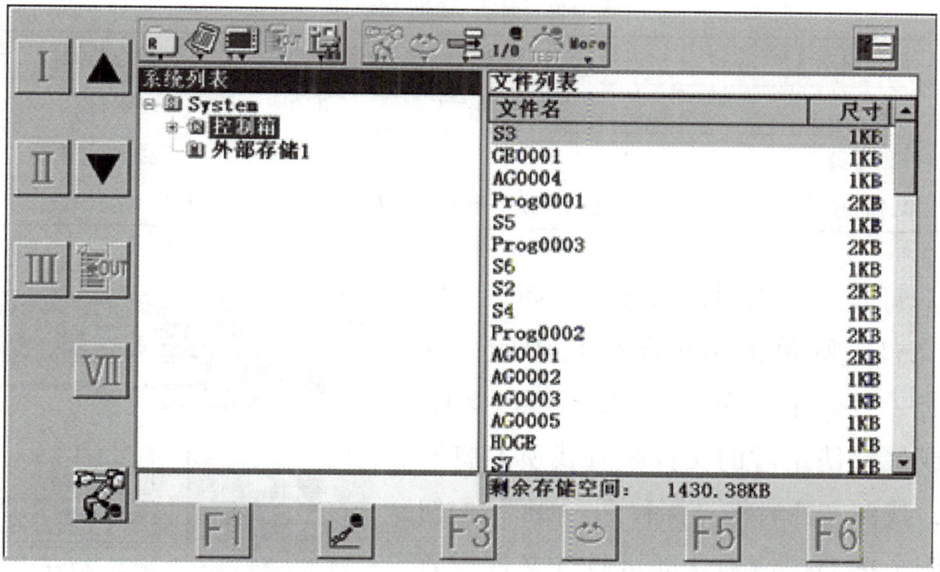

图 5-16　打开电源后的示教器窗口界面

①打开 ID 输入窗口。将光标移到菜单图标栏上，然后按照设定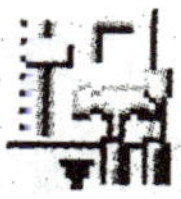→控制装置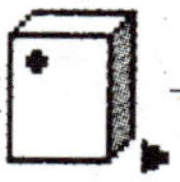→用户 ID→ID 输入窗口的顺序打开 ID 输入窗口。

②设定用户 ID。标准设定中要输入“robot”（小写半角英文字母），然后侧击拨动按钮确认，即。也可从列表中选择。

③选择口令。标准设定中要输入“0000”（半角数字），然后侧击拨动按钮确认，即。

重要提示：在 ID 输入窗口输入字母或数字时，遇到输入有误情况时，可单击“BS”（退格）+，将输入的内容删除。

2）设定自动登录的方法。按照设定 → 管理工件 → 用户管理 → 自动登录的顺序打开设定界面，将自动登录选定为“有效”即设定自动登录过程。

当设定为“有效”后，上一页的输入窗口将不再出现。

当设定为“无效”时，打开电源后，将出现上一页的输入窗口。

为保护机器人数据不受损坏，可根据实际情况设定不同的用户级别，对用户进行分级管理，见表 5-4。

表 5-4 用户级别及权限

用户级别	对象	可进行的操作
操作工	机器人操作工	运行
程序员	示教工	运行+示教
系统管理员	机器人系统的管理负责人	运行+示教+设定

（2）打开文件或创建新文件　如打开曾建过的文件，则单击菜单图标栏中的“文件”图标，打开下拉菜单，如图 5-17 所示。从程序或最近使用过的文件中查找所要打开的文件，找到文件后将光标移到“OK”按钮上，并侧击拨动按钮确认即可打开文件或直接按登录键打开文件。打开文件后可进行编辑程序、再现、运行等相应操作。

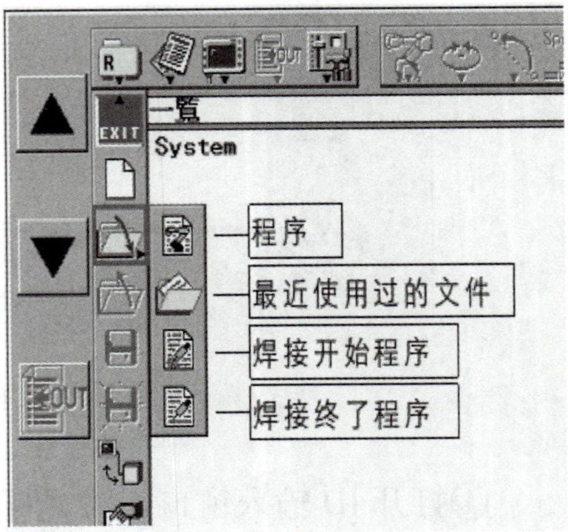

图 5-17　下拉菜单

如创建新录文件，则在如图 5-17 所示的下拉菜单中单击“新建文件”图标，输入新文件名即可。

（3）示教、再现、编辑及运行操作　创建新文件后根据需要进行示教、再现、编辑及运行操作。关于示教、再现、编辑及运行方面的操作技术后续有详细介绍。

二、焊接机器人移动操作

1. 移动前的准备

（1）接通控制器电源　打开机器人控制器的电源开关，系统数据开始传送到示教器，完成后进入可操作状态。

（2）手持示教器　将示教器的安全绳套在手臂上可以拿得更稳、更安全。

（3）接通伺服电源

1）打开安全开关。握住示教器背面的两个黄色安全开关。松下机器人的安全开关为三段位式开关，其三段位具体操作如下：当未握住状态时，伺服电源为关，机器人不能移动；当轻轻握住时，开关处于第一段，此时伺服电源为开，机器人可以移动；用力握住时为第二段，此时伺服电源关，机器人也不能移动。

2）按下伺服 ON 按钮。

安全警示：闭合伺服电源前确保机器人工作范围内没有人在场。

3）打开机器人移动开关。通过用户功能键打开机器人移动开关，使机器人移动绿灯亮，即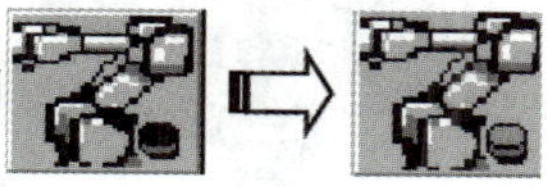。

4）选择坐标系。机器人有关节、直角、工具、圆柱及用户 5 个坐标系，其中常用的是前 3 个，而圆柱及用户坐标系属于扩展功能。在按住右切换键状态下，再按功能键 I 来依次选择关节、直角、工具坐标系，即组合右切换键和功能键 I 。各坐标系图标及切换顺序见表 5-5，默认状态为关节坐标系。操作者可根据示教需要选择不同的坐标系。通常，整体移动机器人推荐选择直角坐标系，直观又简便，如要调整焊枪角度（姿态），则建议选用工具坐标系，方便调节。

表 5-5　各坐标系图标及切换顺序

			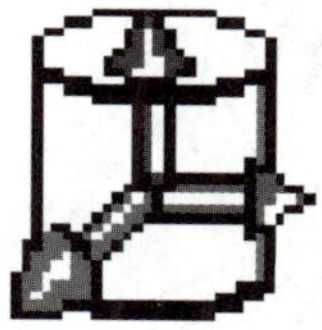	
关节	直角	工具	圆柱	用户
切换 → I → 切换 → I → 切换			（在扩展设定中选择）	

通过示教器的菜单图标栏也可选择坐标系，如图 5-18 所示。选择关节、直角及工具坐标系时，机器人的运动规律如下。

①关节坐标系。机器人的各轴（即关节）单独运动，如图 5-19 所示。

图 5-18　坐标系菜单

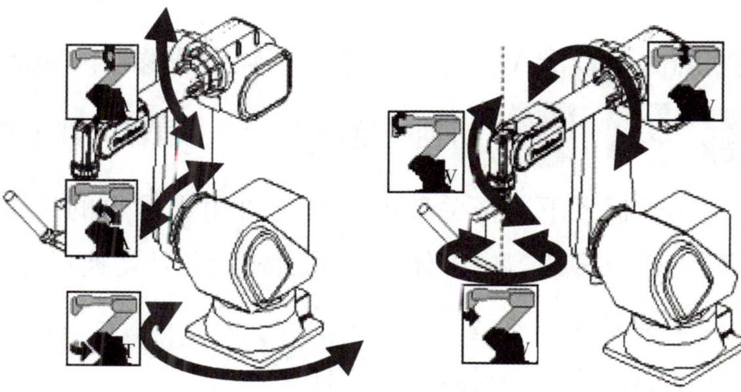

图 5-19　关节坐标系

②直角坐标系。以机器人坐标系为基准移动机器人，如图 5-20 所示。

③工具坐标系。以目标工具的方向为基准移动机器人，如图 5-21 所示。

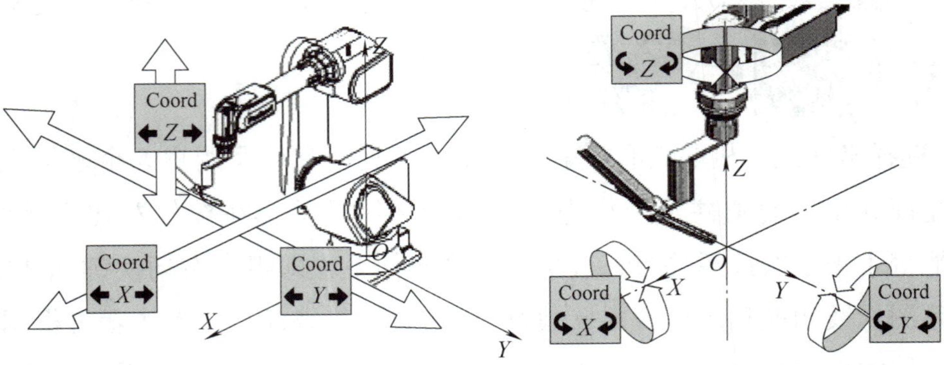

图 5-20 直角坐标系

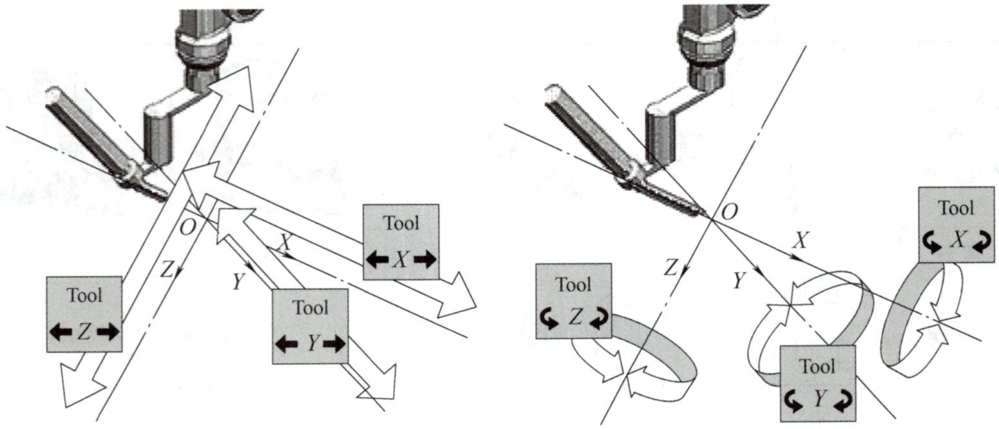

图 5-21 工具坐标系

5）选择坐标轴。确定坐标系之后，还需要选择某坐标系下的动作轴。以直角坐标系为例，在初始状态下，功能键Ⅰ、Ⅱ、Ⅲ 分别对应的是、、，使机器人可以沿 X、Y、Z 三个坐标轴直线移动。功能键Ⅳ、Ⅴ、Ⅵ 分别对应的是、、，可使焊枪端部固定，机器人其余部位可以移动。在关节坐标系和工具坐标系下选择关节或工具与直角坐标系的情况类似，请读者结合示教器的实际操作，多练习、多体验，进而熟悉各种切换操作。

2. 移动机器人方式

移动机器人方式有如下 3 种。

1）使用拨动按钮移动机器人。按住动作坐标轴并转动拨动按钮即可移动机器人，根据转动量、机器人速度发生相应变化（最大 15m），如图 5-22 所示。

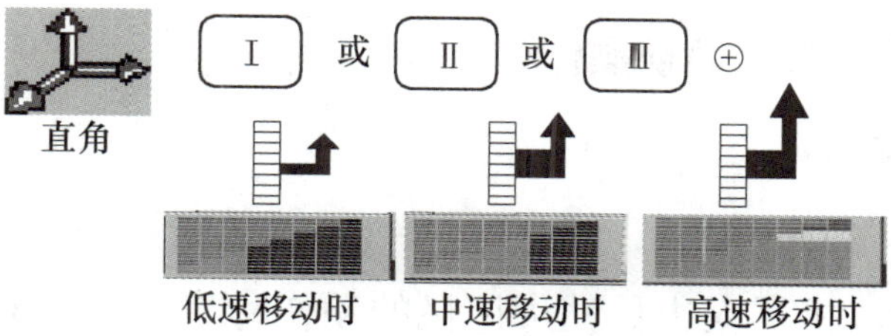

图 5-22　使用拨动按钮移动机器人

2）使用+/-键移动机器人。按住动作坐标轴并按+/-键，如图 5-23 所示。按照窗口右上角显示的高、中、低的速度使机器人移动，如图 5-24 所示。+/-键标准速度为：

高　30m/min

中　10m/min

低　3m/min

速度值可以在 More 菜单下示教设定窗口中设定。

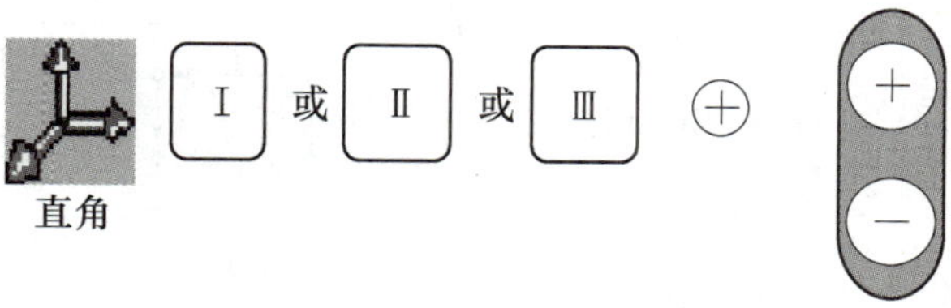

图 5-23　使用+/-键移动机器人

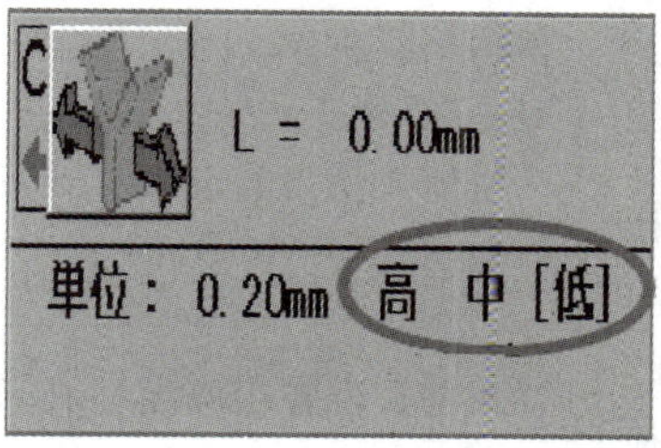

图 5-24　使用+/-键的标准速度

3）用点动动作移动机器人（使用拨动按钮）按住动作坐标轴并转动拨动按钮（勿侧击），每转一格机器人移动一段距离。标准点动移动量：高为 1.00mm，中为 0.50 mm，低为 0.20mm，可以设定点动移动量的范围为 0.01～9.99mm。

更改点动移动量的方法如下。

①选择“设定”菜单。

②单击“机器人”按钮。

③单击“点动”按钮。

④在点动移动量设定窗口中输入“移动量”和“回转量”。

⑤单击“OK”按钮或者按登录键。

⑥是否保存？单击“是”后保存成功。

当您发现更改有误时，请单击“取消”，即可返回上一个界面。

三、焊接机器人示教、再现操作

1. 示教操作基础

(1) 示教点

1) 示教点属性。机器人边移动边记忆的动作称为示教。对机器人示教时，使机器人在两点或两点以上多个点之间移动，此点称为示教点。示教点包含位置坐标、示教速度、插补方式、次序指令等属性。

①位置坐标。它是指示教点的具体位置坐标，如直角坐标系的 X、Y、Z 值。

②示教速度。它是指机器人从上一个示教点移到当前示教点的速度。

③插补方式。它是指机器人从上一个示教点移到当前示教点的动作类型，即移动轨迹，如直线、圆弧等，见表 5-6。

表 5-6 焊接机器人的 5 种插补方式

插补方式	方式说明	移动命令	插补图示
PTP	机器人在未规定采取何种轨迹移动时，使用关节插补	MOVEP	
直线插补	机器人从当前示教点到下一示教点运行一段直线	MOVEL	
圆弧插补	机器人沿着用圆弧插补示教的 3 个示教点执行圆弧轨迹移动	MOVEC	
直线摆动	机器人在用直线摆动示教的 2 个振幅点之间一边摆边一边向前沿直线轨迹移动	MOVELW	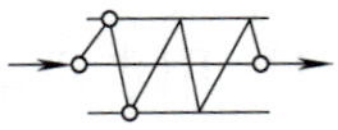
圆弧摆动	机器人在用圆弧摆动示教的 2 人振幅点之间一边摆动一边向前沿圆弧轨迹移动	MOVECW	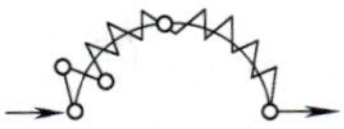

④次序指令。它包括焊接规范（焊接电流、电弧电压、焊接速度）、收弧规范（收弧电流、收弧电压、收弧时间）、焊枪 ON/OFF 开关、输入/输出信号等。

2) 空走点与焊接点。示教点分为空走点与焊接点两种。在示教、编程操作时，明确所示教的点是空走点还是焊接点很重要。在示教过程中，适时将示教点设置为焊接点或空走点时将自动加入焊接开始以及终了的次序指令，如焊接电流、电弧电压、焊接速度、收弧电流及收弧时间等。

①空走点。空走点属于示教点的一种，是指未焊接的点和焊接终了点。如

图 5-25 所示，P1→P2→P3→P4→P5 为示教区间，即机器人的移动区间，其中 P1→P2 和 P4→P5 为空走区间，而 P2→P3→P4 为焊接区间。因此，P1、P5 为未焊接的点，属于空走点；P4 为焊接终了点，也属于空走点。

②焊接点。焊接点属于示教点的一种，是指焊接开始点和焊接中间点。图 5-25 中的 P2 为焊接开始点，因此属于焊接点；P3 为焊接中间点，也属于焊接点。

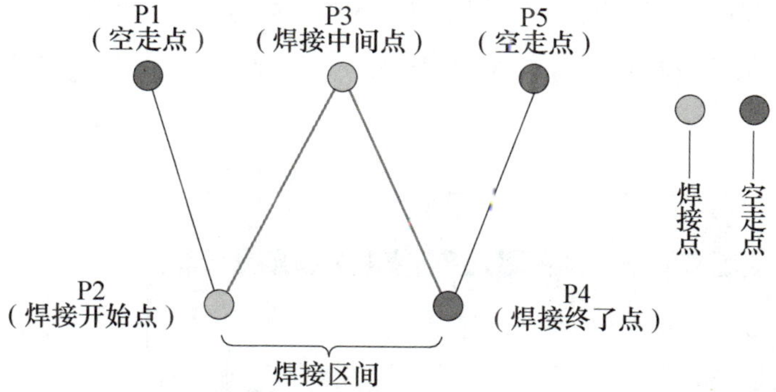

图 5-25 空走点与焊接点

（2）示教操作步骤

1）将模式切换开关打到示教。

2）打开“文件”菜单。

3）单击“文件”菜单下的“新建文件”图标，则弹出新建文件对话框，如图 5-26 所示。对话框中的“工具”是选择机器人本体上所带的工具（如焊接用焊枪等）的偏置数据中登录的工具号；“机构”是对于有外部轴的机器人系统，可以自由分类机构，出厂时设为“1：Mechanism 1”。

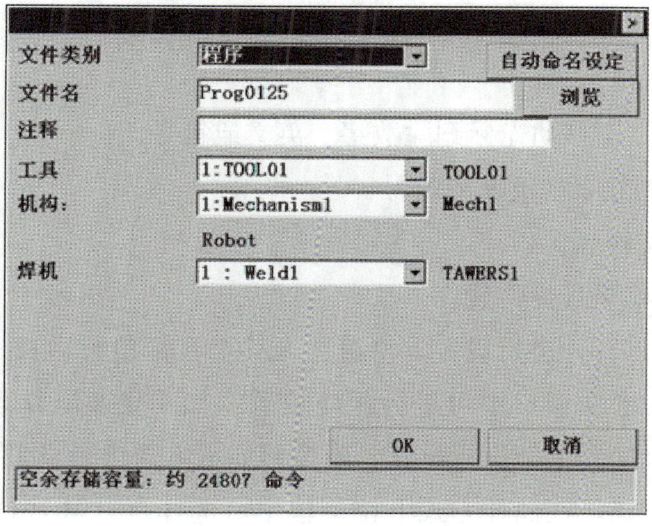

图 5-26 新建文件对话框

4）输入新文件名。初始文件名由机器人自动生成。操作者可使用初始文件名，也可重新命名，但最多可以使用28个半角英文数字。

①当确认文件名合适时，单击“OK”按钮（或者按登录键）。

②更改文件名时，按照如下步骤操作。

a. 将光标移到文件名上，并选中（侧击拨钮）。

b. 选择功能键所对应的数字（1、2、3）、大写英文（A）、小写英文（a）或符号（!、?）等。功能键Ⅰ、Ⅱ、Ⅲ分别显示大写字母、小写字母、数字及符号，如图5-27所示。

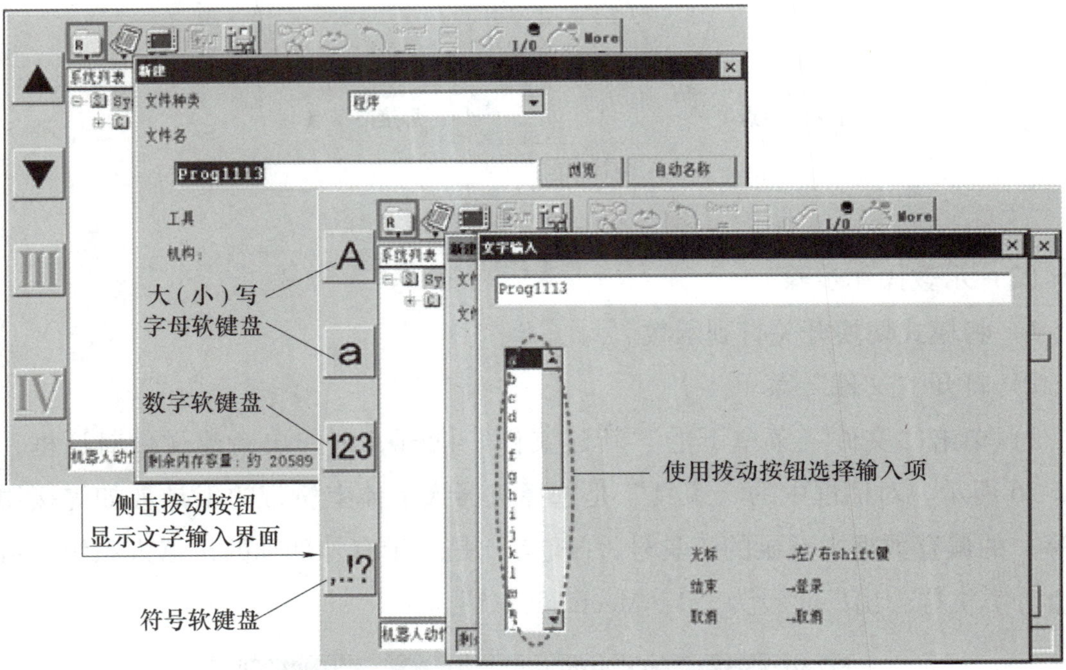

图5-27 输入流程

c. 使用“BS”键移动光标删除数字、英文或符号。

d. 输入需要的数字、英文或符号。

e. 确定程序文件名。

5）将机器人移至目标位置。

6）登录示教点，并进行设置。将机器人移至目标位置后按一下登录键，则会弹出增加窗口，在增加窗口中可进行相应设置。如不更改默认设置，可直接单击“OK”按钮确定。如要重新进行设置，则按照如下方法进行设置。

①设置插补方式。在插补方式下拉菜单中可选择点（MOVEP）、直线（MOVEL）及圆弧（MOVEC）等插补方式，选择插补方式后如无其他设置则单击“OK”

按钮确定。

②设置示教点种类。将示教点设为空走点或焊接点，在相应位置单击选中即可。

③修改位置名。位置名是指示教点的具体名称，如 P1、P2 或 M1、M2 等，默认为 P 字母开头且第二位数字按递增自动生成。用户可选默认或进行修改，修改方法与文件名的修改方法相同。

④示教速度。示教速度默认值为 10m/min，根据需要可以修改，修改方法也与文件名修改方法相同。示教速度为示教机器人从上一个示教点移到当前示教点的速度，但所设置的示教速度不一定都是机器人从上一个示教点移到当前示教点的实际移动速度，这取决于示教区间为焊接区间还是空走区间。

焊接区间如图 5-28 所示。P8（*S* 点）→P9（*E* 点）为焊接区间，焊接方向为箭头所指方向。由表 5-7 可见，示教点 P8 的示教速度设为 10m/min（默认值），在程序运行（再现）时将使焊接机器人以 10m/min 的速度向 *S* 点移动；示教点 P9 的示教速度也设为 10m/min（默认值），但在程序运行（再现）时，机器人由 *S* 点向 *E* 点移动时的实际移动速度为 0.6m/min，也就是说在焊接区间内机器人以焊接开始点 P8 中设置的焊接速度 0.6m/min 来移动。由此可见，在焊接区间内，机器人以焊接速度移动。

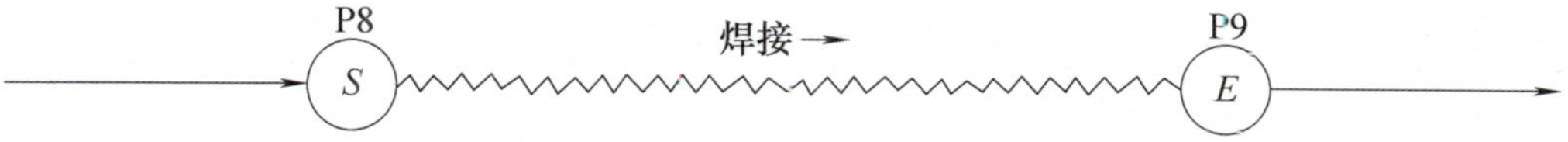

图 5-28　焊接区间

焊接区间示教点的次序指令及其含义见表 5-7。

表 5-7　焊接区间示教点的次序指令及其含义

示教点	次序指令	含　义
P8（*S* 点）	MOVEL　P8　10m/min	以 10m/min 的速度向 *S* 点直线移动
	ARC-SET AMP = 170 VOLT = 22.0　S = 0.6	从 *S* 点到 *E* 点，以 0.6m/min 的速度、170A、22V 的焊接规范执行焊接
	ARC-ON ArcStart1	开始焊接
P9（*E* 点）	MOVEL　P9　10m/min	向 *E* 点再现时，速度为 0.6m/min。运行时以 ARC-SET 中设定的速度运行
	CRATER AMP = 100　VOLT = 19.0　T = 0.20	在 *E* 点，按照 100A、19V 的收弧规范进行 0.2s 的收弧处理
	ARC-OFF ArcEnd1	焊接结束

空走区间如图5-29所示。P8→P9为空走区间，机器人移动方向为箭头所指方向。

图 5-29 空走区间

由表5-8可见，示教点P8和P9的示教速度已分别设为30m/min和10m/min，则在程序运行（再现）时，将使焊接机器人分别以30m/min和10m/min的速度向P8点和P9点移动。由此可见，在空走区间内，机器人以示教速度移动。

表 5-8 空走区间示教点的次序指令及其含义

示教点	次序指令	含 义
P8	MOVEL P8 30m/min	以30m/min的速度直线移动到P8点
P9	MOVEL P9 10m/min	以10m/min的速度直线移动到P9点

⑤设置手腕插补方式（CL编号）。CL编号有0、1、2、3，用户根据需要进行选择，其含义见表5-9。

表 5-9 CL编号含义

CL编号	含 义
0	自动计算
1	圆弧插补时，工具矢量近似于竖直姿态（小于10°）时使用
2	圆弧插补时，工具矢量不处于竖直姿态（大于10°）时使用
3	处于BW轴和RW轴平行的特异姿态时使用 使用CL3可避免在特异点上RW轴发生反转动作，但不能保持工具姿态固定（工具姿态将发生改变）

⑥最后确认窗口内容后单击“OK”按钮或者按登录键。

（3）示教时用户功能键的操作　在示教过程中，常用到用户功能键。在不同的操作状态下其功能和作用也相应发生变化，用户根据需要使用即可，使用时按一下对应功能键。

（4）在示教时的各种设定内容

1）示教设定。设定在示教时的基本输入值。单击More→打开示教设定窗口→确认或修改设定内容，示教初始数据系统会自动输入，如有改动则重新设定后单击“OK”按钮或按登录键。

2）扩展设定。单击 More→打开扩展设定窗口，进行相应的设置。

（5）示教结束操作　按窗口切换键→光标移到“文件”上（如果光标已经在“文件”上时，无须此操作）→单击“文件”图标→选择“文件”下拉菜单下的 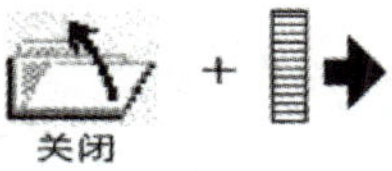

，弹出保存窗口，回答“是否保存?”→需要保存时，单击“是”按钮或按登录键→无须保存时，单击“否”按钮。要注意光标虽然在“否”按钮上，但如果按登录键后，结果将为保存。

2. 直线的示教操作

在进行直线示教后，机器人在示教点和示教点连成的直线轨迹上运行，这是焊接生产中最常见的一种焊接轨迹，如容器纵焊缝焊接。

（1）示教轨迹　图 5-30 所示为直线示教轨迹，由 P2→P3→P4 两段直线组成，其中将 P3→P4 段设为焊接区间，而 P2→P3 段设为空走区间。因此，P2、P4 应设为空走点，P3 点应为焊接点。

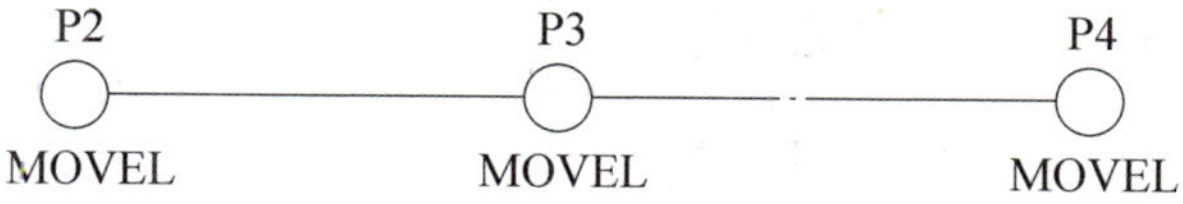

图 5-30　直线示教轨迹

（2）示教操作

1）示教 P1。通常将机器人初始位置点设为 P1。登录 P1 后完成插补方式、速度等相关设置，当然可设置为默认值。

2）示教 P2。手动将机器人移动到 P2 后，登录该点并完成相关设置。

①插补方式选为 MOVEL（直线）。

②将 P2 设为空走点。

③示教速度设为 10m/min（默认值）。

④示教点名称和其他参数不变。

3）示教 P3。手动将机器人移动到 P3 后，登录该点并完成相关设置。

①插补方式选为 MOVEL（直线）。

②将 P3 设为焊接点。

③示教速度设为 3m/min。

④在程序窗口中完成焊接电流、电弧电压、焊接速度的设置。如果仅用于示教、再现训练，则保留其默认值即可。

4）示教 P4。手动将机器人移动到 P4 后，登录该点并完成相关设置。

视频 28
直线示教

①插补方式选为 MOVEL（直线）。

②将 P4 设为空走点。

③示教速度取默认值。由于 P3→P4 线为焊接区间，故机器人的运行速度为焊接速度。

④在程序窗口中完成收弧电流、收弧电压、停留时间的设置。

对图 5-30 所示直线轨迹进行如上述示教后，示教器主窗口中显示程序见表 5-10。

表 5-10 直线示教程序

语句行	程序语句	注 释
1	Baozhiyuan1. prg	程序名称
2	1：Mech：Robot	运动机构设置
3	Begin of program	程序开始
4	TOOL= 1：TOOL01	末端工具设置
5	MOVEP P1 , 10. 00m/min	示教点 1（空走点）
6	MOVEL P2 , 10. 00m/min	示教点 2（空走点）
7	MOVEL P3 , 3. 00m/min	示教点 3（焊接开始点）
8	ARC-SET AMP=120 VOLT=19 S=0. 45	焊接规范参数，分别为焊接电流（A）、电弧电压（V）及焊接速度（m/min）
9	ARC-ON ArcStart1. prg RETRY=0	焊接开始指令
10	MOVEL P4 , 10. 00m/min	示教点 4（焊接终了点），在 P3 至 P4 区间机器人以焊接速度 S=0. 45 m/min 行进
11	CRATER AMP =100 VOLT=15. 0 T=0. 5	焊接收弧规范参数
12	ARC-OFF ArcEND1. prg RETRY=0	焊接结束指令
13	End of program	程序结束

3. 圆弧的示教操作

圆弧示教后，机器人以圆弧轨迹运行。圆弧示教分为半圆弧示教和整圆弧示教两种。

（1）半圆弧示教　圆弧示教必须通过 3 个或以上的点进行示教，即至少示教 3 个点，且圆弧上示教点的插补方式均应选为 MOVEC，如图 5-31 所示。P2→P3→P4→P5→P6 为直线和圆弧组合轨迹，其中区间 P2→P3 和 P5→P6 为直线空走区间，P3→P4→P5 为圆弧焊接区间。

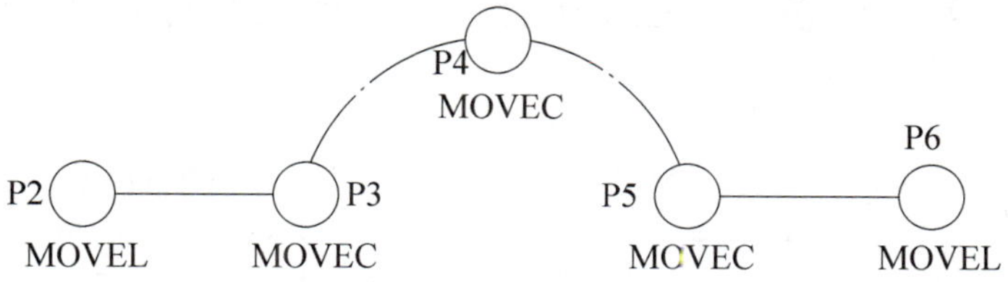

图 5-31　半圆弧示教轨迹

圆弧示教点的示教操作与上述直线示教情况相同。

表 5-11 列出了半圆弧示教程序，供读者参考。

表 5-11　半圆弧示教程序

语句行	程序语句	注　释
1	Baozhiyuan2. prg	程序名称
2	1：Mech：Robot	运动机构设置
3	Begin of program	程序开始
4	TOOL= 1：TOOL01	末端工具设置
5	MOVEP　P1 ，10. 00m/min	示教点 1（空走点）
6	MOVEL　P2 ，10. 00m/min	示教点 2（空走点）
7	MOVEC　P3 ，3. 00m/min	示教点 3（焊接开始点）
8	ARC-SET AMP=120　VOLT=20　S=0. 45	焊接规范参数，分别为焊接电流（A）、焊接电压（V）及焊接速度（m/min）
9	ARC-ON ArcStart1. prg RETRY=0	焊接开始指令
10	MOVEC　P4 ，10. 00m/min	示教点 4（焊接中间点）
11	MOVEC　P5 ，10. 00m/min	示教点 5（焊接终了点），在 P3 至 P5 圆弧区间机器人以焊接速度 S=0. 45 m/min 行进
12	CRATER AMP =100　VOLT=15. 0　T=0. 00	焊接收弧规范参数
13	ARC-OFF ArcEND1. prg RETRY=0	焊接结束指令
14	MOVEL P6，3. 00m/min	示教点 6（空走点）
15	End of program	程序结束

（2）整圆弧示教　整圆弧示教必须通过 4 个或以上的点进行示教，即至少示教 4 个点，如图 5-32 所示。

（3）删除圆弧　要删除圆弧时，需将所有的圆弧点删除（从任何一个圆弧点开始皆可删除）。

视频 29

圆弧示教

4. 摆动的示教操作

摆动是指机器人在振幅点之间一边摆动一边向前移动的动作。在焊接生产过程中，经常采用焊丝（焊条）的摆动方法获得所需的焊缝宽度、焊缝厚度及热输入等。

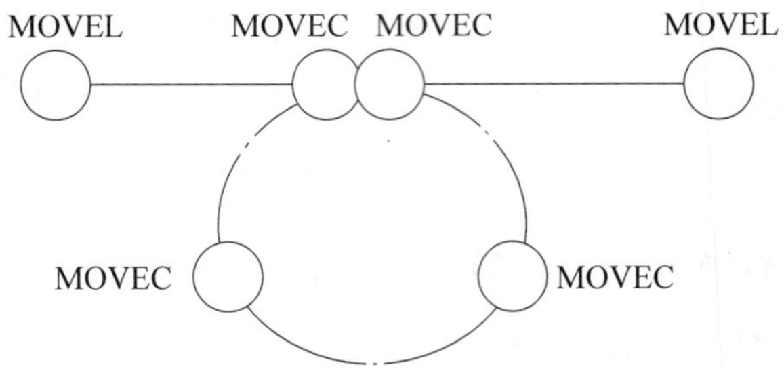

图 5-32 整圆弧示教轨迹

（1）直线摆动

1）示教轨迹。如图 5-33 所示，机器人的移动主方向为直线 P2→P5，振幅点分别为 P3 和 P4，机器人在 P3 和 P4 之间一边摆动一边向终了点 P5 移动，即机器人做直线摆动。

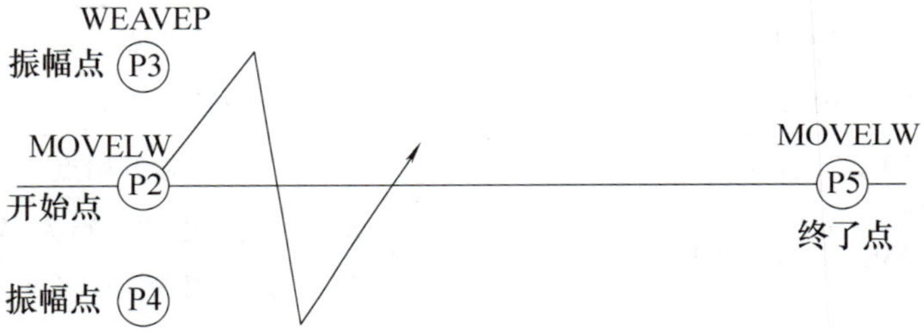

图 5-33 直线摆动轨迹

2）摆动参数设定要求。

①摆动类型（插补方式）在开始点设定。

②摆动宽度、两端停留时间在振幅点设定。

③摆动频率仅在终了点设定。

④速度在 ARC-SET 中设定。

3）示教操作。

①机器人移动到摆动开始点 P2 后按登录键。

②在登录窗口中将插补方式设定为 MOVELW，并将速度、频率等设置好后单击“OK”按钮。

③弹出振幅点登录对话框，单击“是”按钮或者按登录键。

④将机器人移动到振幅点 P3，确认窗口中的插补方式为 WEAVEP 后按登录键。此时再一次弹出振幅点登录对话框，单击“是”按钮或者按登录键。

⑤将机器人移动到振幅点 P4，确认窗口中的插补方式为 WEAVEP 后按登录键。

⑥将机器人移动到摆动终了点 P5，插补方式选为 MOVELW 后按登录键。在弹出的振幅点登录对话框中单击“否”按钮（单击“是”按钮的话，插补方式将自动发生变化）。

摆动示教程序见表 5-12，供读者参考。

表 5-12　摆动示教程序

语句行	程序语句	注　释
1	Baozhiyuan3. prg	程序名称
2	1：Mech：Robot	运动机构设置
3	Begin of program	程序开始
4	TOOL= 1：TOOL01	末端工具设置
5	MOVEP　P1 , 10. 00m/min	示教点 1（空走点）
6	MOVELW　P2 , 3. 00m/min	示教点 2（焊接开始点）
7	ARC-SET AMP=120　VOLT=19　S=0. 45	焊接规范参数，分别为焊接电流、电弧电压及焊接速度（m/min）
8	ARC-ON ArcStart1. prg RETRY=0	焊接开始指令
9	WEAVEP　P3 , 10. 00m/min　T=0. 0	示教点 3（振幅点），其中 T=0. 0 为摆动停止时间
10	WEAVEP　P4 , 10. 00m/min　T=0. 0	示教点 4（振幅点）
11	MOVELW　P5 , 10. 00m/min，Ptn=1　F=0. 3	示教点 5（焊接终了点），其中 Ptn=1 为摆动类型（低速单摆），F=0. 3 为摆动频率
12	CRATER AMP =100　VOLT=15. 0　T=0. 5	焊接收弧规范参数
13	ARC-OFF ArcEND1. prg RETRY=0	焊接结束指令
14	End of program	程序结束

4）摆动类型。摆动类型共有 6 种，根据焊接作业需要进行选择，见表 5-13。

表 5-13　摆动类型

摆动类型 1（低速单摆）	摆动类型 2（L 型）
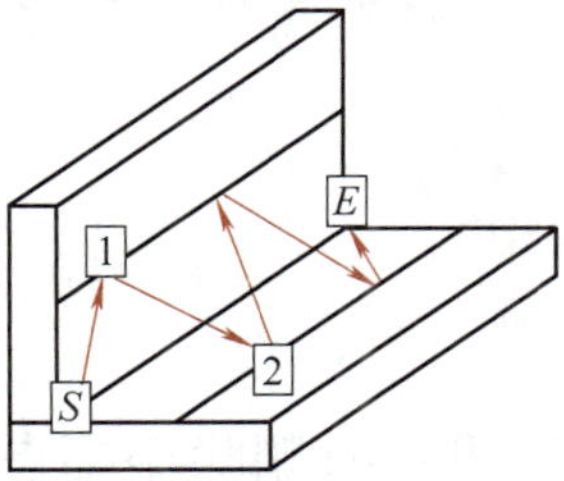	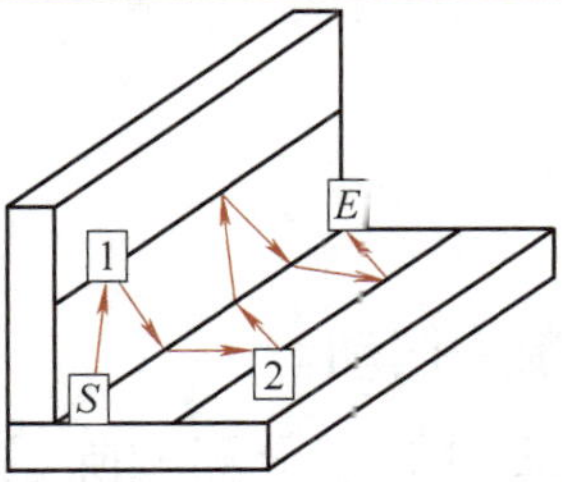

（续）

摆动类型3（三角）	摆动类型4（U形）
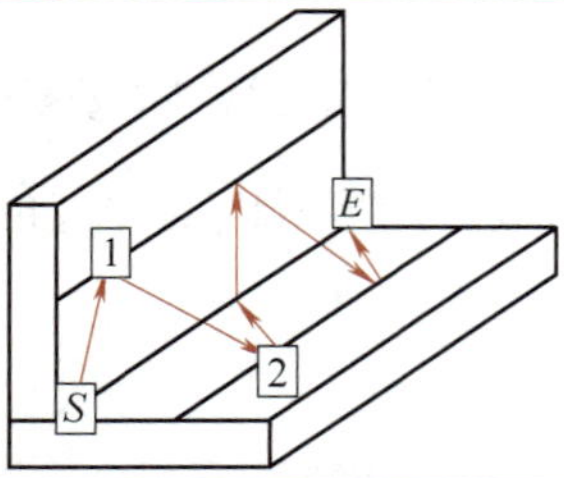	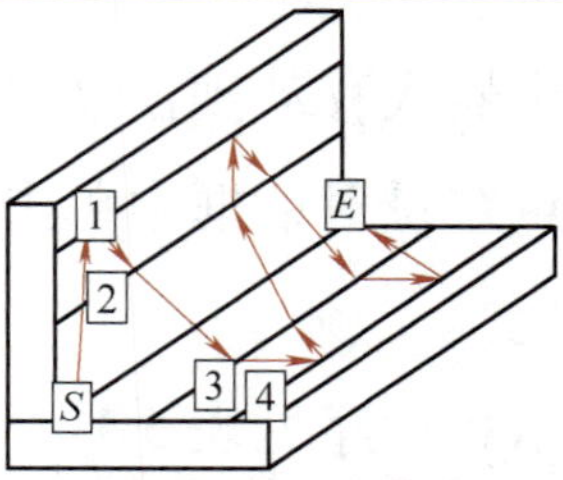
摆动类型5（梯形）	摆动类型6（高速单摆）
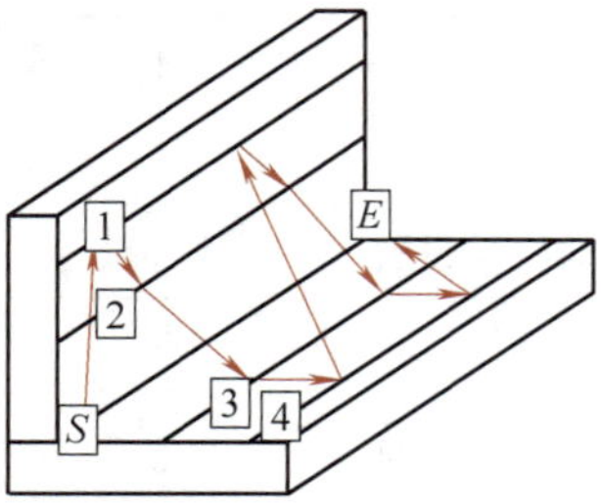	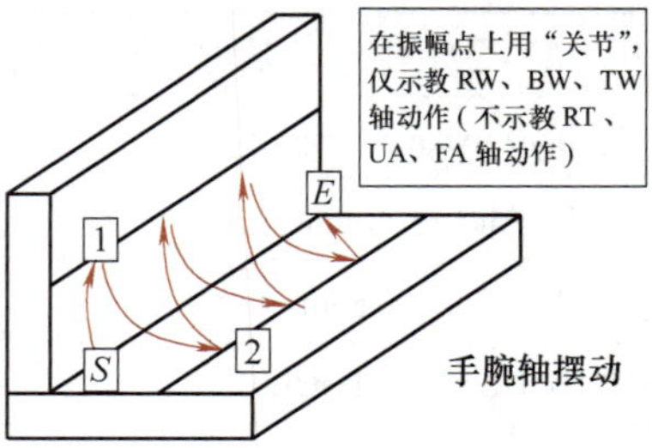

5）再现直线摆动。

①向前再现时的动作。在区间内一边摆动一边向前再现，如图5-34所示。

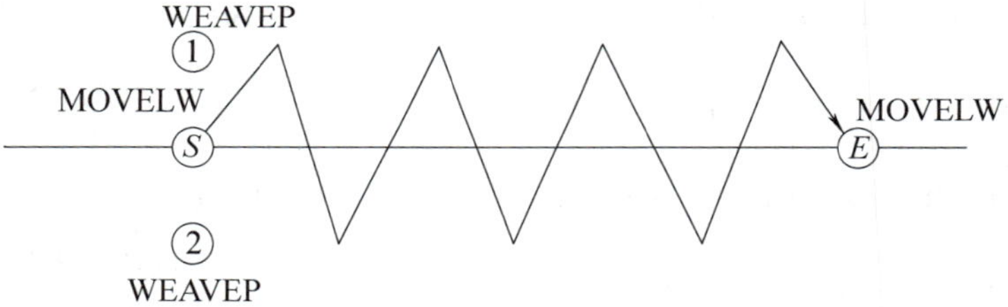

图5-34 直线摆动向前再现

②向后再现时的动作。不进行摆动，只是按照 E→②→①→S 的路径移动（该操作通常在修改振幅或者删除时使用），如图5-35所示。

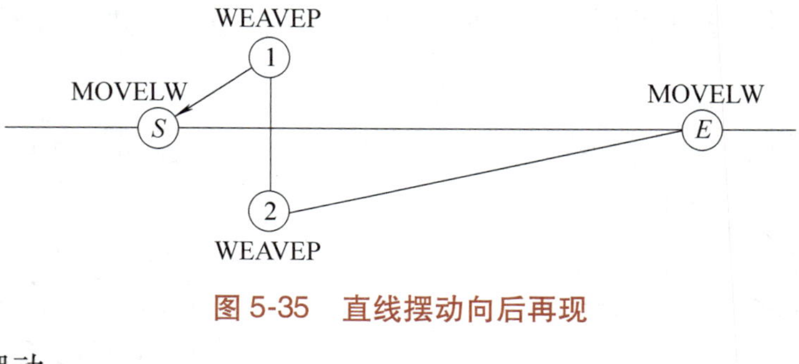

图5-35 直线摆动向后再现

6）删除摆动。

①全部删除。全部删除是指全部删除各点。向后再现时删除振幅点。

②不完全删除。删除振幅点①和②时：当向前再现时机器人运行轨迹呈现直线 $S \rightarrow E$。仅删除振幅点②时：当向前再现时机器人运行路线为 $S \rightarrow E$；当向后再现时机器人运行路线为 $E \rightarrow$①$\rightarrow S$，但无论向前再现还是向后再现，其轨迹均为直线不摆动。

7）摆动停止时间。摆动停止时间是指机器人在振幅点上摆动方向的停止时间。

（2）圆弧摆动　示教3个定义圆弧的点和2个定义摆动幅度的点之后，即可进行圆弧摆动，如图5-36所示。

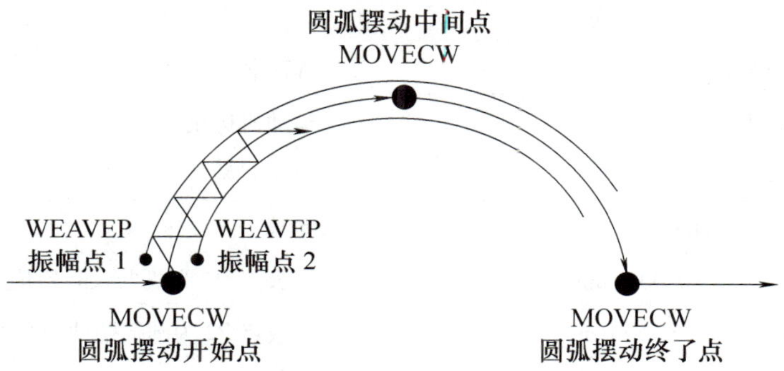

图5-36　圆弧摆动

圆弧摆动示教方法见表5-14。

表5-14　圆弧摆动示教方法

顺序	示教点	示教方法
1	圆弧摆动开始点	将插补方式设为“圆弧摆动”（MOVECW） 将编辑模式变为“追加” 在圆弧摆动开始点按登录键后，出现“示教点登录”窗口 设定参数，单击“OK”按钮后登录
2	确认振幅点登录	出现“是否将下一个示教点作为振幅点登录”的确认窗口 单击“是”按钮
3	摆动振幅点1	将机器人移动到指定摆幅的第一个振幅点（振幅点1），并按登录键 将插补方式设为“WEAVEP”，待其他参数设定完毕后，单击“OK”按钮或直接按登录键
4	确认振幅点登录	单击“是”按钮
5	摆动振幅点2	将机器人移动到另一个振幅点（振幅点2），与振幅点1一样登录为“WEAVEP”点
6	圆弧摆动中间点	将机器人移到圆弧区域内的主要再现点（圆弧摆动中间点）上 按登录键后，便出现“示教点登录”窗口 设定参数，单击“OK”按钮后登录

（续）

顺序	示教点	示教方法
7	确认振幅点登录	单击“否”按钮
8	圆弧摆动终了点	向圆弧摆动终了点移动机器人，按登录键 设定参数，单击“OK”按钮后登录
9	确认振幅点登录	单击“否”按钮

图5-36所示圆弧摆动示教程序见表5-15，供读者参考。

表5-15 圆弧摆动示教程序

语句行	程序语句	注 释
1	Baozhiyuan4. prg	程序名称
2	1：Mech：Robot	运动机构设置
3	Begin of program	程序开始
4	TOOL= 1：TOOL01	末端工具设置
5	MOVEP P1，10.00m/min	示教点P1为机器人起始位置（空走点）
6	MOVECW P2，3.00m/min	示教点P2为圆弧摆动开始点，又是焊接开始点
7	ARC-SET AMP=120 VOLT=19 S=0.45	焊接规范参数，分别为焊接电流、电弧电压及焊接速度（m/min）
8	ARC-ON ArcStart1. prg RETRY=0	焊接开始指令
9	WEAVEP P3，10.00m/min T=0.0	示教点P3为第一个振幅点，其中T=0.0为摆动停止时间
10	WEAVEP P4，10.00m/min T=0.0	示教点P4为第二个振幅点
11	MOVECW P5，10.00m/min	圆弧摆动中间点（焊接点）
12	MOVELW P6，10.00m/min，Ptn=1 F=0.3	示教点P6是摆动终了点，又是焊接结束点，其中Ptn=1为摆动类型（低速单摆），F=0.3为摆动频率
13	CRATER AMP =100 VOLT=15.0 T=0.5	焊接收弧规范参数
14	ARC-OFF ArcEND1. prg RETRY=0	焊接结束指令
15	End of program	程序结束

5. 再现操作

再现是通过机器人实际再现示教所生成的示教点位置、速度、插补方式及次序指令等，即对示教点的登录位置及属性内容进行的一种确认操作。再现可分为边示教边即时再现和打开程序再现两种。

（1）边示教边即时再现　在示教过程中，为了及时确认机器人示教是否妥当而进行的一种即时再现操作。如发现示教不当，可及时进行修改。具体步骤如下。

1）在示教状态下，关闭机器人移动开关（绿灯灭），即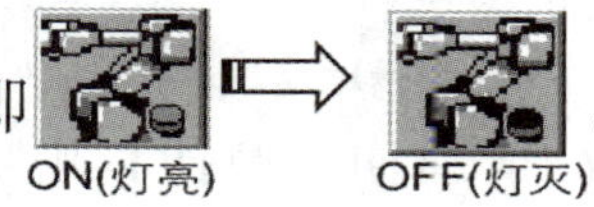

。

2）在程序窗口中，将光标移到程序中的目标示教点所在位置。如果从第一点开始再现，则将光标移到程序中的“Begin of program”行上；如果从中间点开始再现，如从第二个点，则将光标移到程序中的“MOVEL P2 , 10.00m/min”行上。

3）打开机器人移动开关（绿灯亮），即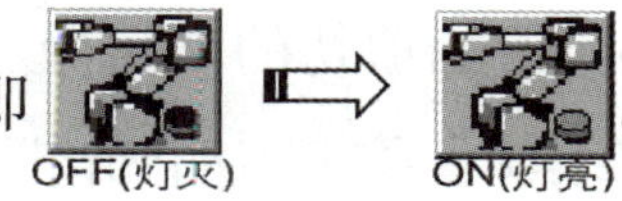

。

4）打开再现（绿灯亮），即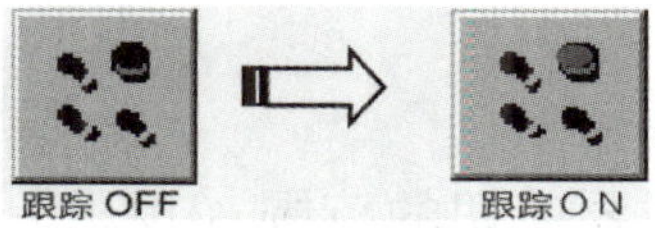

。与此同时，动作功能键Ⅰ和Ⅱ所对应的功能也变为向前再现和向后再现功能。

5）再现操作。向前再现是指从光标所在位置向下一个点移动机器人，操作方法为按住“向前再现”所对应的Ⅰ键后转动拨动按钮或按住“+”键。向后再现是指从光标所在位置向前一个点移动机器人，操作方法为按住“向后再现”所对应的Ⅱ键后转动拨动按钮或按住“-”键。

在再现时所显示的画面中，当再现未到达和到达某示教点时分别显示为

。

（2）打开程序再现　打开曾在示教器上创建或编写的示教文件后进行再现操作，其操作步骤如下。

1）将模式切换开关打到 TEACH 上。

2）打开“文件”菜单。

3）选择“文件”菜单中的“打开”。

4）打开“程序”或“最近使用过的文件”。

5）通过拨动按钮将光标移动到要再现的程序文件，然后单击“OK”按钮并侧击拨动按钮或者直接按登录键，打开程序。

6）重复上面（1）的3）~5）项的操作。

四、编辑操作

1. 基本编辑功能

编辑操作时，必须先将机器人移动开关关闭，否则光标在程序窗口中不能移动，即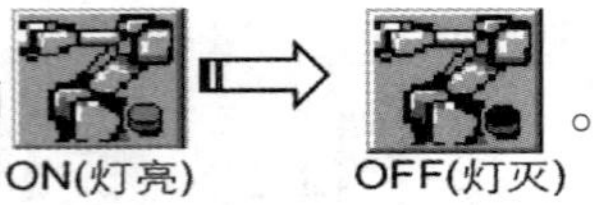

。

（1）剪切 剪切是指从程序中剪切所选语句行，将其移到系统剪贴板的操作。剪贴板是移动或复制字符串时，临时存放字符串的地方。如要把剪切的字符串粘贴到别处或文件中，执行粘贴即可。执行剪切后，则之前在剪贴板中保存的内容就会消失。具体剪切操作步骤如下。

1）将光标移到开始剪切的语句行上。

2）从窗口“编辑”菜单中单击“剪切”图标（或按用户功能键所对应的剪切图标），即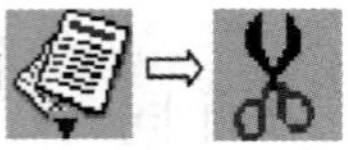。

3）通过拨动按钮选择要剪切的范围（反显），并侧击拨动按钮确定。

4）在确认窗口中单击“OK”按钮，如选择“继续选择”，则返回到选择范围窗口。

（2）复制 复制是指将所选的语句行复制到剪贴板中的操作。具体复制操作如下。

1）将光标移到开始复制的语句行上。

2）从窗口“编辑”菜单中单击“复制”图标（或按用户功能键所对应的复制图标），即。

3）通过拨动按钮选择要剪切的范围（反显），并侧击拨动按钮确定。

4）在确认窗口中单击“OK”按钮，如选择“继续选择”，则返回到选择范围窗口。如要把复制的字符串粘贴到别处或文件中，执行粘贴即可。执行复制后，则之前在剪贴板中保存的内容将消失。

（3）粘贴 粘贴是指将剪切、复制到剪贴板中的内容粘贴。粘贴分为顺粘贴和逆粘贴两种。顺粘贴是将剪贴板中的内容按原来顺序粘贴，通常用于常规编辑操作；逆粘贴是将剪贴板中的内容按反方向粘贴，主要用于示教往返的动作时较为方便，因为只需要示教去程后，将去程复制，再逆粘贴便返程完成。粘贴次数不限，可重复执行。

具体粘贴操作如下。

1）将光标移到要粘贴的位置上。

2）从窗口“编辑”菜单中单击“粘贴”图标（或按用户功能键所对应的粘贴图标）。

3）侧击拨钮确定，将之前复制或剪切的内容粘贴到程序中的指定位置。

2. 修改程序

在修改程序时，首先需要通过用户功能键来将追加图标改为更改图标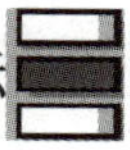。

（1）修改示教点　编辑程序过程中经常会遇到修改示教点的插补方式、速度等，具体修改方法如下。

1）打开“文件”菜单。

2）选择“文件”菜单中的“打开”。

3）选择目标文件（程序），单击“OK”按钮或者按登录键。

4）显示程序内容。

5）将光标移到要修改的示教点所处语句上（如语句“MOVEL P6 , 10.00m/min”）。

重要提示：进行此操作时，必须先将机器人移动开关关闭，否则光标不能移动，即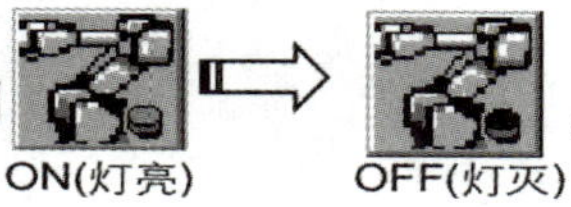。

6）侧击拨动按钮或者按登录键，打开示教点变更窗口。

7）修改数值后，单击“OK”按钮或者按登录键。

（2）修改焊接规范

1）将光标移到要修改的语句上。

2）侧击拨动按钮或者按登录键。

3）将光标移到要修改的位置上。

4）修改数值后，单击“OK”按钮或者按登录键。

（3）修改焊接开始次序指令

1）将光标移到要修改的语句上。

2）修改文件名，直接输入文件名或者从列表中选择。

3）修改后，单击“OK”按钮或者按登录键。

（4）修改数值

1）用左右切换键切换数位，按左切换键使光标左移，按右切换键使光标右移。

2）按拨动按钮更改数值。例如：要显示 030.00 时，需要更改十位数的值。通过向上或向下按拨动按钮，更改数值大小，向上按拨动按钮时数值增大，反之相反。

3）完成更改数值后按登录键。

（5）修改示教点位置　除通过拨动按钮、+/-键、点动动作移动机器人，从而改变示教点位置以外，还可通过 MDI 更加精确修改示教点的位置。

1）在程序窗口中，将光标移到目标示教点语句后侧击拨动按钮或者按登录键，打开示教点变更窗口，将光标移到 MDI。

2）单击“OK”按钮，打开 MDI 编辑窗口。

3）选择所要修改的示教点位置进行修改后单击“OK”按钮。

3. 删除命令

1）在删除命令时，首先要通过用户功能键来显示删除图标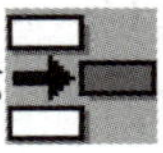。

2）将光标移到目标命令上。

3）按登录键。

4）弹出“是否删除?”窗口，单击“是”按钮或者按登录键。

4. 追加命令

1）将光标移到程序窗口中要追加的点上。

2）按窗口切换键。

3）从窗口菜单图标栏中选择追加命令

+，也可以从动作功能键或用户功能键中选择。

5. 编辑文件

（1）文件保护　文件保护的级别有 3 个，即禁止编辑、只能修改位置数据及解除保护。文件保护设定有从菜单设定和从属性窗口设定两种。

以从菜单设定为例，保护文件的菜单操作顺序为文件→属性→保护，在被打开的窗口中选择所要保护的文件，并按 F3 键，选择保护级别。对文件进行保护操作后，在文件名前添加相应级别的标记，见表 5-16。

表 5-16　文件保护级别及其标记

序号	保护级别	释义	标记
1	禁止编辑	无法编辑	×
2	只能修改位置数据	只能更改示教点的位置，无法更改命令的构成	+
3	解除保护	可以编辑	无

（2）文件删除　对一个已保存的文件进行删除操作。操作步骤如下。

1）在“文件”菜单上，选择“删除”。

2）按窗口切换键，将光标移到文件一览窗口中，选中要删除的文件，使被选中的文件名前出现“ * ”标记（一次性删除多个文件时重复此操作）。

3）按 F3 键后，只显示要删除的文件。

4）按确定键后文件即被删除。

重要提示：已删除的文件无法恢复。

五、启动操作

1. 启动方式

启动是指将模式切换开关打到运行（AUTO）一侧，执行在示教（TEACH）模式下做好的程序，开始焊接工件的操作。启动方式分为手动启动和自动启动两种，在生产过程中通常采用自动启动的方式。要采用哪种启动方式必须进行设定。

手动启动：在窗口中打开文件后，通过示教器的启动按钮启动程序的方式，且使其只运行一次。每次都需要选择文件，是一种试运行方式。

自动启动：连续生产运行，自动启动方式有编号指定方式和主程序方式（用外部启动盒启动预先设定好的程序的方式）两种。当采用自动启动时，必须预先在外部启动盒上编辑好启动程序。操作步骤如下。

1）生成启动外部启动盒的程序。

2）将模式切换开关打到 AUTO 上。

3）设定外部启动盒内的程序编号。

4）打开伺服电源。

5）打开外部启动盒内的选择开关。

6）按下外部启动盒内的启动按钮。

7）按下启动按钮。

安全提示：

	运行（AUTO）模式下，请在安全防护护栏的外侧进行操作 请确认安全防护护栏内无人 紧急停止按钮应处于有效状态，当察觉到危险情况时，请立即按下紧急停止按钮

2. 手动启动

（1）手动启动步骤

1）打开“文件”菜单。

2）选择“文件菜单”中的“打开”。

3）从“程序”或者“最近使用过的文件”中选择程序。

4）打开要启动的目标程序。

5）退到安全防护护栏外侧，在防护护栏入口处上锁。

6）将模式切换开关打到AUTO上（连接了操作盒的，请将操作盒的AUTO开关打开，即切换到运行模式）。

7）打开伺服电源。

8）按下启动按钮，机器人就开始再现动作。

（2）暂停与重启

安全提示：

	机器人在暂停时有突然动起来的可能性，因此请勿进入安全防护护栏内 重启前请确认在机器人运行范围内没有其他人员和干涉物品

如按下暂停按钮，机器人将在伺服电源打开的状态下停止运行，将模式切换开关打到TEACH，即可使机器人手臂运行起来。将模式切换开关打到AUTO，再按启动按钮即重启。

（3）紧急停止与重启

安全提示：

	当预见到危险情况或者察觉到有异常情况发生时，请立即紧急停止 请在重启前确认在机器人运行范围内没有其他人员和干涉物品

按下紧急停止按钮后机器人立即紧急停机。紧急停止原因排除后，再按下伺服ON按钮、启动按钮重启。建议在重启前先将模式切换开关打到示教（TEACH）模式，确认重启位置。

（4）在运行过程中进行修正

1）在目标点附近暂停机器人。

2）将模式切换开关打到示教（TEACH）模式下。

3）按窗口切换键。

4）在文件窗口中将光标移到目标点上。

5）向后再现（注意干涉）

6）确认目标点，即⬇。

7）关闭再现。

8）进行修改。以直角坐标系为例，如图 5-37 所示。

9）按登录键（示教内容=更改）。

10）确认窗口显示的内容后登录。

11）再现机器人到重启的点（光标在停止的点上显示为淡蓝色）。

12）将模式切换开关打到 AUTO 上（启动位置将有可能和停止位置不同，敬请注意！）。

13）启动（注意干涉）。

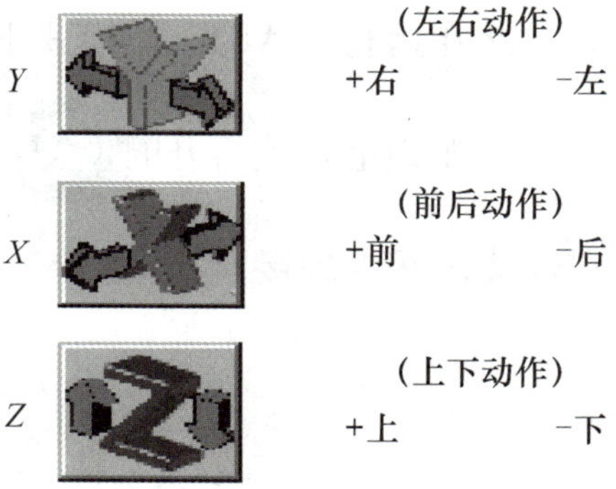

图 5-37　直角动作

（5）送丝、检气　机器人焊接之前需要检查送丝和保护气体供给情况。在按下送丝、检气开关时，动作功能键分别对应显示向前送丝、向后退丝、气阀 ON、气阀 OFF 功能，见表 5-17。

表 5-17　送丝、检气动作功能键与其作用

电弧锁定开关	动作功能键	作　用
	Ⅰ	向前送丝
	Ⅱ	向后退丝
	Ⅲ	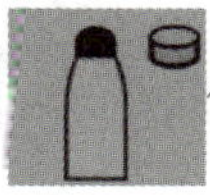气阀 ON
	Ⅳ	气阀 OFF

（6）运行限制　运行限制是指限制运行速度或将机器人部分功能停止后运行。例如：执行“电弧锁定”，则运行中将不焊接。在运行限制中，可设定内容如下。

1）最高运行速度。限制运行的最高速度。

2）I/O 锁定。不执行输入输出相关的次序命令。

3）电弧锁定。不执行焊接相关命令。

4）机器人锁定。机器人不运行。

以电弧锁定为例。

①在运行（AUTO）模式下，单击“限制内容”图标后弹出限制内容设定窗口。

②在运行“AUTO”模式下，设定用户功能键中的电弧锁定开关，如：

电弧锁定开关打开时，在焊接区间内不焊接。电弧锁定开关关闭时，在焊接区间内焊接。

第三节　典型焊接机器人焊接训练

一、板对接平焊训练

两焊件端面相对平行的接头称为对接接头。对接接头是各种焊接结构中应用非常广泛的一种较为理想的接头形式，且能够承受较大的载荷。

1. 焊件结构

平焊焊件结构与主要尺寸如图 5-38 所示。焊件材质为低碳钢 Q235，焊接位置为平焊。

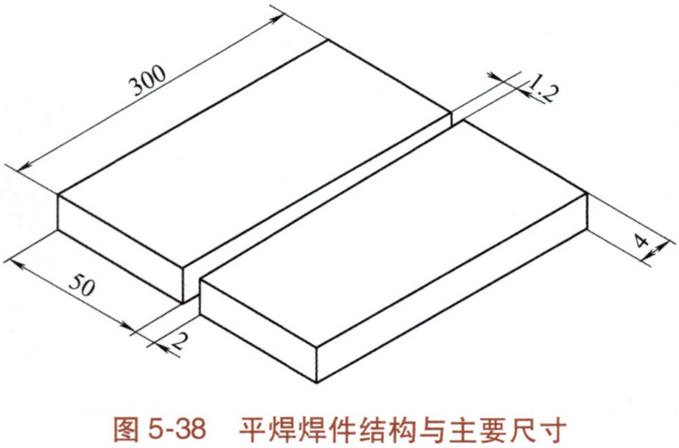

图 5-38　平焊焊件结构与主要尺寸

2. 装配与定位焊

采用如图 5-39 所示夹具将两块试板装配成 I 形坡口的对接接头，装配间隙始焊端为 1.2mm，终焊端为 2.0mm。在焊缝的始焊端和终焊端 10mm 内，进行定位焊，定位焊缝长度为 3～5mm。在定位焊时，选用焊丝型号为 H08Mn2SiA，直径为 1.0mm，采用松下 TA-1400 型焊接机器人进行定位焊。

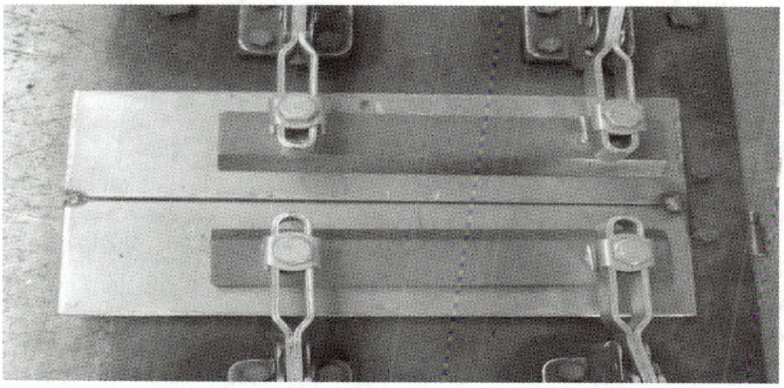

图 5-39　板对接平焊定位焊及夹具

重要提示：对定位焊焊接质量要求与正式焊接一样。

视频 30
机器人板对接平焊训练

3. 编程

根据对接焊件结构特点，规划焊接机器人所需运行轨迹，进而确定焊接机器人示教轨迹和示教点，如图 5-40 所示。

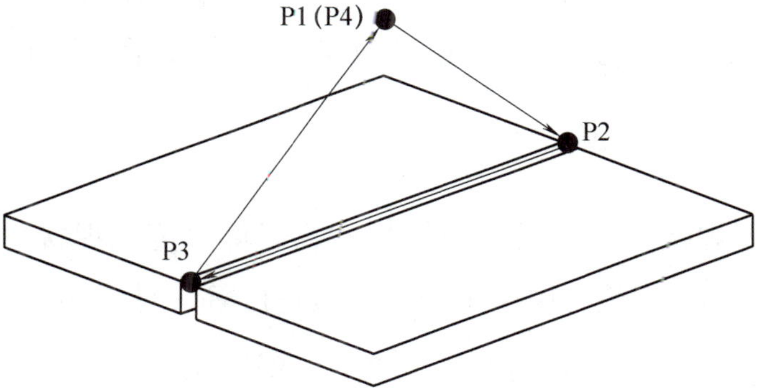

图 5-40　板对接平焊示教轨迹和示教点

P1→P2 区间为空走区间，其中示教点 P1 为机器人初始位置，示教点 P2 为焊接开始点。

P2→P3 区间为焊接区间，其中示教点 P3 为焊接终了点。

P3→P4 区间为空走区间，其中 P4 与 P1 重合，目的是使机器人回归初始点。

重要提示：为将 P4 与 P1 完全重合，示教 P4 时直接对 P1 进行复制粘贴即可。

按照如图 5-40 所示板对接平焊示教轨迹进行示教编程后，示教器主窗口中生成示教程序，见表 5-18。

表 5-18 板对接平焊示教程序

语句行	程序语句	注 释
1	Ping dui han. prg	程序名称
2	1：Mech：Robot	运动机构设置
3	Begin of program	程序开始
4	TOOL=1：TOOL01	末端工具设置
5	MOVEL P1，6. 00m/min	示教点 1（空走点）
6	MOVEL P2，4. 00m/min	示教点 2（焊接开始点）
7	ARC-SET AMP=130 VOLT=17. 2 S=0. 5	焊接规范参数，分别为焊接电流（A）、电弧电压（V）及焊接速度（m/min）
8	ARC-ON ArcStart1. prg RETRY=0	焊接开始指令
9	MOVEL P3，10. 00m/min	示教点 3（空走点、焊接终了点），在 P2 至 P3 直线区间内机器人以焊接速度 S=0. 5m/min 行进
10	CRATER AMP =100 VOLT=15. 8 T=0. 2	焊接收弧规范参数
11	ARC-OFF ArcEND1. prg RETRY=0	焊接结束指令
12	MOVEL P4，6. 00m/min	示教点 4（空走点）
13	End of program	程序结束

操作人员要对上述程序进行再现操作，仔细观察机器人是否准确无误地再现了所示教的轨迹和运动模式，如提示示教错误或发现示教不理想，应及时修改程序。

4. 机器人焊接

（1）确定主要焊接参数 根据焊件材质、焊件厚度、焊接位置等因素，确定主要焊接参数，如焊接电流、电弧电压及焊接速度等，见表 5-19。

表 5-19 板对接平焊焊接参数

焊接方法	焊接材料			焊接电流/A	电弧电压/V	焊接速度/(m/min)	气体流量/(L/min)
	焊丝型号	焊丝直径/mm	保护气体				
MAG 焊	H08Mn2SiA	1. 0	80%(体积分数)Ar+20%(体积分数)CO_2	130	17. 2	0. 5	12~15

（2）焊接开始点位置与角度　在直线焊接区间内，从焊接开始点 P2 的位置与角度可看出焊枪姿势和焊接角度。图 5-41 所示为机器人在焊接开始点 P2 时的焊枪姿势。

图 5-41　机器人在焊接开始点 P2 时的焊枪姿势

P2 的位置与角度见表 5-20。

表 5-20　P2 的位置与角度

位置	X/mm	Y/mm	Z/mm	U/(°)	V/(°)	W/(°)	G1(外部轴)/(°)
	1066.20	-78.97	291.65	90.19	32.06	118.96	89.70
角度/(°)	RT 关节	UA 关节	FA 关节	RW 关节	BW 关节	TW 关节	—
	-9.63	-3.25	-38.20	-32.57	-22.27	-3.23	—

（3）焊接　示教程序经过再现验证和修改完善后可进行焊接操作。焊接之前需打开电弧锁定开关，检查送丝和保护气体供给情况，再将模式切换开关打到 AUTO，接通伺服电动机之后按下启动按钮开始焊接，其焊缝如图 5-42 所示。

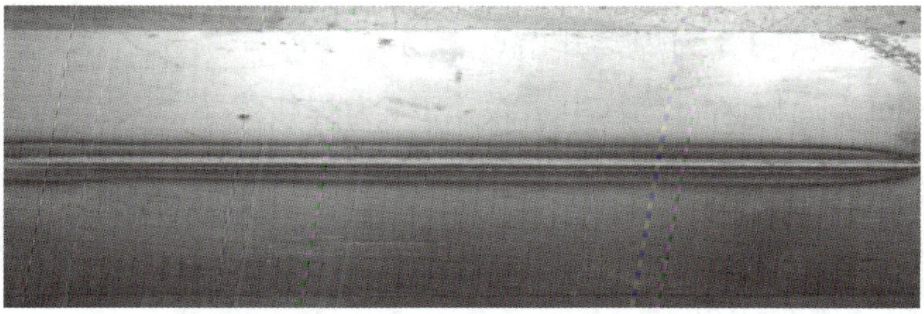

图 5-42　板对接平焊焊缝

二、板T形接头平角焊训练

一焊件的端面与另一焊件的表面构成直角或近似直角的接头，称为T形接头。这种接头的用途仅次于对接接头，特别在船体中约70%的接头是T形接头。

1. 焊件结构

平角焊焊件结构与主要尺寸如图5-43所示。焊件材质为低碳钢Q235，焊接位置为平角焊。

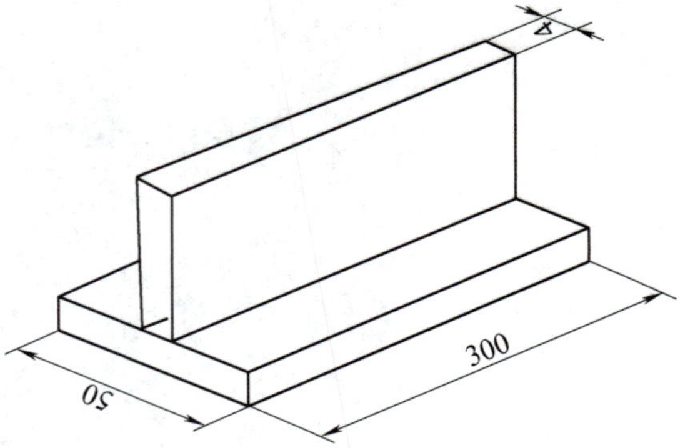

图5-43 平角焊焊件结构与主要尺寸

2. 装配与定位焊

由于横板两侧均需要焊接，且薄板结构容易熔透，因此装配时立板与横板之间未预留间隙。从横板两侧进行定位焊，定位焊缝长度为3~5mm。在定位焊时，选用焊丝型号H08Mn2SiA，直径为1.0mm，采用松下TA-1400型焊接机器人进行定位焊，如图5-44所示。

图5-44 板T形接头平角焊定位焊

3. 编程

根据平角焊焊件结构特点，规划焊接机器人所需运行轨迹，进而确定焊接机器人示教轨迹和示教点，如图5-45所示。

P1→P2→P3区间为空走区间，其中示教点P1为机器人初始位置，示教点P2为焊接接近点，示教点P3为焊接开始点。

P3→P4区间为焊接区间，其中示教点P4为焊接终了点。

P4→P5→P6区间为空走区间，其中P6要与P1重合。

按照如图5-45所示T形接头平角焊示教轨迹进行示教编程后，示教器主窗口中生成示教程序，见表5-21。

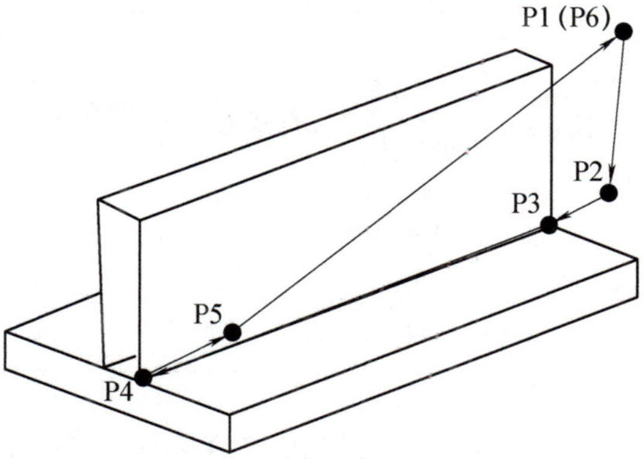

图 5-45 板 T 形接头平角焊示教轨迹和示教点

表 5-21 板 T 形接头平角焊示教程序

语句行	程序语句	注 释
1	Ping jiao han. prg	程序名称
2	1：Mech：Robot	运动机构设置
3	Begin of program	程序开始
4	TOOL= 1：TOOL01	末端工具设置
5	MOVEL P1 , 6. 00m/min	示教点 1（空走点）
6	MOVEL P2 , 10. 00m/min	示教点 2（空走点）
7	MOVEL P3 , 3. 00m/min	示教点 3（焊接开始点）
8	ARC-SET AMP=140 VOLT=18. 8 S=0. 50	焊接规范参数，分别为焊接电流（A）、焊接电压（V）及焊接速度（m/min）
9	ARC-ON ArcStart1. prg RETRY=0	焊接开始指令
10	MOVEL P4 , 10. 00m/min	示教点 4（空走点、焊接终了点），在 P3 至 P4 区间机器人以焊接速度 S=0. 50m/min 行进
11	CRATER AMP =100 VOLT=15. 8 T=0. 5	焊接收弧规范参数
12	ARC-OFF ArcEND1. prg RETRY=0	焊接结束指令
13	MOVEL P5 , 3. 00m/min	示教点 5（空走点）
14	MOVEL P6 , 10. 00m/min	示教点 6（空走点）
15	End of program	程序结束

操作人员要对上述程序进行再现操作，仔细观察机器人是否按照示教轨迹运行，如提示示教错误或发现示教不理想，应及时修改程序。

4. 机器人焊接

（1）确定主要焊接参数 根据焊件材质、焊件厚度、焊接位置等因素，确定主要焊接参数，如焊接电流、电弧接电压及焊接速度等，见表 5-22。

表 5-22 板 T 形接头平角焊焊接参数

焊接方法	焊接材料			焊接电流/A	电弧电压/V	焊接速度/(m/min)	气体流量/(L/min)
	焊丝型号	焊丝直径/mm	保护气体				
MAG 焊	H08Mn2SiA	1.0	80%（体积分数）Ar+20%（体积分数）CO_2	140	18.8	0.5	15~20

（2）焊接开始点位置与角度　在直线焊接区间内，从焊接开始点 P3 的位置与角度可看出焊枪姿势和焊接角度。图 5-46 所示为机器人在焊接开始点 P3 时的焊枪姿势及焊缝。P3 的位置与角度见表 5-23。

图 5-46　机器人在焊接开始点 P3 时的焊枪姿势及焊缝

表 5-23　P3 的位置与角度

位置	X/mm	Y/mm	Z/mm	U/(°)	V/(°)	W/(°)	G1(外部轴)/(°)
	1072.00	-90.18	283.76	29.38	47.16	65.29	-90.42
角度/(°)	RT 关节	UA 关节	FA 关节	RW 关节	BW 关节	TW 关节	—
	-2.82	9.75	-68.23	-15.35	61.95	-40.68	—

（3）焊接　示教程序经过再现验证和修改完善后可进行焊接操作。焊接之前需打开电弧锁定开关，检查送丝和保护气体供给情况，再将模式切换开关打到 AUTO，接通伺服电动机之后按下启动按钮开始焊接，其焊缝如图 5-46 所示。

三、插入式管板垂直俯位焊焊接训练

管板插入式焊接时，焊缝形式为角焊缝，但管子与孔板的厚度不同，焊缝成环形。

1. 焊件结构

焊件结构与主要尺寸如图 5-47 所示。焊件材质为低碳钢 Q235，焊接位置为管子与法兰的平角环缝，焊脚高度为 2mm。

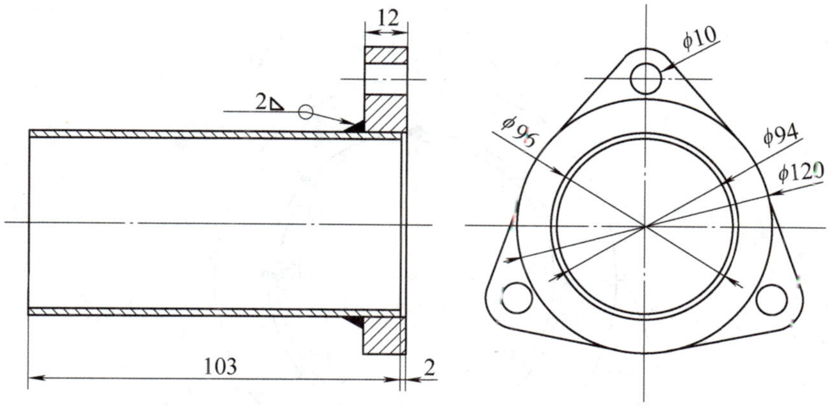

图 5-47 焊件结构与主要尺寸

2. 装配与定位焊

在装配时，将管子中轴线与法兰孔的圆心对中，沿圆周定位焊 3 点，每点相距 120°，根部间隙预留 1~1.5mm。在定位焊时，选用焊丝型号为 H08Mn2SiA，直径为 1.0mm，采用松下 TA-1400 型焊接机器人进行定位焊，如图 5-48 所示。

图 5-48 焊枪姿势及定位焊位置

3. 编程

在焊件固定的情况下，根据焊件结构特点，规划焊接机器人所需运行轨迹，进而确定焊接机器人示教轨迹和示教点，如图 5-49 所示。

P1→P2→P3 区间为空走区间，其中示教点 P1 为机器人初始位置，示教点 P2 为焊接接近点，示教点 P3 为焊接开始点。

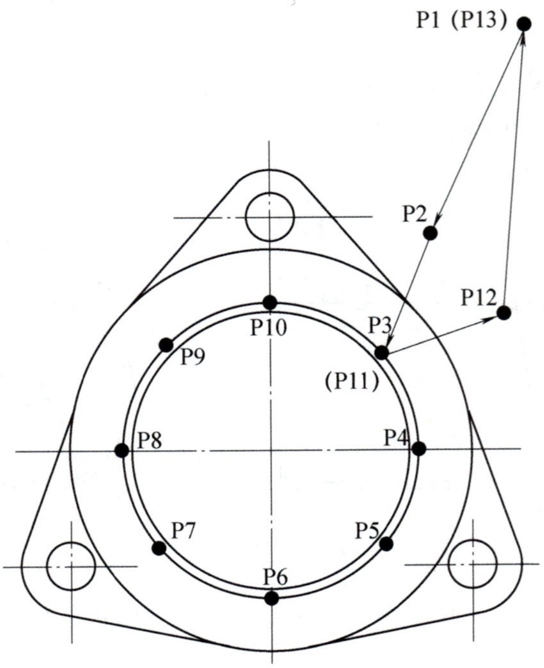

图 5-49 管板焊接示教轨迹和示教点

P3→P4→P5→P6→P7→P8→P9→P10→P11 区间为焊接区间，其中示教点 P11 为焊接终了点，与 P3 重合。

P11→P12→P13 区间为空走区间，其中 P13 要与 P1 重合。

按照如图 5-49 所示示教轨迹进行示教编程后，示教器主窗口中生成示教程序，见表 5-24。

表 5-24 管板焊接示教程序

语句行	程序语句	注　释
1	hua tao. prg	程序名称
2	1：Mech：Robot	运动机构设置
3	Begin of program	程序开始
4	TOOL= 1：TOOL01	末端工具设置
5	MOVEL　P1 ，6. 00m/min	示教点 1（空走点）
6	MOVEL　P2 ，10. 00m/min	示教点 2（空走点）
7	MOVEC　P3 ，3. 00m/min	示教点 3（焊接开始点）
8	ARC-SET AMP = 145　VOLT = 18. 0　S = 0. 50	焊接规范参数，分别为焊接电流（A）、电弧电压（V）及焊接速度（m/min）
9	ARC-ON ArcStart1. prg RETRY = 0	焊接开始指令
10	MOVEC　P4 ，10. 00m/min	示教点 4（焊接点）

（续）

语句行	程序语句	注　释
11	MOVEC　P5 , 10.00m/min	示教点 5（焊接点）
12	MOVEC　P6 , 10.00m/min	示教点 6（焊接点）
13	MOVEC　P7 , 10.00m/min	示教点 7（焊接点）
14	MOVEC　P8 , 10.00m/min	示教点 8（焊接点）
15	MOVEC　P9 , 10.00m/min	示教点 9（焊接点）
16	MOVEC　P10 , 10.00m/min	示教点 10（焊接点）
17	MOVEC　P11 , 10.00m/min	示教点 11（空走点、焊接终了点），在 P3 至 P11 圆弧区间机器人以焊接速度 S=0.50m/min 行进
18	CRATER AMP=100　VOLT=15.8　T=0.00	焊接收弧规范参数
19	ARC-OFF ArcEND1.prg RETRY=0	焊接结束指令
20	MOVEL　P12 , 3.00m/min	示教点 5（空走点）
21	MOVEL　P13 , 10.00m/min	示教点 13（空走点）
22	End of program	程序结束

操作人员要对上述程序进行再现操作，仔细观察机器人是否按照示教轨迹运行，如提示示教错误或发现示教不理想，应及时修改程序。

4. 机器人焊接

（1）确定主要焊接参数　根据焊件材质、焊件厚度、焊接位置等因素，确定主要焊接参数，如焊接电流、电弧电压及焊接速度等，见表 5-25。

表 5-25　管板焊接焊接参数

焊接方法	焊接材料			焊接电流/A	电弧电压/V	焊接速度/(m/min)	气体流量/(L/min)
	焊丝型号	焊丝直径/mm	保护气体				
MAG 焊	H08Mn2SiA	1.0	80%(体积分数) Ar+20%(体积分数) CO_2	145	19.0	0.5	15~20

（2）焊接开始点位置与角度　从焊接开始点 P3 的位置与角度可看出焊枪姿势和焊接角度。图 5-48 所示为机器人在焊接开始点 P3 时的焊枪姿势。

P3 的位置与角度见表 5-26。

表 5-26 P3 的位置与角度

位置	X/mm	Y/mm	Z/mm	U/(°)	V/(°)	W/(°)	G1(外部轴)/(°)
	1203.00	59.61	290.10	-120.79	52.60	-135.02	-1.31
角度/(°)	RT 关节	UA 关节	FA 关节	RW 关节	BW 关节	TW 关节	—
	17.97	32.06	9.07	37.46	-64.93	-5.53	—

（3）焊接　示教程序经过再现验证和修改完善后可进行焊接操作。焊接之前需打开电弧锁定开关，检查送丝和保护气体供给情况，再将模式切换开关打到 AUTO，接通伺服电动机之后按下启动按钮开始焊接，其焊缝如图 5-50 所示。

图 5-50　管板焊接焊缝

榜样的力量

大国工匠：张冬伟

张冬伟，生于 1981 年，大专学历，现为沪东中华造船（集团）有限公司总装二部围护系统车间电焊二组班组长，高级技师，大国工匠。主要从事 LNG（液化天然气）船的围护系统二氧化碳焊接和氩弧焊焊接工作。张冬伟刻苦钻研船舶建造技术，潜心传承工匠精神，成为公司高端产品 LNG 船，以及当今世界最先进、建造难度最大的 4.5 万 t 集装箱滚装船的建造骨干工人，蓝领精英。他用自己火红的青春谱写了一曲执着于国家海洋装备建设的奉献之歌。

参考文献

［1］中国机械工程学会焊接学会．焊接手册：第1卷 焊接方法及设备［M］．3版．北京：机械工业出版社，2016.

［2］赵伟兴．埋弧自动焊焊工培训教材［M］．哈尔滨：哈尔滨工程大学出版社，2006.

［3］赵伟兴．CO_2气体保护半自动焊焊工培训教程［M］．哈尔滨：哈尔滨工程大学出版社，2003.

［4］乌日根．焊接机器人操作技术［M］．北京：机械工业出版社，2016.

［5］兰虎．焊接机器人编程及应用［M］．2版．北京：机械工业出版社，2022.

［6］张涛．机器人引论［M］．北京：机械工业出版社，2016.